Robert I. Sutton
Der Querdenker-Fakto

W0048662

Zu diesem Buch

Robert Suttons Vorschläge sind nicht nur schräg, sie klingen verrückt: Seien Sie in Ihrem Unternehmen ein Querdenker, haben Sie Mut zur Eigenwilligkeit – egal, ob Sie Chef oder Angestellter sind! Denn erst unkonventionelle Ideen setzen innovatives Potential frei, generieren neue Projekte und führen langfristig zu Optimierung und Wettbewerbsfähigkeit. Robert I. Sutton erläutert elf Querdenker-Ideen, die ein Unternehmen zum Erfolg führen können. Dazu gehört ganz grundsätzlich, daß Unternehmen experimentieren, einen neuen Typus von Mitarbeiter einstellen und neue Technologien entwickeln müssen. Sie müssen neue Ideen zulassen, um Kundenbedürfnisse zu befriedigen, in neuen Märkten Fuß zu fassen oder Wettbewerber zu überholen. Folgt man Suttons Regeln, werden schlummernde Innovationskräfte freigesetzt.

Robert I. Sutton, geboren 1954 in Chicago, ist Professor für Management Science, Engineering und Organizational Behaviour an der Stanford Business School. Er ist Berater für viele weltweit tätige Unternehmen und lebt in Menlo Park, Kalifornien. Sein Buch »Der Arschloch-Faktor« wurde weltweit zu einem Bestseller.
Weiteres zum Autor: www.stanford.edu/dept/MSandE/faculty/bobsut

Robert I. Sutton

Der Querdenker-Faktor

Mit unkonventionellen Ideen zum Erfolg

Aus dem Amerikanischen von
Thorsten Schmidt

Piper München Zürich

Mehr über unsere Autoren und Bücher:
www.piper.de

Mix
Produktgruppe aus vorbildlich bewirtschafteten
Wäldern und anderen kontrollierten Herkünften
www.fsc.org   Zert.-Nr. GFA-COC-1223
© 1996 Forest Stewardship Council

Ungekürzte Taschenbuchausgabe
Mai 2008
© 2001 Robert I. Sutton
Titel der amerikanischen Originalausgabe:
»Weird Ideas That Work«, The Free Press,
a Division of Simon & Schuster Inc., New York
© der deutschsprachigen Ausgabe:
2002 Piper Verlag GmbH, München
unter dem Titel:
»Stellen Sie Leute ein, die Sie eigentlich nicht brauchen.
11½ Regeln für kreative Manager«
Umschlag: Büro Hamburg. Anja Grimm, Stefanie Levers
Bildredaktion: Büro Hamburg. Alke Bücking, Charlotte Wippermann
Umschlagfoto: Ben Welsh / Zefa / Corbis
Autorenfoto: Craig Morey
Satz: Uwe Steffen, München
Papier: Munken Print von Arctic Paper Munkedals AB, Schweden
Druck und Bindung: CPI – Clausen & Bosse, Leck
Printed in Germany   ISBN- 978-3-492-25177-8

Für
Annette und Lewis Sutton, die mich lehrten,
wie gefährlich es ist, sich mit anderen zu vergleichen,
und die es mit mir aushielten, als ich ein aufsässiger
Teenager war.

INHALT

Teil I   **Warum die schrägen Ideen innovatives**
               Potential freisetzen   **9**

Kapitel 1   Warum diese Ideen schräg und dennoch
             effektiv sind   11
Kapitel 2   Was ist überhaupt Kreativität?   43

Teil II   **Die schrägen Ideen**   **59**

Kapitel 3   Stellen Sie Arbeitskräfte ein, die den
             Firmenkodex nur langsam lernen
             (schräge Idee Nr. 1)   61
Kapitel 4   Stellen Sie Personen ein, die Ihnen
             unsympathisch sind (schräge Idee Nr. 1 ½)   77
Kapitel 5   Stellen Sie Personen ein, die Sie
             (wahrscheinlich) nicht brauchen
             (schräge Idee Nr. 2)   89
Kapitel 6   Nutzen Sie Vorstellungsgespräche, um
             sich neue Ideen zu verschaffen, nicht, um
             Bewerber auszusieben (schräge Idee Nr. 3)   99
Kapitel 7   Ermuntern Sie Ihre Mitarbeiter dazu,
             Vorgesetzte und Kollegen zu ignorieren und
             herauszufordern (schräge Idee Nr. 4)   109
Kapitel 8   Stellen Sie ein paar »Frohnaturen« ein,
             und ermuntern Sie sie zu konstruktiven
             Konflikten (schräge Idee Nr. 5)   139
Kapitel 9   Belohnen Sie Erfolge und Mißerfolge,
             bestrafen Sie Untätigkeit
             (schräge Idee Nr. 6)   155

Kapitel 10   Nehmen Sie sich etwas vor, das vermutlich
scheitern wird, überzeugen Sie dann sich
selbst und alle anderen, daß Sie mit
Sicherheit Erfolg haben werden
(schräge Idee Nr. 7)   171

Kapitel 11   Denken Sie sich etwas Lächerliches oder
Unpraktisches aus, und planen Sie dann,
es umzusetzen (schräge Idee Nr. 8)   187

Kapitel 12   Meiden, verwirren und langweilen Sie
Kunden, Kritiker und alle, die nur über
Geld sprechen wollen (schräge Idee Nr. 9)   207

Kapitel 13   Versuchen Sie nichts von Leuten zu lernen,
die behaupten, Sie hätten eine Lösung für
die Probleme gefunden, mit denen Sie
konfrontiert sind (schräge Idee Nr. 10)   239

Kapitel 14   Vergessen Sie die Vergangenheit,
insbesondere die Erfolge Ihres
Unternehmens (schräge Idee Nr. 11)   249

Teil III   Die schrägen Ideen in der Praxis   287

Kapitel 15   Wie man Unternehmen aufbaut, die auf
Innovation angelegt sind   289

Danksagung   329
Anmerkungen   338
Personen- und Firmenregister   362

TEIL I

Warum die schrägen Ideen innovatives Potential freisetzen

KAPITEL I

Warum diese Ideen schräg und dennoch effektiv sind

Als Erfinder braucht man viel Phantasie und einen Haufen Schrott.
Thomas Alva Edison

Die Frage ist nicht, was man betrachtet, sondern was man sieht.
Henry David Thoreau

Ich erkannte, daß meine Konkurrenz Papier war, nicht Computer.[1]

Jeff Hawkins beschreibt die Schlüsselerkenntnis, die sein Team auf die Idee brachte, den Palm Pilot zu entwickeln

ICH GEBE ES ZU. Ich nenne die unkonventionellen Ideen in diesem Buch »schräg«, um Ihre Aufmerksamkeit zu erregen. Schließlich sind ungewöhnliche, ja verquere Führungsgrundsätze aufregender und einprägsamer als fade herkömmliche Rezepte. Aber es gibt noch einen weiteren Grund. Diese Ideen scheinen auf den ersten Blick kontraintuitiv zu sein, da Unternehmen, die innovativ sein wollen, Dinge tun müssen, die im Widerspruch stehen zu überkommenen Führungsgrundsätzen – zu weitverbreiteten, aber irrigen Überzeugungen über die richtigen Führungsmethoden für alle Arten von Arbeit. In vielen Unternehmen verhalten sich die Manager so, als könnten sie einen unablässigen Strom neuer Produkte, Dienstleistungen und Lösungen hervorbringen, indem sie an herkömmlichen Grundsätzen der Personalführung und Entscheidungsfindung festhalten. Dies trifft sogar auf Unternehmen zu, deren Führungskräfte erklären, innovative Arbeit erfordere andere Vorgehensweisen als Routinearbeit. Dennoch wenden dieselben Manager weiterhin Methoden an, die ihre Mitarbeiter dazu zwingen, Altes auf alte Weise zu betrachten, und sie hoffen, daß neue, gewinnträchtige Ideen irgendwie auf magische Weise auftauchen.

Vor einiger Zeit hatte ich ein langes Gespräch mit einer Führungskraft, die mich um Rat fragte, wie man die Innovationskraft eines Unternehmens mit einem Umsatz von mehreren Milliarden Dollar pro Jahr, das in einer Branche mit derzeit eher geringen Wachstumsprognosen tätig ist, ankurbeln könne. Ich kann die Identität des Unternehmens nicht preisgeben, aber ich darf immerhin so viel verraten, daß es ein Buchverlag war. Die Gewinne waren rückläufig und ebenso der Aktienkurs. Wall-Street-Analysten kritisierten die mangelnde Innovationsbereitschaft des Unternehmens. Diese Managerin war wütend, weil ihr Unternehmen, besonders der Chief Executive Officer (CEO*), »extrem risikoscheu ist«; ihrer Einschätzung nach würden auch andere hochrangige Führungskräfte kein Programm unterstützen, das scheitern oder Mitarbeiter in den Kerngeschäften von ihren eigentlichen Aufgaben ablenken könnte. Sie betonte besonders, daß ein Programm, das zu einer weiteren Verringerung der Quartalsgewinne führen könnte, nicht akzeptiert werden würde, auch wenn es langfristig Vorteile brächte. Der CEO und andere Spitzenführungskräfte waren überzeugt, daß die Führungsgrundsätze für die Routinearbeit, mit der das Unternehmen gegenwärtig Geld verdiente, schon irgendwie gewinnträchtige neue Produkte und Geschäftsmodelle hervorbringen würden.

Diese Manager träumten einen realitätsfremden Traum. Um ein Unternehmen aufzubauen, dem Innovation in Fleisch

---

* Entspricht in etwa dem Vorstandsvorsitzenden einer deutschen Aktiengesellschaft.

und Blut übergeht – wo also eine Neuerung nicht länger ein seltenes, unerkläriliches Zufallsereignis ist, das nicht wiederholt werden kann –, müssen Manager ihre festverwurzelten Überzeugungen über Mitarbeiterführung und Entscheidungsfindung ablegen und oftmals geradewegs auf den Kopf stellen. Sie müssen ihre Unternehmen nach einer gänzlich anderen Logik organisieren und führen, mögen sie dabei auch genötigt sein, Dinge zu tun, die einige Personen – vor allem diejenigen, die auf *kurzfristige* Gewinne bedacht sind – als kontraintuitiv, ärgerlich oder gar völlig falsch erachten.

Nicht nur große, traditionsreiche Unternehmen der Old Economy versuchen die Innovationskraft mit Methoden anzukurbeln, die diese in Wahrheit nur unterdrücken. Es wird viel Aufhebens um die Innovationsfähigkeit von Unternehmen der New Economy im Silicon Valley gemacht. Aber Manager in dieser hochgejubelten Region machen die gleichen Fehler wie anderswo. Aus diesem Grund wenden sich so viele Start-ups ratsuchend an James Robbins. Lange bevor es zu einer Mode wurde, gründete und managte Robbins erfolgreiche neue Inkubatoren (Gründerzentren) im Silicon Valley, wie etwa das Environmental Business Cluster in San Jose, das Software Business Cluster ebenfalls in San Jose, den Panasonic Internet Incubator in Santa Clara und das Women's Technology Cluster in San Francisco. Das Software Business Cluster war besonders erfolgreich. Über 50 Firmen gingen aus dem Cluster hervor, und sie brachten über 300 Millionen Dollar an Kapital von Investoren auf.

Robbins bringt den Jungunternehmern in diesen Inkubatoren bei, wie man Unternehmen aufbaut, die neue Ideen generieren und nicht unterdrücken. Auf einem Schild in seinem Büro – dem einzigen, das ich sah – stand: »Verrückt ist, wer immer wieder das gleiche tut und ein anderes Ergebnis erwartet.« Er hängte es auf, weil sehr viele Unternehmer an einer solchen Verrücktheit leiden und daher nicht in der

Lage sind, etwas Neues zu schaffen. Diese Personen sind nicht verrückt, wenn sie immer wieder das gleiche tun, dabei aber das *gleiche* Ergebnis erwarten. Dies ist die richtige Führungsmethode für Routinearbeiten, denn sie stellt sicher, daß die Zukunft eine exakte Wiederholung der Vergangenheit ist. Doch die Wiederholung derselben alten Routinen in dem Bestreben, Innovationen zu schaffen, ist reine Geisteskrankheit.

Praktiken, die sich hervorragend dazu eignen, aus altbewährten Vorgehensweisen Kapital zu schlagen, können Innovation verhindern. Unternehmen, die langfristig erfolgreich sein wollen, müssen unentwegt neue Denk- und Handlungsweisen erfinden – oder zumindest enthüllen.

Führungsgrundsätze für Routine- im Gegensatz zu innovativen Arbeiten

Der Unterschied zwischen den geeigneten Führungsgrundsätzen für Routinearbeiten und für innovative Tätigkeiten läßt sich mit einem Vergleich zwischen den »Darstellern« in den Disney-Themenparks und den »Ideeningenieuren« in der »Disney-Ideenwerkstatt«, dem Forschungs- und Entwicklungszentrum des Unternehmens in Burbank, Kalifornien, verdeutlichen. Die Stellenbezeichnungen sind aufschlußreiche Metaphern für die beiden Formen von Arbeit. Darsteller in Themenparks halten sich an wohldefinierte Drehbücher; Ideeningenieure ersinnen exotische Konzepte für neue Unterhaltungsprogramme. Gleich, ob die Darsteller als Cinderella oder als Goofy verkleidet sind, als Führer bei der Dschungeltour auftreten oder die Straßen reinigen – ihnen werden exakte Verhaltensrichtlinien vorgegeben, um sicherzustellen, daß sie ihre »Rolle« einhalten, wenn sie »auf der Bühne« stehen. Dies ist die Routinearbeit bei Disney. Die Ideenwerkstatt dagegen ist eine Brutstätte für neue Konzepte, in der Kreativität im Vordergrund steht. Ein ehemaliger Ideeningenieur beschrieb seine Erfahrungen folgendermaßen: »Man wird ermuntert, all seine spektakulären Phantasien zur Diskussion zu stellen. Die meisten Ideen werden nicht umgesetzt. Das ist manchmal frustrierend, doch der Schutz des Markenimages, das Schaffen grandioser Erlebnisse für die Besucher und das Erzählen großartiger Geschichten sind wichtig. Der märchenhafte Zauber spielt noch immer eine Rolle. Wo sonst wird man aufgefordert, mit verschrobenen Ideen für die nächste großartige Tour durch Disneyland aufzuwarten!?«

James March von der Universität Stanford beschreibt diesen Unterschied mit dem Gegensatz zwischen Verwerten *(exploiting)* und Erkunden *(exploring)*[2]: Man *verwertet* altbekannte Ideen, während man neue Möglichkeiten *erkundet*. Die Verwertung altbekannter Ideen bedeutet, daß man sich auf vergangene Erfahrungen, ausgereifte Abläufe und bewährte Technologien stützt, um Aktivitäten nachzugehen, die *heute* Gewinn abwerfen. Ein Beispiel für die Verwertung einer alten Idee ist der »Big Mac«-Hamburger von McDonald's: Bislang wurden Milliarden von Big Macs hergestellt und verkauft, so daß die Kunden erwarten, daß alle Big Macs gleich aussehen und schmecken, es sei denn, sie verlangen ausdrücklich etwas anderes. McDonald's nutzt altbewährte Erkenntnisse, um sicherzustellen, daß der nächste Big Mac genauso aussieht und schmeckt wie der letzte.

March weist darauf hin, daß kein Unternehmen, das sich ausschließlich auf altbewährte Maßnahmen stützt, langfristig überleben wird. Um auch in Zukunft Gewinne zu erwirtschaften, müssen Unternehmen Neues ausprobieren, neue Möglichkeiten »*erkunden*«. Dies bedeutet, daß sie mit neuen Abläufen experimentieren, einen neuen Typus von Mitarbeitern einstellen und neue Technologien erfinden und erproben müssen.[3] Sie müssen neue Ideen erfinden (oder von außen »einführen«), um Kundenbedürfnisse zu befriedigen, in neuen Märkten Fuß zu fassen oder sich einen Vorsprung vor den Wettbewerbern zu verschaffen beziehungsweise wenigstens mit diesen Schritt zu halten. McDonald's verwendet einen Teil der Erlöse, die es mit seinen Big Macs erwirtschaftet, dazu, neue Geschäftschancen zu erkunden. Die Frage ist nicht, ob McDonald's oder irgendein anderes Unternehmen vor der Alternative »erkunden« oder »verwerten« steht. So unsinnig wie die Frage, ob Motor oder Getriebe der wichtigere Teil eines Autos ist oder ob das Herz lebenswichtiger ist als das Gehirn, ist der Streit darüber, ob ein Unternehmen nur das eine oder das andere tun sollte. Beides ist notwendig, um das Unternehmen fit für die Zukunft zu halten. Die eigentliche Frage lautet, wieviel Zeit und Geld ein Unternehmen für das eine und das andere aufwenden sollte.

Wie andere langfristig erfolgreiche Unternehmen experimentiert auch McDonald's mit neuen Ideen. In seinem Core Innovation Center bei Chicago beispielsweise werden unablässig neue Produkte, neue Herstellungsverfahren für alte Produkte, neue Methoden der Kundenansprache und verschiedene organisatorische Abläufe für die Arbeit in den durchrationalisierten Küchen getestet. Ähnliche Forschungslabors erzeugen und erproben Ideen für neue Produkte in anderen Ländern, in denen McDonald's Niederlassungen unterhält. So erprobt McDonald's gegenwärtig eine Technologie, welche die Zubereitungszeit für seine berühmten Pommes frites von 210 Sekunden auf 65 Sekunden senkt. Und nicht nur in den firmeneigenen Forschungseinrichtungen wird experimentiert; der Big Mac wurde 1967 von Jim Delligatti, der ein Dutzend der Schnellrestaurants in Pittsburgh betrieb, erfunden und erprobt. Auch andere Experimente waren erfolgreich, etwa der McHuevo (Hamburger mit pochiertem Ei) in Uruguay, Vegetable McNuggets in Indien und die »Frisch für Sie«-Innovation in den Vereinigten Staaten; dabei wird jedes Sandwich auf Bestellung zubereitet und nicht, fertig zubereitet, heiß gehalten, bis es verkauft wird.

Doch die meisten Neuerungen scheitern, wie der McLean-Hamburger in den Vereinigten Staaten und ein mit Käse und Mixed Pickles belegtes Sandwich, das in Großbritannien unter dem Namen McPloughman's erprobt wurde.[4]

Meine schrägen Ideen fördern die Innovationskraft von Unternehmen, weil jede Idee mindestens eine der folgenden Wirkungen hat: 1. *steigert sie die Varianz des verfügbaren Wissens*; 2. *eröffnet sie neue Perspektiven auf Altbekanntes*, und 3. *bewirkt sie einen Bruch mit der Vergangenheit.* Dies sind die drei Leitprinzipien für innovatives Arbeiten; wie Tabelle 1 zeigt, eignen sich die gegenteiligen Grundsätze für Routineabläufe. Diese Gegenüberstellung gibt nicht nur Aufschluß darüber, wie ich auf die verqueren Ideen kam und weshalb sie funktionieren, sondern auch darüber, weshalb so viele Manager falschen Regeln folgen, welche die Entfesselung der schlummernden Innovationskräfte des Unternehmens verhindern.

TABELLE 1 *Gegenüberstellung der Leitprinzipien für* »*Verwertung*« *und* »*Erkundung*«

Verwerten alter Methoden: Richtlinien für Routinearbeit	Erkunden neuer Methoden: Richtlinien für innovative Arbeit
Varianz beseitigen	Varianz steigern
Altes auf alte Weise sehen	Altes auf neue Weise sehen
die Vergangenheit reproduzieren	mit der Vergangenheit brechen
Ziel: kurzfristiger Profit	Ziel: langfristige Gewinnsicherung

Varianz: »ein Spektrum von Differenzen«

Unternehmen, in denen die Mitarbeiter ihre Aufgaben in bewährter Weise erledigen sollen, sind gut beraten, Varianz zu eliminieren. Dies bedeutet im wesentlichen, daß sie ihre Mitarbeiter dazu anhalten sollten, Altes auf altbewährte Weise

auszuführen. Aus diesem Grund betonen Experten für Qualitätssicherung, daß man die Varianz der Aktivitäten von Menschen und Maschinen minimieren muß, wenn man Fehler
beseitigen, die Kosten senken und die Effizienz vorhandener
Produkte und Dienstleistungen steigern will.[5] Aus diesem
Grund benutzt Intel, das hauptsächlich aufgrund seiner über-
ragenden Fertigungskompetenz die Halbleiterbranche dominiert, eine Technik, die »Copy Exactly« [exaktes Kopieren]
genannt wird. Wenn das Management von Intel etwas für
eine gute Idee hält, bemüht es sich mit geradezu religiösem
Eifer darum, sie in jeder Intel-Fabrik in der Welt absolut
identisch zu implementieren, bis hin zur Farbe der Produkte.
Das ist auch der Grund, weshalb Jack Welch, der jüngst abge-
tretene CEO von General Electric, dem Qualitätssicherungs-
system »Sechs Sigma«, das die Varianz auf einen Fehler pro
Million wiederholter Vorgänge reduzieren soll, höchste Prio-
rität einräumte.

Die Beseitigung von Varianz ist sinnvoll, wenn Unternehmen bewährte Produkte auf eine Weise herstellen, die sich
noch immer bewährt. Die exakte Abfolge der Schritte bei der
Fertigung eines Computerchips bei Intel ist in allen Einzelheiten bekannt, ebenso die einzelnen Handgriffe beim Führen
eines Flugzeugs, bei einfachen chirurgischen Eingriffen wie
Bruchoperationen oder auch die Abfolge der Stationen bei
einer Tour durch Disneyland. Die Abweichung von bewährten Praktiken ist in diesen Fällen nur selten ein kreativer Akt,
sondern eher ein Zeichen von schlechter Ausbildung, Unauf-
merksamkeit, Unfähigkeit, gesundheitlicher Beeinträchtigung
oder schlicht Dummheit. So war der Kapitän des Aeroflot-
Flugs 593, der gegen die Regeln verstieß, als er seinen Kindern während des Fluges Flugunterricht erteilte, einfach nur
dumm und nicht kreativ. Zunächst ließ er seine Tochter das
Flugzeug fliegen, dann gab er seinem Sohn eine Chance.
Leider bediente dieser 15jährige Junge den Steuerknüppel
falsch, das Flugzeug schmierte ab, und sein Vater konnte es

nicht mehr hochziehen. Alle 75 Menschen an Bord starben.[6] Beim Steuern eines Flugzeugs oder bei der Montage eines Autos hat die Befolgung bewährter Abläufe enorme Vorteile. Sicherheit ist einer davon! Unternehmen, die erprobte und bewährte Methoden benutzen, sind im allgemeinen nicht nur sicherer, sie arbeiten auch schneller, billiger und effizienter als jene, die sich auf neues und noch nicht bewährtes Wissen stützen.[7]

Wenn es um die Förderung von Innovationen geht, brauchen Unternehmen hingegen experimentierfreudige Mitarbeiter, die breitgefächerte Ideen und Verhaltensweisen erproben. Was in einem System, das Altes auf altbewährte Weise ausführen soll, vielleicht als Fehler, Ausreißer oder Mutation gilt, wird hier zum Nährboden für Innovationen. Mitarbeiter müssen fortwährend neue Ideen importieren, exportieren und produzieren, die sich wie viele Mutationen bei Pflanzen und Tieren nicht dauerhaft durchsetzen. Die Vorstellung, daß Diversität, also neue Kombinationen und Mutationen bestehender Formen, notwendig ist, um neue Formen zu schaffen, geht auf die Darwinsche Evolutionstheorie zurück. Der Biologe Stephen Jay Gould erklärt, weshalb Vortrefflichkeit in sozialen Systemen allgemein, nicht nur in biologischen Systemen, durch die Verstärkung – und nicht die Dämpfung – von Variation gefördert wird.

Vortrefflichkeit beruht auf einem Spektrum von Differenzen, nicht auf einem Punkt. Jede Position in diesem Spektrum kann von einem vortrefflichen oder einem unzulänglichen Vertreter besetzt sein – und wir müssen uns an jeder dieser vielfältigen Positionen um Vortrefflichkeit bemühen. In einer Gesellschaft, die oftmals unbewußt bestrebt ist, einer vormaligen Fülle herausragender Leistungen eine gleichförmige Mittelmäßigkeit überzustülpen … können die Erkenntnis des Wertes und die Verteidigung breitgefächerter Spektren als eines naturgemäßen Sachverhalts helfen, die Flut aufzuhalten und das reichhaltige Rohmaterial für alle evolvierenden Systeme zu bewahren: die Variation selbst.[8]

Hunderte von Verhaltenswissenschaftlern haben die Darwinsche Evolutionstheorie übernommen und für ihre Zwecke modifiziert.[9] Ihre Studien belegen auf eindrucksvolle Weise, daß die Diversität der Mitarbeiter, des Wissens, der Aktivitäten und der Organisationsstrukturen von zentraler Bedeutung für Kreativität und Innovation ist. Forschungen von Dean Keith Simonton zeigen, daß sich die Schöpferkraft genialer Individuen wie Mozart, Shakespeare, Picasso, Einstein und Darwin am besten mit einem evolutionsbiologischen Ansatz erklären läßt, wonach herausragendes Können das Ergebnis »eines Spektrums von Differenzen« ist. Diese berühmten Schöpfer erzeugten ein breiteres Spektrum von Ideen und Werken als ihre Zeitgenossen. Ihre Erfolgsquote war keineswegs überdurchschnittlich. Sie schufen einfach *mehr* Werke. Also hatten sie sowohl mehr Erfolge als auch mehr Mißerfolge.[10] Es gibt berühmte Genies, die diesem Trend nicht entsprechen, aber sie verblassen im allgemeinen neben ihren produktiveren Kollegen. Der große Künstler Jan Vermeer van Delft schuf in seinem gesamten Leben weniger als 50 Gemälde, alle in einem ähnlichen Stil. Er erreichte hierin ein einzigartiges Können, das jedoch trotz der überwältigenden Schönheit seiner Werke hinter der erstaunlichen Bandbreite und dem wirkmächtigen Einfluß Picassos zurücksteht.

Forschungen über Gruppen und Organisationen deuten darauf hin, daß Variation für die Kreativität einer Gemeinschaft genauso wichtig ist. Neue Ideen entstehen, wenn Gruppen und Organisationen Mitglieder haben, die ein breites Spektrum von Denk- und Verhaltensweisen repräsentieren, vielfältige Meinungen artikulieren und mit mannigfaltigen Wissensnetzen außerhalb der Organisation in Kontakt stehen sowie ein breitgefächertes Fachwissen speichern und fortwährend anwenden.[11] Schon lange, bevor Wissenschaftler mit der Erforschung des Innovationsprozesses begannen, wußte man, daß Innovation auf eine breite Palette von Ideen angewiesen ist. Thomas Alva Edison bemerkte einmal, Erfinder bräuchten »einen Haufen Schrott«. Sein West-Orange-Labor hatte eine »gut ausgestattete Abstellkammer und eine Sammlung von Apparaten und Ausrüstungsgegenständen, die von seinen früheren Experimenten übriggeblieben waren«, dazu gehörten »Werkzeugmaschinen, Chemikalien, elektrische Geräte, Stapel von Hilfsstoffen – nicht nur Stahlteile und Rohre, sondern auch seltene und exotische Materialien wie Walroßzähne und Kuhhaare«. Der »große Schrotthaufen« lieferte die Rohstoffe, mit denen Edison und seine Mitarbeiter neue Geräte erfanden.[12]

In einer evolutionstheoretischen Perspektive ist Variation von zentraler Bedeutung, weil man eine große Menge Ideen ausprobieren muß, um die wenigen erfolgversprechenden auszusieben. Aus diesem Grund besteht wissenschaftliche Forschung überwiegend aus dem Erproben von Dingen, die fehlschlagen. Die bekannte britische Neurowissenschaftlerin Susan Greenfield hat es einmal so formuliert: »Das Wort *sicher* paßt viel besser zu Sex als zur Wissenschaft.«[13] Eine ähnliche Philosophie erklärt den Erfolg von Capital One, das als das innovativste Kreditkartenunternehmen der Welt gilt. Noch vor ein paar Jahren waren die Nutzungsbedingungen aller Kreditkarten weitgehend identisch; man hatte die freie Wahl, solange man 20 Dollar pro Jahr und 19,8 Prozent Überziehungszinsen zu zahlen bereit war! Capital One hat als erstes Unternehmen Tausende verschiedener Kreditkarten mit unterschiedlichen Zinssätzen und Kreditlinien angeboten, die auf Verbraucher mit unterschiedlichen Einstellungen, Hobbys und soziokulturellen Präferenzen abzielten: »Sie experimentierten mit Kreditlinien, Bonussystemen, mit der grafischen Gestaltung der Karten und der Farbe der

Umschläge ihrer Postsendungen. Sie erprobten verschiedene Formen der Kundenbindung und des Eintreibens offener Forderungen. Sie machten Capital One im Grunde zu einem fortwährenden Experiment.« So führte das Unternehmen im Jahr 2000 beispielsweise ungefähr 45 000 Experimente durch. Capital One hatte Erfolg, weil es für diese Experimente immer kleinere Zielgruppen ansprach, etwa eine »Platin-MasterCard für begeisterte Wanderer mit mittlerem Einkommen, die einen GM-Saturn fahren«, auflegte. Die meisten dieser Ideen scheitern am Markt, aber das unentwegte Experimentieren mit einer Variante nach der anderen und das fortwährende Lernen sind überzeugende Gründe dafür, daß Capital One heute mehr als 30 Millionen Kreditkartenkonten hat.[14]

Das gleiche gilt für die Spielwarenindustrie. Brendan Boyle ist Gründer und Chef von Skyline, dem Studio für Spielzeugentwicklung bei IDEO, einer Produktentwicklungsfirma im kalifornischen Palo Alto. Boyle liefert schlagende Beweise dafür, daß innovative Unternehmen ein breites Spektrum von Ideen brauchen und Erfolge auf einer hohen Mißerfolgsrate basieren. Boyle und seine Kollegen erfassen sorgfältig alle Ideen, die ihnen in Brainstorming-Sitzungen und bei informellen Gesprächen spontan einfallen. Skyline hat deshalb ein so wachsames Auge auf seine Ideen, weil es Konzepte für Spielwaren an Großunternehmen wie Mattel und Fisher-Price verkauft und lizenziert. Boyle zeigte mir eine Tabelle, aus der hervorging, daß Skyline 1998 (mit weniger als zehn Mitarbeitern) etwa 4000 Ideen für neue Spielwaren produzierte. Von diesen 4000 Ideen wurden 230 als so vielversprechend eingestuft, daß eine detaillierte Zeichnung oder ein funktionstüchtiger Prototyp angefertigt wurde. Von diesen 230 wurden letztlich zwölf verkauft. Diese »Ausbeute« beträgt nur etwa 0,33 Prozent aller Ideen und fünf Prozent der als erfolgversprechend eingestuften Ideen. Boyle wies darauf hin, daß die Erfolgsrate vermutlich noch niedriger ist, weil einige der

Spielzeugkonzepte, die verkauft werden, nicht zu marktreifen Produkten weiterentwickelt werden, und von den Produkten, die auf den Markt kommen, generiert nur ein kleiner Prozentsatz hohe Umsätze und Erträge.[15] Boyle sagt: »Für eine einzige gute Idee braucht man eine Menge dummer, schlechter und verrückter Ideen. Niemand in meiner Branche kann mit sicherem Gespür erraten, welche Ideen Zeitvergeudung sind und aus welchen die nächste Furby hervorgeht.«[16]

Nicht alle innovativen Unternehmen erfordern eine so hohe Mißerfolgsquote – oder können sich eine solche leisten. Wagniskapitalgesellschaften haben niedrigere, aber immer noch beachtliche Mißerfolgsquoten. Zwischen 10 und 30 Prozent der Start-ups, die Gelder von Wagniskapitalgebern erhalten, erbringen eine hohe Rendite auf das investierte Kapital, während die meisten scheitern.[17] Die optimale Mißerfolgsquote hängt von dem Wirtschaftszweig und der Technologie ab, aber alle innovativen Firmen importieren, dokumentieren und erproben ein breites Spektrum neuer Produkte und Leistungen, von denen sich viele als Sackgasse erweisen, und sie lernen ständig aus ihren Erfolgen und Mißerfolgen. Variation ist das Gütezeichen der Unternehmen, die nachhaltig kreativ sind, also ständig aufregende neue Ideen, Produkte und Dienstleistungen präsentieren, die ihre Wettbewerber sogleich mit allen Mitteln zu kopieren versuchen oder bei denen sie sich verwundert fragen: »Weshalb ist uns das nicht eingefallen?«

Ideenvielfalt erhält man auch dadurch, daß man seine Mitarbeiter diversifiziert. BrainStore ist eine »Ideenfabrik« im schweizerischen Biel, die auf ein Netzwerk von Teenagern zurückgreift, um Lösungen für Kundenprobleme zu erarbeiten. Mitgründer Markus Mettler sagt: »Wir suchen nicht nach gewöhnlichen Ideen. Wir suchen nach verrückten Ideen. Wir versuchen diese Ideen mit Hilfe von Jugendlichen zu finden, weil sie spontan sind und sich nicht rational kontrollieren.« Mettlers Kollegin Nadja Schnetzler fügt hinzu, das

Unternehmen verbinde »den Sachverstand von Experten mit dem ungezügelten Enthusiasmus von Heranwachsenden«. Sie lassen 17jährige an Produkten und Werbekampagnen für Unternehmen wie Nestlé und die Schweizerische Bundesbahn arbeiten. Indem dieses Unternehmen die Ideen von Experten und Laien, von jungen und alten Menschen bündelt, erweitert es die Vielfalt von Lösungen, die für Kunden erarbeitet werden können.[18]

Jede Gruppe kann ihre Innovationskraft steigern, indem sie »das Spektrum der Differenzen« erweitert. Dieses erste Leitprinzip ist fester Bestandteil zahlreicher Qualitätssicherungsprogramme, vor allem in Brainstorming-Sitzungen und bei Experimenten, die von Qualitätsverbesserungsteams durchgeführt werden.[19] Selbst wenn Unternehmen neue Konzepte zur Minimierung der Varianz bei bestehenden Abläufen wie der Kfz-Fertigung oder der Leitung von Hotels suchen, *erhöhen* sie die *Varianz* der generierten, bewerteten und erprobten Ideen. Die meisten Tätigkeiten setzen sich aus einer Kombination von Routine- und innovativen Aufgaben zusammen; die in diesem Buch vorgestellten schrägen Ideen sollen Individuen, Gruppen und Unternehmen helfen, den Unterschied zwischen den beiden Arten von Arbeit besser zu verstehen, und ihnen das Wechseln zwischen den beiden erleichtern.

Wie ich im nächsten Kapitel zeigen werde, zeichnen sich kreative Firmen nicht nur durch einen breitgefächerten Wissensfundus aus, sie suchen auch ständig nach neuen Anwendungen und neuen Kombinationen ihres Wissens. Das ist einer der Hauptgründe, weshalb die verqueren Ideen erfolgreich sind – jede erweitert das Ideenspektrum in einem Unternehmen.

»Vu ja de«: Altbekanntes auf neue Weise sehen

Die zweite Leitmaxime der Innovation lautet: Altbekanntes aus neuen Perspektiven betrachten. Dies ist die »Vu ja de«-Mentalität. Wenn »Déjà-vu« das Gefühl ist, daß man ein – in Wirklichkeit erstmaliges – Erlebnis schon einmal gehabt hat, dann ist »Vu ja de« der Zustand, in dem man sich so fühlt und verhält, als wäre eine Erfahrung (oder ein Objekt) brandneu, obwohl man die Erfahrung (das Objekt) schon Hunderte von Malen gemacht (oder gesehen) hat.

Die Vu-ja-de-Mentalität ist nicht immer positiv. Sie kann eine Katastrophe sein, wenn bewährte Abläufe wegen Streß, Ratlosigkeit, schlechter Ausbildung oder reiner Unfähigkeit im entscheidenden Moment vergessen werden. Der Organisationstheoretiker Karl Weick verwendet den Ausdruck »Vu ja de« in diesem abwertenden Sinne.[20] Er beschreibt, wie eine Gruppe von 19 erfahrenen *smokejumpers* (Feuerwehrleute, die an Fallschirmen über entlegenen Gebieten abspringen, um Waldbrände zu bekämpfen) wegen der extremen Streßbelastung bei der Bekämpfung eines sich rasch ausbreitenden Waldbrands in Mann Gulch, Montana, ihr Wissen vergaßen. Diese erfahrenen Feuerwehrleute verloren aufgrund der Desorganisation ihrer Gruppe und der Todesgefahr, in der sie schwebten, den Kopf und handelten so, als wären sie noch nie in einer ähnlichen Situation gewesen und als wüßten sie nicht, was zu tun wäre.[21] Dreizehn von ihnen kamen ums Leben. In Weicks Beispiel wäre vor allem eine eingespielte Vorgehensweise erforderlich gewesen wäre und keine Innovation.

Das gleiche, was einen Feuerwehrmann oder einen Piloten das Leben kosten kann, kann einen Arbeiter retten, der innovativ sein muß. Die Vu-ja-de-Mentalität kann Lernen und Kreativität fördern. Ich hörte den Ausdruck in den achtziger Jahren erstmals von Jeff Miller, der zahlreiche Segelmeisterschaften gewonnen hat. Miller behauptete, überragende Segler hätten eine *Vu-ja-de*-Mentalität, die »dasselbe alte Zeug brandneu erscheinen« lasse, weil sie einen in die Lage versetzt, »bei jedem Wettbewerb etwas dazuzulernen«, und einem »die Freude am Sport« erhält. Jeffs witzige und aufschlußreiche Bemerkung machte mir klar, daß innovative Menschen und innovative Unternehmen dieselbe Fähigkeit besitzen. Sie betrachten ein und dieselben Objekte, aber aus sich ständig verändernden Blickwinkeln.

Miller ist promovierter Biochemiker. Vielleicht hat er sich von dem Biochemiker Albert Szent-Györgyi inspirieren lassen, der für seine Isolierung des Vitamins C den Nobelpreis erhielt. Er sagte: »Eine Entdeckung besteht darin, dasselbe zu betrachten wie alle anderen und sich dabei etwas anderes zu denken.«[22] Die Forschungen des Statistikers Abraham Wald während des Zweiten Weltkriegs über das Problem, an welchen Stellen Kampfflugzeuge eine zusätzliche Panzerung erhalten sollten, verdeutlichen dies auf hervorragende Weise. Die britischen und US-amerikanischen Luftstreitkräfte waren besorgt, weil viele ihrer Flugzeuge abgeschossen wurden. Sie wollten die Panzerung verstärken, wußten aber nicht genau, an welchen Stellen. Wald markierte jedes Einschußloch in den Flugzeugen, die *von ihren Kampfeinsätzen zurückkehrten.* Er stellte fest, daß zwei Hauptabschnitte des Rumpfes – einer zwischen den Flügeln und der andere zwischen dem Leitwerk – sehr viel weniger Einschußlöcher aufwiesen. Er beschloß, die Panzerung an den Stellen anzubringen, wo er weniger Löcher gezählt hatte, und nicht dort, wo er mehr festgestellt hatte. Warum? Weil es plausibel war anzunehmen, daß die Flugzeuge gemäß dem Zufallsprinzip getroffen worden waren. Die Flugzeuge, die er analysiert hatte, waren die nicht abgeschossenen! Daher waren die Einschußlöcher, die er *nicht sah* – in den Flugzeugen, die *nicht zurückkehrten* –, vermutlich an den Stellen, die eine zusätzliche Armierung benötigten.

Eine ähnliche Art von *Vu-ja-de*-Mentalität findet sich bei

innovativen High-Tech-Unternehmen. Bill Joy ist das Technikgenie von Sun Microsystems. Joy war maßgeblich an der Entwicklung des Betriebssystems UNIX und einiger der wichtigsten Chipsätze für die Mikroprozessoren von Sun sowie an weiteren Entwicklungen beteiligt, die dem Internet seine heutige technische Ausgereiftheit gaben. Joy wurde als der »klügste Kopf des Silicon Valley« (obwohl er in Colorado lebt!) und als »Edison des Internets« tituliert. Er ist berühmt dafür, daß er technische Probleme aus einem ungewöhnlichen Blickwinkel betrachtet, sowie für »seine spätabendlichen Offenbarungserlebnisse im Programmieren, sein unkonventionelles Querdenken und seinen geradezu unheimlichen technischen Scharfsinn«. Dies reicht bis in seine Studentenzeit zurück. Die meisten Studenten suchen sich Promotionsstudiengänge aus, die ihnen die bestmögliche Ausstattung bieten, besonders in technischen Disziplinen wie Informatik. Dagegen berichtet Joy: »Ich ging nach Berkeley [statt ans Caltech oder nach Stanford], weil es die schlechteste Computerausrüstung von den drei Universitäten hatte. Ich dachte, dies würde mich dazu zwingen, erfinderischer zu sein.«[23]

Vu ja de kann auch ein kulturelles Merkmal von Gruppen und Unternehmen sein. Menschen erlernen die *Vu-ja-de-*Mentalität, sie werden nicht damit geboren. So ist etwa Ettore Sottsass auch weit jenseits der Achtzig noch immer einer der berühmtesten und produktivsten italienischen Designer. Sottsass machte sich einen Namen als Industriedesigner für italienische Firmen wie Olivetti und Alessi sowie als Bildhauer und Fotograf, und er ist ein Gründungsmitglied der Memphis Design Group. Im Jahr 1980 gründeten er und mehrere junge Designer die Firma Sottsass Associates in Mailand. Ihre Designphilosophie ist ziemlich radikal, und das Spektrum der von ihnen entworfenen Produkte reicht von einem elektronischen Telefonbuch, einer Golf- und Freizeitanlage in China über Roboter, die innenarchitektonische Gestaltung eines Flughafens in Mailand, Fernsehapparate, Telefone, Fertigfenster und die Inneneinrichtung eines Apartments in New York. Während die meisten modernen Designs eher unauffällig und funktional sind, lautet die Leitmaxime ihrer Philosophie, daß Gebrauchsgegenstände des modernen Lebens starke Gefühle hervorrufen sollten. Ihres Erachtens ist eine heftige Reaktion, mag sie auch negativ sein, weit besser als gar keine; es ist besser, sich lebendig zu fühlen als abgestumpft und teilnahmslos.

Sottsass Associates benutzen ungewöhnliche Farben, Formen und Größen, um die Menschen aus der Abgestumpftheit des modernen Alltagslebens herauszureißen. Sottsass bringt seinen Mitarbeitern bei, Dinge aus einer neuartigen Perspektive zu betrachten. Dabei benutzt er seine eigenen Arbeiten als Inspirationsquelle; etwa die lippenstiftrote Reiseschreibmaschine »Valentine«, die er 1969 für Olivetti entwarf und die nicht nur kommerziell Furore machte. Sottsass gibt auch konkrete Ratschläge, indem er seinen Mitarbeitern etwa empfiehlt, ihre Entwürfe stärker »zu verfremden« und Farben und Formen zu benutzen, die eher Unbehagen als Zufriedenheit auslösen.[24]

Die *Vu-ja-de*-Einstellung zeigt sich auch bei BrightHouse, einer »Ideenfabrik«, die Kunden wie Coca-Cola, Hardee's und Georgia Pacific für eine einzige Produktidee zwischen 500 000 und 1 Million Dollar in Rechnung stellt. Der Gründer Joey Reiman widerspricht der weitverbreiteten Vorstellung, daß »schneller« grundsätzlich »besser« sei. Er rühmt sich, daß bei BrightHouse »die Arbeit zäh wie Sirup vorankommt«. Und er betont, daß man großartige Ideen nicht forcieren könne. »Ich sage unseren Kunden ganz offen, daß wir die langsamste Firma sind, mit der sie je zusammengearbeitet haben – und die teuerste.« BrightHouse arbeitet jeweils nur an einer Idee, wobei sämtliche Mitarbeiter der kleinen Firma (etwa 20) für den jeweils einen Kunden, für den sie tätig sind, zwei bis drei Monate lang ihre schöpferischen Kräfte anspannen. Reiman entwickelte dieses Arbeitsmodell, nachdem er mehrere Jahre lang eine herkömmliche Werbefirma geleitet hatte. Da die meisten Projekte unter extremem Zeitdruck standen und die Wünsche vieler verschiedener Kunden gleichzeitig erfüllt werden mußten, konnte keine kreative Arbeitsatmosphäre entstehen. BrightHouse erzielte bemerkenswerte Erfolge. Reiman und sein Team halfen dem Duftstoffriesen Coty Inc., »Ghost Myst« zu kreieren, das erste Parfum, dessen Positionierung im Markt vor allem auf die Attribute »Werthaltigkeit« und »Spiritualität« (»innere Schönheit« im Gegensatz zu körperlicher Schönheit) abstellte. »Ghost Myst« wurde zum meistverkauften Parfum des Jahres 1995, und es gab den Anstoß zu einem Modetrend »spiritueller Schönheit«, dem sich viele andere Duftstoff- und Kosmetikhersteller alsbald anschlossen. Der Wettbewerbsvorteil von BrightHouse liegt darin, daß es eine besinnliche Schildkröte in einer Welt voller flinker Hasen ist. Wenn man sich langsamer fortbewegt als alle anderen, erscheinen einem altbekannte Dinge in einem neuen Licht, und man kann anders über sie nachdenken.[25]

Die *Vu-ja-de*-Mentalität, die man sich auf unterschiedlichste Weise aneignen kann, ist die Fähigkeit, seine Einstellung und seine Wahrnehmungsweise fortlaufend zu verändern. Dies kann man beispielsweise dadurch, daß man seine Aufmerksamkeit zwischen Objekten oder Mustern im Vordergrund und dem Hintergrund – also zwischen »Gestalt« und »Grund«, wie die Psychologen sagen – oszillieren läßt. Die *Vu-ja-de*-Mentalität bedeutet, daß man Dinge, die gewöhnlich als negativ betrachtet werden, in einem positiven Licht sieht und umgekehrt. Es bedeutet, daß man Annahmen über Ursache und Wirkung beziehungsweise das Wichtigste und das Unwichtigste umkehrt. Es bedeutet, daß man nicht mit einem Autopiloten durchs Leben navigiert. Viele der verqueren Ideen in diesem Buch zielen darauf ab, die *Vu-ja-de*-Mentalität fest in einem Unternehmen zu verankern.

Mit der Vergangenheit brechen

In der Wirtschaftspresse werden die Gefahren, die mit dem Festhalten an der Vergangenheit verbunden sind, mit plakativer Deutlichkeit unterstrichen. Das ist weitgehend gerechtfertigt. Aber in dem ganzen Jubel um neue Produkte und neu gegründete Unternehmen vergißt man nur allzuleicht, daß die meisten neuen Ideen schlecht sind und die meisten alten Ideen gut. Genau dies wird auch vom Darwinismus vorhergesagt. Die Mißerfolgsquote neuer Produkte und Unternehmen ist wesentlich höher als die älterer. Dutzende neuer Getreideflockenvarianten scheitern jedes Jahr, während sich Körnermüsli und Cornflakes erfolgreich behaupten. Die meisten der Hunderte neuer Spielzeuge, die alljährlich auf den Markt kommen, erweisen sich als Flops. Selbst Spielzeug, das eine Zeitlang überaus populär ist, verschwindet wieder. Wenn die Werbung die Wahrheit sagen würde, müßte sie den Slogan »Wer nicht innovativ ist, geht zugrunde« durch ein »Wer innovativ ist, geht zugrunde« ersetzen. Das Altbewährte schlägt meist das Neue und Bessere.

Ich möchte Sie *nicht* dazu überreden, alle Routineabläufe in Ihrem Unternehmen über Bord zu werfen und alles daranzusetzen, neue Denk- und Verhaltensweisen zu erfinden. Im Gegenteil: Es ist meist richtig, Routinearbeiten nach bewährten Methoden zu erledigen. Es ist meist klug, ein Unternehmen so zu führen, als wäre die Zukunft eine exakte Wiederholung der Vergangenheit. Krankenhäuser möchten, daß angehende Fachärzte für Chirurgie Operationen genauso ausführen wie ihre erfahrenen Ausbilder. Fluggesellschaften möchten, daß angehende Piloten eine Boeing 747 genauso fliegen wie die erfahrenen Piloten, deren Nachfolge sie antreten. McDonald's möchte, daß jeder neue Auszubildende jeden Big Mac streng nach der altbewährten Rezeptur zubereitet.

Bedeutet dies, daß man sich nicht mehr um Innovation bemühen sollte? Keineswegs. Denn es ist nun einmal so, daß sich die Welt verändert, neue Technologien entwickelt werden, Wettbewerber mit überlegenen Produkten und Dienstleistungen auf den Markt drängen und sich die Präferenzen der Verbraucher wandeln. In diesen Fällen ist die Innovationskraft von entscheidender Bedeutung, und die Konzepte, die ich in diesem Buch vorstelle, können Ihnen und Ihrem Unternehmen helfen. Viele Unternehmen haben viel Geld damit verdient, daß sie den Mut zu einer neuen, besseren Zukunft hatten. Daher muß sich jedes Unternehmen darum bemühen, alte Praktiken abzulegen und sie durch neue, überlegene Vorgehensweisen zu ersetzen.

So sind zum Beispiel Teebeutel seit ihrer Einführung auf dem britischen Markt im Jahr 1951 *immer* rechteckig gewesen, und niemandem kam es je in den Sinn, ihre Form zu verändern. Dann, im Jahr 1985, ließ Lyons Tetley, einer der führenden Hersteller von Teebeuteln in Großbritannien, die Reaktion von Verbrauchern auf runde Teebeutel erforschen. Studien der von Tetley beauftragten Marktforschungsgesellschaft Mass Observation ergaben, daß die Verbraucher eine deutliche Vorliebe für runde Teebeutel hatten. Nach einem massiven Werbefeldzug in Südengland brachte Tetley schließlich im Januar 1990 seine runden Beutel landesweit auf den Markt. Tetleys Anteil am englischen Teemarkt stieg von 15 auf 20 Prozent, womit Tetley knapp hinter PG Tips rangierte.[26] Um nicht ausgestochen zu werden, begann PG Tips unter größter Geheimhaltung mit der Entwicklung von Teebeuteln einer neuen Form. Das Ergebnis war der PG-Tips-Pyramiden-Teebeutel, der eine dreidimensionale Gestalt hatte, die angeblich den Zubereitungsprozeß in einer Teekanne widerspiegelte und außerdem eine schnellere Zubereitung als die traditionellen rechteckigen (bzw. die weniger traditionellen runden) Teebeutel erlauben sollte. PG Tips führte seinen neuen Beutel 1996 ein und berichtete schon wenig später, der Pyramiden-Teebeutel verkaufe sich in vielen Regionen deutlich besser als der runde Teebeutel von Tetley.[27] Die Form der Teebeutel war 34 Jahre lang unverändert geblieben, bis diese Forscher denselben alten Gegenstand aus einer neuen Perspektive betrachteten – *vu ja de*!

Junge Wirtschaftszweige und Unternehmen halten manchmal genauso verbissen an der Vergangenheit fest wie ältere Branchen und Firmen. Schnell bilden sich in uns unverrückbare Überzeugungen aus, und dies vielfach auf der Basis dürftiger oder fehlerhafter empirischer Daten. Noch schlimmer aber ist die Tatsache, daß viele von uns unbewußt selbst dann an eingefahrenen Verhaltensweisen festhalten, wenn man ihnen zweifelsfrei vor Augen führt, daß diese ineffizient sind. Dieses Muster, das Psychologen »unbedachtes Verhalten« nennen, betrifft auch ganze Unternehmen.[28] Vor der Erfindung des Palm Pilot beispielsweise scheiterte ein neuer Hand-Held-Computer nach dem anderen im Markt. Palm Computing führte zusammen mit einem halben Dutzend weiterer Unternehmen wie Apple, Slate, Go und Sharp in den neunziger Jahren Hand-Held-Computer ein, die sich alle als Flops erwiesen. Das erste Produkt von Palm hieß Zoomer. Wie die Konkurrenzprodukte war es mit einer Fülle von Leistungsmerkmalen ausgestattet. Die Wettbewerber von Palm reagierten auf den flauen Absatz, indem sie Handgeräte entwickelten, die noch mehr leisteten und große Ähnlichkeit mit PCs besaßen: Sie hielten an ihrer tief verwurzelten Überzeugung fest, daß sich die Kunden einen leistungsfähigen PC im Taschenformat wünschten. Jeff Hawkins von Palm dagegen erkannte, nachdem er mit Kunden gesprochen hatte, daß seine Branche von einer falschen Annahme ausging. Ihm wurde klar, daß »wir mit Papier, nicht mit Computern konkurrieren«.[29] Der Rest ist Geschichte. Indem Palm dasselbe Problem aus einem neuen Gesichtswinkel betrachtete, konnte es sich von falschen Überzeugungen befreien und eines der meistverkauften Konsumelektronikprodukte aller Zeiten erfinden.[30]

Um mit der Vergangenheit zu brechen, braucht ein Unternehmen eine breite Vielfalt von Ideen und eine *Vu-ja-de-*

Einstellung. Aber das ist nur ein Teil der Geschichte. Wie Sie sehen werden, helfen meine schrägen Ideen Unternehmen auch auf andere Weise, sich von der Vergangenheit zu befreien.

Die schrägen Ideen

Tabelle 2 enthält zwölf (genaugenommen 11 ½) Paare gegensätzlicher Vorgehensweisen. In der linken Spalte sind gängige, konventionelle Managementgrundsätze aufgelistet: für die Einstellung von Mitarbeitern, die Personalführung, die Entscheidungsfindung, den Umgang mit der Vergangenheit und die Interaktion mit Außenstehenden. Diese Leitlinien helfen Unternehmen, Routinetätigkeiten zu erledigen, indem sie Varianz verringern, alte Perspektiven bewahren und die Vergangenheit reproduzieren. Es wird Sie vermutlich kaum überraschen zu hören, daß Unternehmen jene Leute einstellen sollten, die sie brauchen, neu eingestellte Arbeitskräfte von langjährigen Mitarbeitern unterweisen lassen sollten, Erfolge belohnen und Mißerfolge bestrafen, praxisnahe Konzepte erarbeiten und ihre Umsetzung planen, Erfolge der Vergangenheit reproduzieren sollten und so weiter.

Interessanter wird es, sobald Sie erkennen, daß sich diese Leitlinien – die weithin als der Managementstandard für Unternehmen aller Branchen gelten – grundlegend von den 11 ½ schrägen Ideen zur Förderung der Innovativität (in der rechten Spalte von Tabelle 2) unterscheiden. Tatsächlich sind die meisten das genaue Gegenteil der Leitlinien, die für Routinetätigkeiten angemessen sind. Diese unkonventionellen Ideen bewähren sich, weil sie die Varianz des Wissens steigern, Mitarbeitern helfen, Altbekanntes aus neuen Blickwinkeln zu betrachten, und Unternehmen ermöglichen, sich von der Vergangenheit zu lösen. Diese verqueren Ideen bewähren sich auch deshalb, weil sie wissenschaftlich und empirisch gut fundiert sind. Ich habe das wissenschaftliche Schrifttum durchforstet, um meine Konzepte zu erhärten (beziehungsweise zu widerlegen), mir Inspiration für weitere Ideen zu besorgen und ihre praktische Anwendbarkeit zu verbessern. Ich habe auch selbst über diese unkonventionellen Ideen geforscht und sie beständig mit Studenten und Kollegen an der Stanford-Universität und andernorts diskutiert.

TABELLE 2   *Erfolgversprechende Führungsgrundsätze für »Verwertung« im Gegensatz zu »Erkundung«*

Altbewährte Praktiken umsetzen	**Neue, unkonventionelle Wege erkunden**
1. Stellen Sie Arbeitskräfte ein, die den Firmenkodex zügig übernehmen.	1. Stellen Sie Arbeitskräfte ein, die den Firmenkodex nur langsam lernen.
1½. Stellen Sie Personen ein, die Ihnen sympathisch sind.	1½. Stellen Sie Personen ein, die Ihnen unsympathisch sind.
2. Stellen Sie Personen ein, für die (wahrscheinlich) ein echter Bedarf besteht.	2. Stellen Sie Personen ein, die Sie (wahrscheinlich) nicht brauchen.
3. Nutzen Sie Vorstellungsgespräche zur Prüfung und vor allem zur Auswahl neuer Mitarbeiter.	3. Nutzen Sie Vorstellungsgespräche, um sich neue Ideen zu verschaffen, und nicht, um Bewerber auszusieben.
4. Ermuntern Sie Ihre Mitarbeiter dazu, Vorgesetzte und Kollegen zu beachten und auf sie zu hören.	4. Ermuntern Sie Ihre Mitarbeiter dazu, Vorgesetzte und Kollegen zu zu ignorieren und herauszufordern.
5. Suchen Sie gefügige Personen, die konfliktscheu sind.	5. Stellen Sie ein paar »Frohnaturen« ein, und ermuntern Sie sie zu konstruktiven Konflikten.
6. Belohnen Sie Erfolge, bestrafen Sie Mißerfolge und Untätigkeit.	6. Belohnen Sie Erfolge und Mißerfolge, bestrafen Sie Untätigkeit.

7. Lassen Sie sich etwas Aussichtsreiches einfallen, und überzeugen Sie sich selbst und alle anderen davon, daß es mit Sicherheit ein Erfolg wird.

7. Nehmen Sie sich etwas vor, das vermutlich scheitern wird, überzeugen Sie dann sich und alle anderen, daß Sie mit Sicherheit Erfolg haben werden.

8. Denken Sie sich ein solides und praktisches Projekt aus, und planen Sie dann, es umzusetzen.

8. Denken Sie sich etwas Lächerliches oder Unpraktisches aus, und planen Sie dann, es umzusetzen.

9. Identifizieren und umwerben Sie Personen, die ein Projekt beurteilen und unterstützen werden.

9. Meiden, verwirren und langweilen Sie Kunden, Kritiker und alle, die nur über Geld sprechen wollen.

10. Lernen Sie möglichst viel von anderen, die anscheinend die Probleme gelöst haben, mit denen Sie sich herumschlagen.

10. Versuchen Sie nichts von Leuten zu lernen, die behaupten, eine Lösung für Probleme gefunden zu haben, mit denen Sie konfrontiert sind.

11. Erinnern Sie sich an Erfolge Ihres Unternehmens in der Vergangenheit, und versuchen Sie, diese zu wiederholen.

11. Vergessen Sie die Vergangenheit, insbesondere die Erfolge Ihres Unternehmens.

Zusammenfassung:

Effizienz deutet darauf hin, daß altbewährte Ideen erfolgreich umgesetzt werden.

Zusammenfassung:

Die Arbeit in kreativen Unternehmen und Teams ist ineffizient (und oftmals unangenehm).

Aber das genügte nicht. Ich wollte Ideen entwickeln, die sich in der Praxis bewährt hatten. Also griff ich für dieses Buch jene schrägen Ideen heraus, die von Unternehmen schon einmal angewandt worden waren. Außerdem habe ich in den letzten zehn Jahren vor über einhundert Gruppen aus hochrangigen und mittleren Führungskräften, Ingenieuren, Naturwissenschaftlern, Juristen und anderen Fachkräften ständig andere Versionen meiner schrägen Ideen vorgetragen. Ich bat alle Teilnehmer, die Ideen zu kritisieren und mich auf Schwachstellen hinzuweisen. Sie übten konstruktive Kritik, berichteten mir, inwiefern diese Ideen bereits in ihren Unternehmen umgesetzt wurden, und teilten mir ihre eigenen unorthodoxen Ansätze mit. Daher sind die schrägen Ideen, die ich in diesem Buch vorstelle, sowohl wissenschaftlich als auch praktisch fundiert.

Weshalb diese Ideen so schräg erscheinen

Die 11½ schrägen Ideen, die ich in diesem Buch vorstelle, stehen auf einer soliden theoretischen und empirischen Basis. Viele werden von Unternehmen umgesetzt, deren Lebenselixier Innovationen sind. Doch die Frage, die ich am Beginn dieses Kapitels aufwarf, ist noch nicht beantwortet, und sie erscheint vielleicht noch rätselhafter, wenn man glaubt, daß diese Ideen etwas bewirken: Weshalb kommen diese Ideen so vielen Menschen schräg vor? Dies liegt unter anderem daran, daß ich sie in bewußter Überspitzung als »schräg« bezeichnet habe, um Ihre Aufmerksamkeit zu wecken. Aber das erklärt nicht, weshalb ich so viele wohlfundierte Ideen ersinnen konnte, die so vielen Menschen wenigstens anfangs sonderbar, ja völlig unsinnig vorkamen. Es erklärt auch nicht, weshalb so viele Unternehmen diese und andere Methoden zur Steigerung ihrer Innovationskraft ablehnen.

Es gibt mehrere Gründe dafür, daß die 11½ konventionellen Ideen als gute, allgemeingültige Führungsmaximen angesehen werden, die unter beliebigen Umständen die richtige Strategie darstellen. Erstens sind die meisten Menschen davon überzeugt, daß es gut ist, Geld zu verdienen, und schlecht, Geld zu verlieren. Dabei ist die Generierung und Prüfung von Ideen für die meisten Unternehmen *heute* ein Verlustgeschäft. Sie können *heute* nur dadurch Geld verdienen, daß sie eine bewährte Dienstleistung wiederholen oder ein bewährtes Produkt immer wieder herstellen. Es gibt Ausnahmen, etwa Unternehmen, die von der Kreativität ihrer Mitarbeiter leben, wie Werbeagenturen und Designhäuser. Menschen, die Routinearbeiten verrichten und managen – und sich an die Grundsätze in der linken Spalte von Tabelle 2 halten –, haben in ihren Unternehmen mehr Einfluß und Prestige als Menschen, die innovativen Tätigkeiten nachgehen. Schließlich verdienen sie Geld, während jene »Exzentriker« nur Geld vergeuden! Es gibt Unternehmen wie 3M und den schweizerischen Pharmakonzern Novartis, in denen Mitarbeiter, die mit guten Ideen aufwarten, über erheblichen Einfluß verfügen, aber dies sind Ausnahmen.

Das Ganze wird dadurch noch problematischer, daß Unternehmen Routine- und innovative Tätigkeiten nach denselben Maßstäben beurteilen. Sie befolgen die konventionelle Maxime Nr. 6: Belohne Erfolg, bestrafe Mißerfolg und Untätigkeit. Für Routinetätigkeiten ist das in Ordnung. Wenn gut ausgebildete Mitarbeiter bekannte Arbeitsabläufe ausführen, deuten schlechte Leistungen auf mangelhafte Ausbildung, unzulängliche Motivation oder inkompetente Führung hin. Doch wenn man diese Meßlatte an innovative Tätigkeiten anlegt, erstickt dies die Bereitschaft, kreative Risiken einzugehen. Das übliche System der Leistungsanreize hat zur Folge, daß Mitarbeiter, die Routinetätigkeiten verrichten, meist erfolgreich sind; sie sind die hochgelobten Gewinner. Mitarbeiter, die innovativen Tätigkeiten nachgehen, versagen dagegen vielfach. Sie erhalten nicht nur praktisch keine leistungsbezogenen Vergütungen, sie werden zudem auch vielfach als Verlierer diskreditiert. In vielen Unternehmen klagen diejenigen, die Routinearbeiten verrichten: »Wenn diese kreativen Typen so wie wir arbeiten würden, wären sie produktiver und würden nicht all diese Fehler machen!«

Schließlich muten meine Ideen auch deshalb verquer an, weil sie im Unterschied zu den konventionellen Leitlinien kaum praktisch umgesetzt werden. Die meisten Unternehmen setzen den Löwenanteil ihrer Mitarbeiter und Gelder für die Förderung von Routinetätigkeiten ein. Das richtige Gleichgewicht zwischen Erkunden und Verwerten ist branchenabhängig. Doch selbst in Unternehmen, die für ihre Innovationskraft gerühmt werden, wird in der Regel nur ein kleiner Prozentsatz der Mittel für die Entwicklung und Prüfung neuer Produkte und Dienstleistungen verwendet. Die geringen Aufwendungen der Unternehmen für Forschung und Entwicklung (F&E) im Vergleich zu den Budgets für Routineaufgaben wie Fertigung, Vertrieb und Finanzwirtschaft sind bezeichnend für dieses Ungleichgewicht. Dies liefert uns zwar nur grobe Aufschlüsse, da es in der F&E ebenfalls Routineabläufe gibt, während in anderen betrieblichen Funktionen auch Innovationen entwickelt werden. Dennoch ist es aufschlußreich. Die meisten Aktiengesellschaften wenden weniger als zwei Prozent ihres Jahresbudgets für F&E auf. Selbst Unternehmen, die bekannt sind für ihre Innovationskraft, wie IBM, Lucent, Hewlett-Packard, Siemens, Xerox und General Electric, wenden nur selten mehr als fünf bis sechs Prozent ihres Budgets für F&E auf.[31] William Coyne, der frühere Vice-President für F&E von 3M, weist darauf hin, daß der finanzielle Erfolg von 3M weitgehend von neuen Produkten abhängt, doch sind die meisten Mitarbeiter in den Funktionen Herstellung und Vertrieb tätig, welche die neuen Ideen in marktgängige Produkte und damit in bare Münze umwandeln. Im Jahr 1999 erwirtschaftete 3M 30 Prozent seines Umsatzes mit Produkten, die weniger als vier Jahre alt waren, doch das F&E-Budget belief sich auf 6,6 Prozent des Umsatzes, eine Quote, die in den letzten fünf Jahren einigermaßen konstant geblieben ist.[32] Betrachtet man einzelne Einrichtungen dieser Unternehmen, in denen bahnbrechende Arbeit geleistet wird, wie etwa Forschungslabors, dann ist der Prozentsatz noch geringer. Xerox PARC in Palo Alto ist berühmt dafür, daß dort viele der Technologien erfunden wurden, welche die Computerrevolution ermöglichten – von Bitmap-Bildschirmen über Pull-down-Menüs bis zu Laserdruckern. Dennoch hat Xerox nie mehr als ein Drittel bis ein Prozent seines Jahresbudgets für die Aktivitäten von PARC aufgewendet.[33]

Dieser vergleichsweise geringe Einsatz erklärt, weshalb innovationsfördernde Führungsgrundsätze kurios anmuten und Unbehagen auslösen und weshalb Manager sie nur zögerlich beherzigen, auch wenn es von Vorteil für sie wäre. Immer mehr Studien belegen (und zwar unabhängig von anderen Faktoren): Je intensiver wir einer beliebigen Sache ausgesetzt sind, um so positiver ist unsere Einstellung dazu, und je geringer unser Kontakt, um so negativer ist unsere Einstellung dazu.[34] Dieser »Effekt der wiederholten Darbietung« (von Reizen) *(mere exposure effect)* wurde nachgewiesen für »geometrische Figuren, zufällig ausgewählte Polygone, chinesische und japanische Ideogramme, Fotos von Gesichtern, Zahlen, Buchstaben des Alphabets, Buchstaben des eigenen Namens, Zufallsfolgen von Tönen, Lebensmittel, Gerüche, Geschmacksnuancen, Farben, Menschen und Stimuli, die man ursprünglich mochte oder nicht mochte«.[35] Dieser Effekt ist selbst dann nachweisbar, wenn sich die betreffenden Personen dessen nicht bewußt sind und ihn bestreiten. Er ist in allen Bevölkerungsschichten und in allen Kulturen nachzuweisen, und Forscher haben ihn sogar bei Embryonen festgestellt. Bei einer der interessantesten Studien

wurden die Versuchspersonen gefragt, welcher von zwei photographischen Abzügen ihres Gesichts ihnen besser gefalle – ein normaler oder ein spiegelverkehrter Abzug. Ein spiegelverkehrter Abzug zeigt eine Person so, wie sie sich selbst im Spiegel sieht, während ein normaler Abzug einen Menschen so zeigt, wie ihn andere sehen. Wie vorherzusehen war, gefielen den Versuchspersonen die spiegelverkehrten Abzüge von sich, aber die normalen Abzüge von ihren Freunden besser.[36]

Wie Sie die schrägen Ideen optimal für sich nutzen

Wie also können Sie vermeiden, in Gewohnheiten zu verfallen, welche die Innovationskraft ersticken? Wenn Sie die hier vorgestellten Grundsätze – und andere kontraintuitive Ideen – optimal für sich nutzen wollen, sollten Sie sich immer wieder fragen: *Was wäre, wenn diese Ideen wahr wären?* Wie kann ich die Organisations- beziehungsweise Führungsstruktur meines Unternehmens so verändern, daß es innovativer wird? Was sollte ich an meinem Verhalten ändern, um kreativer zu werden? Diese schrägen Ideen sollen Sie nicht nur dazu veranlassen, sie auszuprobieren; vielmehr möchte ich, daß Sie selbst überlegen, was Sie tun können, um die Innovationskraft Ihres Unternehmens zu stärken, vor allem durch Konzepte, die im Widerspruch stehen zu den gängigen Überzeugungen in Ihrem Unternehmen oder Ihrer Branche.

Spielen Sie diese Ideen innerlich durch, und experimentieren Sie mit einigen in Ihrem Unternehmen. Betrachten Sie die Ideen als Spielzeug, an dem Sie nach Belieben herumpusseln können: Versuchen Sie sie in Einzelteile zu zerlegen, um herauszufinden, wie sie funktionieren, versuchen Sie sie zu verbessern, und kombinieren Sie sie (oder Teile davon) mit anderem Spielzeug. Ich begreife diese Ideen nicht als unwandelbare Wahrheiten, sondern als Werkzeuge, die anderen Unternehmen geholfen haben, ihre Produktivität und Ertragskraft zu steigern. Weshalb sollten nicht auch Sie davon profitieren? Es geht darum, innovative Gruppen beziehungsweise Geschäftsbereiche in beliebigen Unternehmen aufzubauen, sowie darum, Unternehmen, die sich auf die Verwertung altbewährter Abläufe konzentrieren, eine Dosis Innovation zu verabreichen. Selbst wenn Ihr Team oder Ihr Bereich mit Routinetätigkeiten sehr erfolgreich ist, können die hier vorgestellten Führungsleitlinien Ihnen und Ihren Kollegen helfen, eine Zeitlang einen anderen kognitiven Gang einzulegen. Sie lernen, über den Tellerrand zu blicken, alte

Probleme aus neuen Blickwinkeln zu betrachten und sich von der Vergangenheit zu befreien.

Doch bevor ich die 11½ schrägen Ideen ausführlich erläutere, bevor ich zeige, wie Sie diese Konzepte schon heute in Ihrem Unternehmen oder an Ihrem Arbeitsplatz erfolgreich zur Steigerung der Innovationskraft einsetzen können, muß ich noch eine grundsätzliche Frage beantworten. Ich habe gesagt, daß Kreativität sehr wichtig sei, aber ich habe nicht erklärt, was ich unter Kreativität verstehe. Das nächste Kapitel zeigt, daß sich das Geheimnis der Innovationskraft von Unternehmen weitgehend lüftet, wenn man weiß, was Kreativität bedeutet.

KAPITEL 2

Was ist überhaupt Kreativität?

Alle genialen Menschen sind gewissermaßen Blutsauger. Sie ernähren sich alle von demselben Stoff – dem Blut des Lebens ... Der Ursprung der Dinge hat nichts Geheimnisvolles an sich. Wir alle sind Teil der Schöpfung, sind Könige, Dichter, Musiker; wir müssen uns nur öffnen, müssen nur entdecken, was schon da ist.[1]

Henry Miller, Schriftsteller

In gewissem Sinne habe ich Elemente, die bereits da waren, miteinander kombiniert, aber das ist genau das, was Erfinder gewöhnlich tun. Normalerweise erfindet man keine neuen Elemente. Das Neue bestand höchstens in der Kombination, in der Weise, wie die Elemente verwendet wurden.[2]

Cary Mullis über seine Vorgehensweise bei der Entwicklung der Polymerasekettenreaktion, für die ihm der Nobelpreis verliehen wurde

Die beste neue Technologie in der Welt ist wertlos, wenn man niemanden dazu bringt, sie zu kaufen, wenn also keine hinreichende Nachfrage danach besteht.

Audrey MacLean, frühere CEO von Adaptive und »Business Angel«, die in viele Start-ups investiert hat

KREATIVITÄT WIRD VIELFACH als eine Fähigkeit dargestellt, die sich nicht definieren, beschreiben oder nachahmen läßt. Dabei ist sie eigentlich gar nicht so unerklärlich. Neuartige Produkte, Dienstleistungen und Theorien fallen nicht vom Himmel: Kreativität ist die Fähigkeit, alte Ideen in neuer Weise oder an neuen Orten zu nutzen beziehungsweise zu kombinieren.

Alle drei Schlüsselkonzepte zur Erkundung (von Neuem), die ich in Kapitel 1 vorgestellt habe, basieren darauf, bekanntes Wissen in neuer Weise zu verwenden. Die *Varianz* nimmt zu, wenn man Ideen, die in anderen Organisationen altbekannt sind, in ein Unternehmen oder einen Unternehmensbereich einführt, in denen sie bislang unbekannt waren. *Vu ja de* bedeutet, daß man Altbekanntes innerhalb und außerhalb des Unternehmens in neuer Weise sieht. Und *Mit der Vergangenheit brechen* bedeutet in der Regel, neue Denk- und Handlungsweisen von anderen Menschen und Firmen zu übernehmen. Neue Ideen gehen aus alten Ideen hervor. Aus diesem Grund brauchte Thomas Alva Edison in seinem Labor einen »Haufen Schrott« – bereits existierende Gegenstände –, um neue Geräte zu erfinden. Wenn Sie jemals das originalgetreu nachgebaute Labor Edisons in Dearborn, Michigan, besuchen, wird Ihnen vielleicht auffallen, daß bei vielen der Erfindungen in den Schaukästen Teile fehlen. Dies geht nicht auf das Konto diebischer Besucher, sondern ist darauf zurückzuführen, daß Edisons Ingenieure und Modellbauer Teile aus ihren älteren Erfindungen herausnahmen, um damit neue Geräte zusammenzubauen.

Wie die Schönheit und andere erfreuliche Dinge liegt auch die Kreativität im Auge des Betrachters. Eine Idee, die seit langem im Schwange ist, erscheint denjenigen, die sie erstmals kennenlernen, kreativ, sofern sie diese für nützlich erachten.[3] Und eine neue Idee mag einigen Menschen kreativ erscheinen, anderen dagegen nicht. Ich finde ein Spielzeug meiner Kinder, das »Water Talkie«, das ihnen angeblich ermöglicht, sich unter Wasser zu verständigen, nicht besonders nützlich. Ich glaube nicht, daß es besonders gut funktioniert. Und mir will nicht einleuchten, weshalb sie ihre Köpfe nicht einfach aus dem Wasser recken, um sich zu unterhalten. Das Water Talkie war das erste Produkt, das von einer Spielzeugfirma namens Short Stack im kalifornischen Moraga entwickelt wurde. Es war 1996 von dem damals elfjährigen Richie Stachowski und seinem Vater Richard Stachowski sen. erfunden worden. Als Richies Mutter Barbara Stachowski (eine erfahrene Unternehmerin) die Erfindung sah, war sie überzeugt davon, daß sie sich gut verkaufen würde. Sie hatte recht. Im Oktober 1996, nachdem Richie und Barbara in der Konzernzentrale von Toys 'R' Us in New Jersey ein Verkaufsgespräch geführt hatten, bestellte das Unternehmen umgehend fast 50 000 Water Talkies. Es sollte ein sehr erfolgreiches Produkt werden. Die Firma Short Stack (die inzwischen mehrere Produktentwickler eingestellt hat, die mit Richie arbeiten) hat ein Sortiment weiterer Wasserspielzeuge entwickelt, und das Unternehmen wurde an Wild Planet, einen größeren Spielwarenhersteller, verkauft.[4] Auch wenn mir das Water Talkie nicht besonders gefällt, würde ich es doch als eine kreative Produktidee bezeichnen. Kindern macht es Spaß, Schwimmen und Telefonieren zu verbinden.

Die Water-Talkie-Geschichte und die Erfahrung von Audrey MacLean, die gesagt hat: »Die beste neue Technologie in der Welt ist wertlos, wenn man niemanden dazu bringt, sie zu kaufen, wenn also keine hinreichende Nachfrage danach besteht«, zeigen, daß sich Ideen nur selten von selbst verkaufen. Man muß Menschen davon überzeugen, daß sich eine neue Idee lohnt. Tatsächlich war Edison vor allem ein begnadeter Vermarkter von Erfindungen. Viele der berühmten Erfindungen aus Edisons Labor wurden von seinen Mitarbeitern ersonnen und entwickelt. Sein Assistent Francis Jehl klagte, Edison sei als Trödler geschickter gewesen denn als Erfinder, und sein »Genie« erinnere vor allem an den meisterhaften Marktschreier und Schausteller P. T. Barnum. Aber Erfindungen wie elektrische Beleuchtungssysteme für Städte hätten sich ohne Edisons Geschick, als »Zauberer von Menlo Park« für große öffentliche Resonanz zu sorgen und sich so die finanzielle Unterstützung vermögender Mäzene zu sichern, nie erfolgreich am Markt behauptet.

Wenn man ein Team oder ein Unternehmen aufbauen möchte, das langfristig kreativ ist, muß man daher neue Einsatzmöglichkeiten und Verwendungsweisen für bestehende Ideen finden und andere davon überzeugen, daß diese Ideen neu und nützlich sind.[5] Einzelpersonen, Gruppen oder Unternehmen können diese Ziele dadurch erreichen, daß sie drei eng miteinander zusammenhängende Verhaltensgebote befolgen.

Stellen Sie alte Ideen Mitarbeitern vor, denen sie völlig unbekannt sind

Man kann andere davon überzeugen, daß man etwas Originelles erfunden hat, indem man ihnen eine alte Idee präsentiert, die sie nicht kennen. Individuen, Gruppen und Unternehmen, die dies immer wieder – und auf gekonnte Weise – tun, verhalten sich wie neugierige kleine Hamster. Sie graben in einem fort alte Ideen aus und lagern sie dort, wo sie leicht gefunden werden können. So können sie jederzeit »vorrätige« Ideen Personen zeigen, die sie vielleicht neu und nützlich finden.

Wenn Menschen oder Unternehmen Kontakt zu einem breitgefächerten Spektrum von Branchen, Unternehmen oder Standorten haben, sind sie besonders gut dafür gerüstet, andere in dieser Weise zu überraschen. Das gleiche geschieht, wenn Geschäftsbereiche in großen, dezentral organisierten Konzernen wie Hewlett-Packard, IBM oder 3M wie abgeschottete Königreiche geführt werden: Insider, die mit diesen ansonsten voneinander isolierten Bereichen in Verbindung stehen, sind hervorragend positioniert, um alte Ideen – oftmals aus anderen Teilen ihrer Firma – Personen vorzustellen, für die sie vollkommen neu sind. Solche Personen beziehungsweise Teams werden auch »Wissensbroker« genannt. Ihre Aufgabe besteht darin, Ideen aus Bereichen, in denen sie sich bewährt haben, an Orte zu übertragen, in denen sie unbekannt und unerprobt sind.[6]

Walt Conti, der Chef von Edge Innovations, ist ein gutes

Beispiel für einen solchen Broker. Edge stellt lebensechte mechanische Tiere für Kinofilme her; so stammen etwa die Schwertwale in Lebensgröße für den Film *Free Willy* aus der Werkstatt von Edge. Conti arbeitete zunächst für das Unternehmen IDEO, wo er ein breites Spektrum von High-Tech-Firmen beriet und dabei zum ersten Mal von ausgeklügelten Regelungssystemen und elektromechanischen Technologien hörte. Als er später bei Industrial Light and Magic für den Filmemacher George Lucas arbeitete, stellte er fest, daß die Filmindustrie für die Herstellung mechanischer Tiere keine so fortgeschrittenen Technologien verwendete, wie er sie bei IDEO gesehen hatte. Conti gründete Edge, um diese Lücke zu schließen, und beauftragte IDEO, seinen Ingenieuren bei der Herstellung leistungsfähigerer mechanischer Tiere zu helfen. Edge hat technisch anspruchsvolle »animatronische« Geschöpfe hergestellt, indem seine Mitarbeiter das Wissen von High-Tech-Firmen auf das Filmgeschäft übertrugen. Der 8000 Pfund schwere mechanische Schwertwal in *Free Willy I* beispielsweise wirkte so lebensecht, daß Zuschauer nicht sagen konnten, wann Keiko (der echte Wal) und wann das Geschöpf von Edge auf der Leinwand zu sehen war. Dieser künstliche Wal sah einem natürlichen Wal so zum Verwechseln ähnlich, daß Keiko sogar versuchte, sich mit ihm zu paaren. Edge stellte weitere mechanische Tiere her, darunter die Schwertwale für die nächsten drei *Free Willy*-Filme, den Großen Tümmler für *Flipper* und für den Horrorfilm *Anaconda* eine zwölf Meter lange und 5500 Pfund schwere Schlange, die über 60 Kilometer Kabel und mehr als 70 Mikroprozessoren enthielt.[7]

IDEOs eigene Innovationsstrategie sieht ganz ähnlich aus, und das Unternehmen nutzt geschickt seine Position als Broker zwischen verschiedenen Branchen. IDEO-Entwickler, die bislang über 4000 Produkte entwarfen, haben mit Hunderten verschiedener Firmen in Dutzenden von Wirtschaftszweigen zusammengearbeitet. Sie haben so viele verschiedene

Technologien, Produkte und konstruktive Kniffe gesehen, daß sie Klienten ständig Lösungen präsentieren können, die neu für ihre Unternehmen oder Branchen sind, aber sich bereits andernorts zur Lösung ähnlicher Probleme bewährt haben. So entwickelten sie beispielsweise eine »Schlitzklappe« für eine innovative Wasserflasche des Fahrradherstellers Specialized. Es handelt sich um ein Einwegventil aus Kunststoff, durch das Flüssigkeit nur dann fließen kann, wenn Druck ausgeübt wird – in diesem Fall also, wenn die Flasche zusammengepreßt wird. IDEO-Ingenieure haben sich dabei von der künstlichen Herzklappe inspirieren lassen, wie sie in der Medizin Anwendung findet. Als IDEO-Ingenieure den Führungskräften von Specialized einen Prototyp der Schlitzklappe vorstellten, meinten diese, es handele es sich um eine völlig neue Idee, weil sie bislang in der Fahrradindustrie unbekannt gewesen war. Die Führungskräfte von Specialized waren der Ansicht, daß sich Wasserflaschen mit diesen Klappen gut verkaufen würden. Sie hatten recht. Es wurde ein erfolgreiches Produkt.

Man muß kein weltbekannter Experte sein, um solche kreativen Leistungen zu vollbringen. Man braucht nicht einmal seit Jahren auf einem Gebiet tätig zu sein oder eine entsprechende formale Ausbildung zu haben. Man muß es lediglich verstehen, Wissen aus verschiedensten Quellen zusammenzutragen, und sich dann neue Anwendungsfelder dafür überlegen. Wenn man dies beharrlich tut, wird man sich in seinem Unternehmen oder seiner Branche rasch einen Namen als kreativer Kopf machen. Und wenn Sie (oder Ihr Team beziehungsweise Ihr Unternehmen) das Glück, die Intelligenz oder die richtige Position haben, um kontinuierlich alte Ideen auszugraben, die andere neu und nützlich finden, dann *verdienen* auch Sie es, kreativ genannt zu werden.

Erschließen Sie neue Anwendungsfelder für altbekannte Ideen

Die Kreativität läßt sich auch dadurch fördern, daß man neue Anwendungsfelder für alte Materialien, Gegenstände, Produkte, Dienstleistungen oder Konzepte findet. Als im Labor von Thomas Alva Edison die Glühbirne erfunden wurde, war das Entwickeln eines langlebigen und billigen Glühfadens nur eines der konstruktionstechnischen Probleme, die ihre Erfinder lösen mußten. Ein anderes Problem bestand darin, daß die Birnen gelegentlich aus ihren Halterungen fielen. Eines Tages fragte sich ein Erfinder im Labor, ob eine Glühbirne in der gleichen Weise in einer Fassung verankert werden könnte, wie ein Schraubverschluß auf einer Petroleumflasche befestigt war. Diese einfache und zweckmäßige konstruktive Lösung hat sich bis heute gehalten.

IDEO tat etwas Ähnliches, als seine Entwickler einen zuverlässigen und billigen Motor, den sie in einer sprechenden Puppe gesehen hatten, in eine Dockstation für einen Apple-Laptop einbauten. Eine andere Designfirma, Design Continuum, benutzte eine alte Idee in einer neuen Weise, um ein innovatives medizinisches Produkt für die Reinigung von Wunden zu entwickeln. Für die Notaufnahme von Krankenhäusern sollte ein Gerät entwickelt werden, das zur Säuberung von Wunden Salzlösung in einem pulsierenden Strahl aussandte. Dieses neue Produkt, die sogenannte Strahllavage, mußte strengen Vorschriften für Hygiene und Sicherheit genügen. Und es mußte preisgünstig und wegwerfbar sein. Die Ingenieure von Design Continuum erkannten Ähnlichkeiten zwischen der Strahllavage und einer batteriebetriebenen Wasserpistole. Oberflächlich betrachtet, schienen ein notfallmedizinisches Gerät und ein Kinderspielzeug wenig miteinander gemein zu haben. Doch als die Ingenieure die Ähnlichkeiten zwischen den beiden Produkten erkannten, brachte sie dies auf die Idee, die billige elektrische Pumpe und die Batterie der Wasserpistole so zu modifizieren, daß sie dem Anforderungsprofil für das neue medizinische Produkt genügten.

Ein weiteres Beispiel stammt aus Gary Hamels Studien über Marks & Spencer, einen der führenden europäischen Einzelhändler. In den meisten englischen Ortschaften gibt es ein Lebensmittelgeschäft von Marks & Spencer. Als das Unternehmen vor einigen Jahren ins Sandwichgeschäft einstieg, erkannten die Verantwortlichen, daß der Zubereitungsprozeß extrem ineffizient war. Vor allem, weil die Engländer Butter mögen, was bedeutet, daß Mitarbeiter in Sandwichläden im ganzen Land von Hand weiche Butter auf Brotscheiben strichen. Martin van Zwanenberg, damals Leiter des Bereichs Heimservice und Lebensmitteltechnologie von Marks & Spencer, erkannte: »Wenn wir expandieren wollten, war dies nicht akzeptabel – alle Mitarbeiter wären damit beschäftigt gewesen, Brotscheiben mit Butter zu bestreichen.« Einige Tage später besuchte Zwanenberg einen Lieferanten, der Bettücher für Marks & Spencer herstellte, und dabei fiel ihm auf, daß die Muster dort mit Hilfe eines Siebdruckverfahrens auf die Tücher appliziert wurden. Er machte ein Experiment: »Wir füllten eine der Druckfarbenküpen mit Butter und siebdruckten Butter auf Baumwolle.« Marks & Spencer benutzt mittlerweile das Siebdruckverfahren zum Bestreichen von Brotscheiben mit Butter, und das ist einer der Gründe, weshalb das Unternehmen heute mit großem Abstand den Sandwichmarkt in England dominiert.[8]

Die Erfindung von »Play-Doh« ist eines meiner Lieblingsbeispiele dafür, wie für eine altbekannte Idee ein neues Anwendungsfeld erschlossen wurde. Im Jahr 1954 arbeitete Kay Zufall als Kindergärtnerin in der nördlichen Provinz des Bundesstaates New York. Sie war ständig auf der Suche nach neuem Spielzeug, das Kindern Spaß machte. Sie ärgerte sich vor allem über den Modellierton für Kinder, weil er zu hart für ihre kleinen Hände war. Zufälligerweise besaß ihr

Schwager eine kleine Fabrik in Cincinnati, in der eine teigige Masse zum Entfernen von Rußflecken auf Tapeten hergestellt wurde. Zufall besorgte sich eine Dose von McVickers Tapetenreiniger, und nachdem sie in Erfahrung gebracht hatte, daß die Substanz ungiftig war, stellte sie fest, daß sie sich leicht ausrollen und in Formen schneiden ließ. Als McVicker die kleinen Sterne und Vögel sah, die Kay Zufall aus dem getrockneten Tapetenreiniger gefertigt und an ihren Christbaum gehängt hatte, beeindruckte ihn, wie leicht sich die Masse bearbeiten ließ. Auf Vorschlag von Zufall ließ er das Produkt in Cincinnati als gesundheitlich unbedenkliches und farbiges Produkt für Kinder neu registrieren. Kay und ihr Gatte Bob Zufall erfanden dann den Namen »Play-Doh«, und Joe McVicker begann mit der Produktion und Vermarktung eines der erfolgreichsten »Dauerbrenner« unter den Kinderprodukten. Seit 1956 wurden mehr als 2 Milliarden Dosen verkauft.[9]

Auch das Unternehmen Whirlpool ist bei der Konzipierung seines Schulungsprogramms für neue Mitarbeiter, die später einmal Verkäufern bei Einzelhandelsketten wie Sears beibringen sollen, die Haushaltsgeräte des Unternehmens möglichst erfolgreich zu verkaufen, nach der Methode verfahren, eine vorhandene Idee zu entlehnen und sie für einen neuen Verwendungszweck zu modifizieren.[10] Dieses Programm heißt »The Real Whirled«, in Anlehnung an die populäre »Reality«-Serie *The Real World* von MTV, wo die Zuschauer zu Voyeuren werden und auf dem Bildschirm verfolgen, was geschieht, wenn sieben junge Menschen fünf Monate lang in einer luxuriösen Villa in exotischer Umgebung zusammenleben. Bei Whirlpool werden sieben junge Mitarbeiter dazu »verurteilt«, zwei Monate in einem großen Haus in Benton Harbor, Michigan, zusammenzuwohnen. Diese jungen Männer und Frauen benutzen Tag und Nacht Haushaltsgeräte von Whirlpool, denn, wie die Ausbildungsleiterin von Whirlpool, Jackie Seib, sagt: »Wir wollen, daß sie die mühsame Alltagserfahrung des Verbrauchers besser nachvollziehen können.« Die Gruppe, die den Sommer 2000 gemeinsam verbrachte, »bereitete mehr als 900 Gerichte zu, wusch nicht weniger als 120 Maschinen schmutzige Wäsche und verbrachte zahllose Stunden damit, die Kühlschränke, Waschmaschinen und Trockner des Unternehmens einzuräumen«. Sie suchten auch örtliche Läden auf, begleiteten Kundendienstteams bei Hausbesuchen und besuchten Produktionsstätten und Forschungszentren von Whirlpool. Im September 2000 hatten vier Gruppen »The Real Whirled« durchlaufen. Es wird Jahre dauern, bis der Nutzen dieses Programms genau beurteilt werden kann. Aber bis jetzt hat es den Anschein, als würde diese Mischung aus Live-Theater, Schulung und Indoktrinierung Whirlpool helfen, Spitzenkräfte anzuwerben, sie zu hochmotivierten Mitarbeitern zu machen und ihnen ein tieferes Verständnis der Produkte und Kunden des Unternehmens zu vermitteln. »The Real Whirled« hat auch dazu beigetragen, dem traditionsreichen Haushaltsgerätehersteller ein modernes, innovatives Image zu geben.

Manchmal ist auch der Zufall im Spiel, wenn neue Anwendungen für Altbekanntes gefunden werden. Zufällige Entdeckungen erlauben Firmen gelegentlich, gänzlich neue Kundengruppen zu erschließen. Viagra und Minoxidil sind solche glücklichen Zufälle. Die Entdeckung, daß manche Männer nach der Einnahme von Viagra Erektionen bekamen, wurde von den Forschern des Pharmaherstellers Pfizer zunächst nicht weiter beachtet, als diese »Nebenwirkung« erstmals in klinischen Studien auftrat. Das Medikament wurde ursprünglich zur Behandlung von Bluthochdruck entwickelt, und als es für diese Indikation nicht den gewünschten Erfolg brachte, wurde es zur Behandlung von Angina pectoris erprobt. Aber auch hier waren die Ergebnisse der klinischen Studien enttäuschend. Doch dieses Mal gingen die Pfizer-Forscher der Nebenwirkung nach, die in der früheren

Studie aufgetreten war. Daraufhin erprobten sie Viagra zur Behandlung von Erektionsstörungen, womit sie ein neues Indikationsgebiet für diesen bereits bekannten Wirkstoff entdeckten.[11] In ähnlicher Weise wurde Minoxidil ursprünglich in Tablettenform als Mittel gegen Bluthochdruck verkauft. Eine Nebenwirkung dieses Medikaments war unerwünschter Haarwuchs. Also begannen Forscher von Upjohn zu untersuchen, ob das Mittel das Haarwachstum bei Männern, die eine Glatze bekamen, anregte, wenn man es auf die Kopfhaut auftrug. Bei mehr als der Hälfte der Probanden, denen Minoxidil verabreicht wurde, war eine merkliche Zunahme der Kopfbehaarung festzustellen, und Minoxidil wird heute in den Vereinigten Staaten von Upjohn unter dem Namen Rogaine vertrieben.[12] Forscher von Pfizer und Upjohn haben diese Nebenwirkungen nicht erwartet, aber beide Gruppen verhielten sich kreativ, denn sie entdeckten dank ihrer Aufmerksamkeit und Beharrlichkeit ein neues Indikationsgebiet für einen vorhandenen Wirkstoff. In den richtigen Händen ist nichts so erfolgreich wie ein Mißerfolg.

Ersinnen Sie neue Kombinationen vorhandener Ideen

Kreativität bedeutet auch, daß man völlig neue Ideen, Produkte und Dienstleistungen erfindet. Doch die meisten Dinge, die brandneu zu sein scheinen, sind nicht vom Himmel gefallen. Vielmehr sind sie Mischungen aus altbekannten Objekten, Ideen oder Handlungen. Die Dampfmaschine war seit etwa 75 Jahren in Bergwerken im Einsatz, als Robert Fulton sie auf ein Schiff versetzte und so das erste kommerziell erfolgreiche Dampfboot erfand. Fulton gelang dies, weil er verstand, wie Dampfmaschinen im Bergbau eingesetzt wurden, und austüftelte, wie man diese Maschinen als Schiffsantrieb verwenden konnte. Fulton war auch fähig, andere davon zu überzeugen, daß seine Ideen nützlich sind; dies ist einer der Gründe, weshalb sein Dampfboot ein kommerzieller Erfolg war, während andere, die damals an ähnlichen Konzepten arbeiteten, nicht die nötige finanzielle Unterstützung erhielten.

Die Hard- und Software, die das Internet ermöglichten, werden überwiegend von Menschen entwickelt, die sich neue Kombinationen vorhandener Technologien ausdenken, diese in die Tat umsetzen, praktisch erproben und beständig verbessern, bis zweifelsfrei feststeht, ob sie funktionieren oder nicht. Die Programmiersprache Java von Sun Microsystems ist ein hervorragendes Beispiel dafür. Robert Reid schrieb dazu: »Keines der Leistungsmerkmale war für sich allein genommen revolutionär oder auch nur neu ... Aber die zahlreichen Merkmale der neuen Sprache paßten makellos zusammen. Und in ihrer Gesamtheit schufen sie etwas, das wirklich einzigartig war.«[13] Einer der Erfinder von Java, James Gosling, fügte bescheiden hinzu: »In gewisser Hinsicht enthält Java nichts Neues.« Dennoch war Java ein enormer Fortschritt, ja ein Quantensprung für die Internet-Kommunikation. Gosling machte zahlreiche Anleihen bei Programmiersprachen wie Smalltalk, C++, Cedar/Mesa und Lisp.[14] David Robert, Mitgründer von Zaplet, äußert sich in dieser Frage noch unverblümter. Das Unternehmen hat eine vielversprechende Technologie namens Zaplets entwickelt, ein Verfahren, um »E-Mails mehr Power zu geben«, so daß eine große Zahl von Usern in Echtzeit darauf zugreifen kann. Robert sagt: »Alle bedeutenden Technologien machen Anleihen bei anderen Technologien.« Zaplets sind eine Synthese aus E-Mail, Echtzeit-Datenübermittlung und World Wide Web.

Corey Billington, Vice-President für Beschaffung bei Hewlett-Packard, zeigt, wie durch eine neuartige Kombination vorgegebener Handlungseinheiten kreative Lösungen gefunden werden können.[15] Billington ließ sich dabei von wissenschaftlichen Studien über die »Grammatik« der Betriebsabläufe in Restaurants inspirieren, die alle realisierbaren Vertauschungen der fünf Grundverben beziehungsweise Betätigungen (»bestellen«, »zubereiten«, »servieren«, »verspeisen« und »bezahlen«) und die Regeln für ihre Kombination in verschiedenen Sequenzen prüfte. Analog dazu entwarf Billington eine »Grammatik der Lieferkette«, die er definierte als »syntaktische Einheiten für Aufgaben, Aktivitäten und Prozesse, zusammen mit den Regeln ihrer Kombinierbarkeit«. Er wollte damit die Schritte analysieren, die erforderlich sind, um zentrale Entwicklungs-, Produktions- und Vertriebsaufgaben bei HP abzuschließen. Billingtons Strategische Planungs- und Modellentwicklungsgruppe hat anhand dieser Grammatik alle machbaren Umstellungen von Handlungselementen in den Lieferketten von HP identifiziert, um auf diese Weise kostengünstigere Sequenzen zu ermitteln. So sind zum Beispiel vier Arbeitsschritte erforderlich, um einen HP-Drucker vollständig zu montieren, nachdem der Druckermechanismus und das Tonersystem zusammengebaut worden sind: 1. Man setzt die Papierzufuhr an; 2. man fügt das Ethernet- und/oder PostScript-Bündel hinzu; 3. man fügt den Sendeberechtigungsring (Datenpaket, das den Netzzugang erlaubt) hinzu; und 4. man gibt man die Landesanpassung (Software für verschiedene Sprachen wie Französisch, Deutsch oder Spanisch) ein. Billington und seine Mitarbeiter haben den Vorgang umfassend quantitativ modelliert, um die optimale kombinatorische Abfolge dieser Schritte zu ermitteln. Nachdem sie sämtliche Umstellungen und die damit verbundenen Kosten (einschließlich Veralterung und Nachfrageunsicherheit) analysiert hatten, fanden sie heraus, daß es – im Gegensatz zur gängigen HP-Praxis – effizienter wäre, zunächst das Bündel hinzuzufügen und dann den Einbau des Sendeberechtigungsrings und die Montage der Papierzufuhr und die Eingabe der Landesanpassung so lange aufzuschieben, bis ein Kunde das Produkt bestellt.

Billington sagt, die Logik der »Lieferkettengrammatik«

habe dazu geführt, daß HP seine Lieferketten umgestaltet habe, auch wenn sie keine quantitativen Modellierungen durchführten. Sie spielen automatisch alle möglichen Vertauschungen durch, statt einfach zu unterstellen, daß bestehende Abläufe optimal sind. Er sagt: »Früher glaubten wir, daß es bei Großkunden wie Wal-Mart am besten wäre, den Computer zunächst fertig zu montieren und dann zu verkaufen. Oder zumindest, daß es am besten wäre, Bestellungen für Computer mit streng spezifizierten Teilen entgegenzunehmen. Heute verkaufen wir ihnen zuerst unser Produkt, und dann verhandeln wir – je nachdem, welche Teile verfügbar sind, wenn wir den Computer herstellen –, so daß wir flexibler sind hinsichtlich der Produktionszeit und der Teile, die wir in den Computer einbauen. Diese Fähigkeit, die exakte Auswahl der Komponenten aufzuschieben, hilft HP: Wenn uns ein Lieferant im Stich läßt, können wir ein qualitativ gleichwertiges Produkt anbieten, auch wenn es andere Bauteile enthält. So können wir beispielsweise ein größeres Festplattenlaufwerk einbauen, wenn ein Lieferant nicht die versprochenen Chips liefern kann. Oder wenn wir eine noch bessere Komponente zum gleichen Preis bekommen können, dann verwenden wir diese und machen so unseren Kunden noch zufriedener. Von dieser Flexibilität profitiert auch ein Kunde wie Wal-Mart, weil er termingerecht den besten Rechner bekommt, den wir zu diesem Preis herstellen können.«[16]

Eine kreative Kombination kann auch in einer neuartigen Mischung alter Formeln bestehen. Ein Beispiel ist das achtjährige Ringen des Mathematikers Andrew Wiles um die Lösung der Fermatschen Vermutung. Es handelte sich um eines der großen ungelösten Probleme der Mathematik, das seit über 350 Jahren auf seine Enträtselung wartete. Wiles kombinierte verschiedene mathematische Verfahren auf eine einzigartige Weise, doch die Elemente, die er verknüpfte und abwandelte, waren von Generationen von Mathematikern vor ihm entwickelt worden.[17] Wiles verbrachte den größten Teil dieser acht Jahre damit, Notizen auf Schreibblöcke und eine Tafel zu kritzeln und intensiv nachzudenken. Dabei überlegte er jedoch vor allem, wie er die vorhandenen Ideen modifizieren und miteinander verknüpfen könnte. Die entscheidende Rolle alter Ideen in diesem schöpferischen Prozeß wird in der Schlußszene des Dokumentarfilms *The Proof* verdeutlicht: eine Collage aus Interviews mit fünf anderen Mathematikern, die über 20 Mathematiker nennen, deren frühere Arbeiten Wiles zusammengeführt habe, um die Fermatsche Vermutung zu beweisen.

Die Fähigkeit, vorhandene Ideen in neuer Weise zu kombinieren, zeichnet viele wissenschaftliche Durchbrüche aus. In *Bold Science* porträtiert Ted Anton die Leiter von sieben Forschergruppen, die einige der weltweit innovativsten wissenschaftlichen Projekte durchführen.[18] Ihnen allen gelangen Durchbrüche, weil sie Ideen von außerhalb ihres Forschungsgebiets übernahmen beziehungsweise neue Fachgebiete begründeten, die Schlüsselideen aus grundverschiedenen Bereichen zusammenführten. Craig Venter, der Mitgründer von Celera Genomics, wird vielfach als der bedeutendste Wissenschaftler der humangenetischen Revolution bezeichnet. Bei einem Festakt im Weißen Haus am 26. Juni 2000 verkündete Venter, sein Team bei Celera habe gemeinsam mit vielen anderen Wissenschaftlern auf der ganzen Welt die erste Blaupause des menschlichen Genoms angefertigt – ein Register der drei Milliarden Informationsbits im genetischen Code des Menschen. Venter sagte in seiner Ansprache vor Präsident Clinton, dem Kabinett und Mitgliedern des US-Kongresses: »Vor nur neun Monaten, am 8. September 1999, begann, nur 30 Kilometer vom Weißen Haus entfernt, ein kleines Team von Wissenschaftlern, das von mir, Hamilton O. Smith, Mark Adams, Gene Myers und Granger Sutton geleitet wurde, mit der Sequenzierung der DNA des menschlichen Genoms; dabei wandten wir eine neuartige Methode an, die fünf Jahre zuvor weitgehend von denselben Personen am Institute for Genomic Research in Rockville, Maryland, entwickelt worden war.«[19] Die zügigen Fortschritte, die Venters Teams bei Celera und in den Institutionen machte, in denen sie zuvor gearbeitet hatten, verdankten sich weitgehend seiner Fähigkeit, Verbindungen zwischen Gebieten zu erkennen, die eigentlich wenig miteinander gemein hatten. Anton merkt dazu an: »Er stellte sich im Geiste die Beziehungen zwischen Computern, Sequenziergeräten, bestehenden DNA-Bibliotheken und unbekannten Organismen vor, um einen flüchtigen Blick auf den nächsten Durchbruch zu erhaschen, bevor er sich tatsächlich ereignete.«[20]

Kurz, *eine Idee ist dann kreativ, wenn sie für Menschen, die sie anwenden oder bewerten, neu ist und (wenigstens einige von ihnen) glauben, sie könnte für sie selbst oder für andere von Nutzen sein.* Die im folgenden vorgestellten Ideen sind seltsame, aber bewährte Erfolgsrezepte, mit denen Unternehmen die Kreativität ihrer Mitarbeiter freisetzen und gewinnbringend nutzen können. Meine schrägen Ideen konzentrieren sich auf Unternehmen, die neue Anwendungsfelder für altbekannte Konzepte suchen, aber sie gehen auch darauf ein, wie man wichtige Personen von dem Nutzen seiner Ideen überzeugen kann. Insbesondere im letzten Kapitel finden Sie Ratschläge dazu, wie Sie andere davon überzeugen können, daß Sie und Ihr Unternehmen innovativ sind.

TEIL II

*Die
schrägen
Ideen*

Stellen Sie Arbeitskräfte ein, die den Firmenkodex nur langsam lernen (schräge Idee Nr. 1)

Darwin ging nicht gern zur Schule, und er war auch nur ein mittelmäßiger Student. Aber zugleich war er ein leidenschaftlicher Autodidakt, der sich durch umfassende Lektüre, naturwissenschaftliche Exkursionen in die englische Landschaft und Gespräche mit ausgewiesenen Wissenschaftlern kontinuierlich weiterbildete.[1]

Dean Keith Simonton, Kreativitätsforscher

Manchmal sind Typen, die den Mund nicht aufkriegen, die besten Ingenieure.

Nolan Bushnell, Gründer von Atari

ICH RATE IHNEN NICHT, Dummköpfe einzustellen, aber ich rate Ihnen doch, Menschen mit einer besonderen Art von Geistesschwäche oder, wenn Sie so wollen, Unbotmäßigkeit einzustellen. Wenn Sie möchten, daß in Ihrem Unternehmen ein breites Spektrum von Sichtweisen, Ideen und Talenten repräsentiert ist, sollten Sie Arbeitskräfte suchen und einstellen, die den »Kodex« Ihres Unternehmens nur langsam lernen (»slow learners«). Der Kodex eines Unternehmens ist die Gesamtheit seiner »Kenntnisse und Glaubenssätze«[2] – seine Geschichte, seine Erinnerungen, Geschäftsabläufe, Präzedenzfälle, Regeln und all jene oftmals unausgesprochen für selbstverständlich erachteten Annahmen, die spezifischen Erwartungshaltungen im Unternehmen zugrunde liegen. Der Kern des Unternehmenskodex sind allgemein verbindliche

Normen, jene »übergeordneten ›Gebote‹ und ›Verbote‹, die das Verhalten regeln, Sanktionen nach sich ziehen und im Lauf der Zeit allen Mitarbeitern in Fleisch und Blut übergehen«.[3]

Die meisten Unternehmen wählen gezielt Stellenbewerber aus, die ihrem »typischen Mitarbeiterprofil« entsprechen, das heißt, die rasch lernen, Aufgaben auf »die richtige Weise« zu erledigen und Dinge so zu sehen wie die meisten anderen Mitarbeiter des Unternehmens. Diese Kriterien sind sinnvoll, wenn ein Unternehmen Mitarbeiter sucht, die seine altbewährten Denk- und Handlungsmuster unkritisch übernehmen. Unternehmen und Teams, die innovativ arbeiten, brauchen einen anderen Typus von Mitarbeiter. Sie brauchen Neulinge, die frische Ideen mitbringen und Dinge anders sehen als die Insider und die vor allem nicht indoktriniert werden, so zu denken wie alle anderen. Sie brauchen Mitarbeiter, die sich dem »Herdentrieb« widersetzen, wie es der Technoguru George Gilder formuliert.[4] Das meine ich mit »Arbeitskräften, die den Firmenkodex nur langsam lernen« (betriebliche Nonkonformisten).

James March forscht seit zehn Jahren über solche Mitarbeiter, die sich nur langsam an den Firmenkodex anpassen.[5] Er weist nach, daß Unternehmen sich stärker auf die Erkundung neuer Geschäftschancen und weniger auf die Verwertung vorhandenen Wissens konzentrieren, wenn ein hoher Prozentsatz der Mitarbeiter den Kodex nicht befolgt. Wenn Mitarbeiter den Kodex nicht kennen oder nicht davon überzeugt sind, stützen sie sich auf ihre individuelle Sachkenntnis und Kompetenz, oder sie ersinnen neue Ideen oder Methoden, um ihre Arbeit zu erledigen. Wenn sie sich nach ihren persönlichen Überzeugungen richten statt nach dem, was ihr Umfeld für richtig hält, bereichern sie das firmeninterne Spektrum der Konzepte und Praktiken. Dies bedeutet, daß es *klug* ist, Nonkonformisten einzustellen und Abweichler, Querköpfe, Exzentriker, Spinner, spleenige Typen und Menschen mit originellen Einfällen zu tolerieren, auch wenn sie mit vielen Ideen aufwarten werden, die Mißgeburten, Sackgassen und völlige Fehlschläge sind. Die Kosten lohnen sich, weil man so einen größeren Fundus von Ideen – vor allem neuartigen Ideen – erhält, als wenn man nur brave Konformisten einstellt und fördert.

March präsentiert eindrucksvolle Daten und Schaubilder, die zeigen, daß ein Unternehmen um so innovativer ist, je mehr Mitarbeiter es beschäftigt, die sich dem Druck des »Wie-das-bei-uns-üblich-ist« nicht beugen können oder wollen. March sagt jedoch kaum etwas über das Merkmalsprofil von Menschen, die sich nur langsam an den Firmenkodex anpassen. Studien aus dem Bereich der Persönlichkeitspsychologie deuten darauf hin, daß hier vor allem drei Persönlichkeitszüge zum Tragen kommen: schwach ausgeprägte »Selbstbeobachtung bzw. -überwachung« *(self-monitoring)*, geringe Kontaktbereitschaft und extrem hohes Selbstwertgefühl.

Zunächst einmal zeichnen sich viele *slow learners* durch das aus, was der Psychologe Mark Snyder eine schwache Selbstbeobachtung nennt, das heißt, es sind Menschen, die besonders unempfänglich für subtil und weniger subtil geäußerte Verhaltenserwartungen von anderen sind. Snyders Studien zeigen deutliche Unterschiede zwischen Personen mit hoher und niedriger Selbstbeobachtung.[6] Ausgeprägte Selbstbeobachter haben ein empfindliches Gespür für subtile Aspekte des Verhaltens von Menschen in ihrem Umfeld; sie klopfen dieses auf implizite an sie gerichtete Verhaltenserwartungen ab, denen sie dann weitgehend entsprechen. Personen mit starker Tendenz zur Selbstbeobachtung üben oftmals Berufe aus (zum Beispiel im Vertrieb, in der Schauspielkunst oder in der Politik), in denen man sich der sozialen Wirkung seines Verhaltens und der ausgedrückten Emotionen bewußt sein und es verstehen muß, diese so zu gestalten, daß sie im sozialen Umfeld ein möglichst positives Echo auslösen.

Schwache Selbstbeobachter sind praktisch genau das

Gegenteil. Ihre Gefühle und Handlungen werden »von inneren Einstellungen, Dispositionen und Werten kontrolliert und nicht bewußt auf die jeweilige (soziale) Situation zugeschnitten«.[7] Selbst wenn dieser Persönlichkeitstypus die Verhaltenserwartungen von anderen errät, fällt es ihm schwer, die »richtige« Reaktion in aufrichtiger und überzeugender Weise zu zeigen. Schwache Selbstbeobachter scheren sich im Positiven wie im Negativen kaum um soziale Normen. Diese Einzelgänger und Außenseiter können ihre Chefs und ihre Kollegen zur Verzweiflung treiben, aber sie erweitern das Spektrum der Ideen, Gesprächsthemen und Handlungsalternativen in einem Unternehmen. Starke Selbstbeobachter sind vielfach Jasager, die es einfach nicht lassen können, anderen nach dem Mund zu reden. Schwache Selbstbeobachter können es dagegen nicht lassen, zu sagen und zu tun, was sie für richtig halten, weil sie den Anpassungsdruck nicht wahrnehmen oder sich nicht darum scheren.

Der Physik-Nobelpreisträger Richard Feynman war ein kreativer Mensch, der sich nicht darum scherte, was andere taten und von ihm erwarteten, und dem nichts daran lag, anderen zu gefallen.[8] Er lehnte fast alle Ehrendoktortitel ab, die ihm angetragen wurden, bemühte sich jahrelang darum, aus der hochangesehenen National Academy of Science auszutreten, und weigerte sich, an den Verwaltungsaufgaben mitzuwirken, die mit seiner Professur verbunden waren, wie etwa Einstellungs- und Beförderungsentscheidungen und das Schreiben von Förderanträgen. Er war ein weitgehend innengesteuerter Mensch. Einige Kollegen fanden ihn egoistisch und ungehobelt, doch Feynman selbst war stolz auf seine Unerschütterlichkeit, und er gab einer Sammlung autobiographischer Essays den Titel »*Kümmert Sie, was andere Leute denken?*«[9]

Feynman stand so sehr über den Dingen, daß er laufend gegen die vielleicht oberste Norm in der wissenschaftlichen Fachwelt verstieß: Wenn man eine zündende Idee hat, publiziere man sie in einer Fachzeitschrift, um andere Forscher zu inspirieren und den eigenen Ruf zu festigen. Feynman publizierte genügend Arbeiten, um den Nobelpreis zu erhalten. Aber viele Kollegen behaupteten, er hätte einen stärkeren Einfluß auf die Physik gehabt und vielleicht einen oder sogar zwei weitere Nobelpreise bekommen, wenn er sich die Mühe gemacht hätte, mehrere hundert seiner anderen neuen Ideen zu veröffentlichen. Feynman schrieb einmal eine etwa hundertseitige Arbeit, in der er vorhersagte, daß extrem massereiche Sterne mit intensiver Strahlung gravitativ instabil seien. Etwa 20 Jahre später wurde ein Astrophysiker, der, unabhängig von Feynman, zum selben Ergebnis gelangte, mit dem Nobelpreis ausgezeichnet, nicht zuletzt, weil Feynman sich nie die Mühe gemacht hatte, die Arbeit zu publizieren.[10]

Als Feynman gebeten wurde, in der Rogers-Kommission mitzuarbeiten, einem angesehenen Expertengremium, das mit der Untersuchung der Ursachen für die Explosion der Raumfähre *Challenger* betraut wurde, bedrängte ihn seine Frau Gweneth mitzumachen, weil er (als schwacher Selbstbeobachter) unabhängig denken und handeln würde. Sie sagte ihm:

> Wenn du nicht mitmachst, marschieren zwölf Leute immer schön brav miteinander dahin und dorthin. Machst du dagegen mit, marschieren nur elf immer schön brav miteinander herum, während der zwölfte überall rumschnüffelt und auf die unwahrscheinlichsten Ideen kommt. Vielleicht gibt es ja nichts herauszufinden, aber wenn es etwas gibt, dann findest du es.[11]

Wie Gweneth vorhersagte, trug Feynman eine Menge Informationen aus eigenen Stücken zusammen, vor allem, indem er mit Beteiligten sprach und sich intensiv vor Ort umsah. Er setzte sich über die Weisungen der hochrangigen Beamten, die die Kommission leiteten, hinweg und zog die Leitlinien in

Zweifel, an die sich die Kommissionsmitglieder halten sollten. Bei einem Treffen unterbrach er die Beratungen (trotz der Bemühung von Regierungsfunktionären, ihn in die Schranken zu weisen), um zu zeigen, daß die Dichtungsringe der Raumfähre, sogenannte O-Ringe, ihre Elastizität verloren, wenn man sie in einen Becher mit eiskaltem Wasser tauchte, dessen Temperatur von 0 °C etwa der Lufttemperatur am Tag der *Challenger*-Katastrophe entsprach. Dies war der entscheidende Beweis, denn die Abdichtung durch die O-Ringe verhinderte das Ausströmen heißer Gase aus den Feststoffraketen, und wenn diese ihre Elastizität verloren, konnte die Dichtung nicht mehr einwandfrei abschließen. Schließlich wurde das Versagen der Dichtungsringe als technische Hauptursache der *Challenger*-Explosion festgestellt – und zwar durch eine Testreihe, bei der Feynmans Demonstration unter kontrollierten Bedingungen wiederholt wurde.

Neil Armstrong, der erste Mensch, der den Mond betreten hat, hörte, wie der Vorsitzende der Kommission, William Rogers, sich beklagte: »Feynman wird zu einer wahren Nervensäge.«[12] Doch Feynman, der wenig auf die Meinung anderer gab, konnte einfach nicht anders. Er mußte auf seine innere Stimme hören. Und der Erfolg gab ihm recht.

Personen, die den Firmenkodex nur langsam lernen, scheren sich nicht nur kaum um die Meinung anderer, sie gehen auch sozialen Kontakten aus dem Weg. Für sie gilt der Ausspruch Jean-Paul Sartres: »Die Hölle, das sind die anderen.« Gespräche mit Kollegen und Vorgesetzten sind ihnen eine Last. Sie haben somit weniger Chancen, die konkreten Verhaltenserwartungen zu lernen, die in einem Unternehmen an sie gerichtet werden. Im Rahmen einer Studie an der Universität von Kalifornien in Berkeley verfolgte Jennifer Chatman ein Jahr lang 171 neu eingestellte Wirtschaftsprüfer in den acht größten US-Wirtschaftsprüfungsgesellschaften. Sie analysierte Faktoren, die neu eingestellte Mitarbeiter dazu veranlassen, die Wertvorstellungen ihrer altgedienten Kollegen zu übernehmen. Zu diesen »Wertvorstellungen« gehören Achtung vor Menschen, Flexibilität, Innovativität, Teamarbeit, Risikobereitschaft, Aggressivität und Akribie. Nach einem Jahr hatten sich jene Wirtschaftsprüfer, die weniger mit anderen Mitarbeitern der Firma interagiert hatten (indem sie geringere gesellschaftliche Aktivitäten zeigten und weniger Zeit mit ihren Mentoren verbrachten), in geringerem Maße mit den vorherrschenden Wertvorstellungen der Firma identifiziert.[13]

Meiner Erfahrung nach – und ich vermute, diese deckt sich mit Ihren Erfahrungen – sind diese Menschen vielfach sozial gehemmt. Sie fühlen sich in der Gegenwart anderer nicht sonderlich wohl oder sind doch jedenfalls am glücklichsten, wenn sie allein sind und ungestört an ihren Konzepten feilen und ihren Gedanken nachhängen können. Wenn Nolan Bushnell, der Gründer und frühere CEO von Atari, sagt: »Manchmal sind Typen, die den Mund nicht aufkriegen, die besten Ingenieure«, dann meint er damit Menschen, die sich kaum selbst beobachten und vor sozialen Kontakten zurückscheuen. Es mag ihnen an sozialem Schliff fehlen. Und selbst wenn sie diesen Schliff besitzen, ziehen einige der kreativsten Köpfe es vor, sich von ihren Kollegen fernzuhalten und allein über ihren Gedanken zu brüten. Manchmal ist es nicht leicht, sich mit ihnen zu unterhalten oder sie überhaupt zu finden, und viele arbeiten nicht gern in Teams. Aber sie erweitern das Spektrum von Ideen in einem Unternehmen, und sie werden in allen innovativen Unternehmen anerkannt und geschätzt.

Manche innovativen Tätigkeiten erfordern – wie das Stegreiftheater – eine fortwährende Kommunikation und eine enge Abstimmung zwischen den Beteiligten. Kreative Menschen, die sozialen Kontakten aus dem Weg gehen, sind hierfür kaum geeignet. Aber viele innovative Aufgaben lassen sich zerlegen, so daß die Beteiligten nur begrenzten Kontakt miteinander haben, wobei die Unternehmensleitung die notwendige Koordination übernimmt. So ist bei vielen Unternehmen und auch in einigen Arbeitsgruppen bei Cisco, Intel und Zilog die Entwicklung von Hard- und Software in dieser Weise organisiert. Mitarbeiter, die den Firmenkodex nur langsam übernehmen, können sich in einem solchen Umfeld schöpferisch entfalten. Vor einiger Zeit leitete ich ein Seminar mit Führungskräften, die kontrovers darüber diskutierten, ob es möglich sei, ungesellige Mitarbeiter, die lieber allein arbeiten, mit kreativen Aufgaben zu betrauen. Ein Manager eines Hardware-Herstellers rutschte nervös auf seinem Stuhl hin und her und wurde rot. Schließlich entfuhr es ihm: »Mit genau diesem Schlag Menschen hab ich zu tun.« Er fuhr fort:

> Sie verstecken sich in ihren Büros und kommen nicht heraus. Wir teilen die Arbeit so auf, daß jeder für eine in sich geschlossene Teilaufgabe verantwortlich ist. Wir schieben ihnen die Aufgabenstellung unter der Tür durch und rennen davon. Sie hören nicht auf uns, wenn wir ihnen sagen, es sei gut genug – sie lassen es uns erst bauen, wenn es ihren Ansprüchen an elegantes Design genügt –, sie scheren sich nicht darum, was wir denken.

Schließlich zeichnen sich *slow learners* oftmals durch ein hohes Selbstwertgefühl aus. Viele Studien zeigen, daß es Menschen mit ausgeprägtem Selbstwertgefühl (die sich selbst konstant positiv bewerten) an »Plastizität« in ihrem Verhalten fehlt; wobei Plastizität »das Ausmaß [ist], in dem das Verhalten einer Person durch äußere und insbesondere soziale Stimuli beeinflußbar ist«.[14] Diese Personen sind so selbstbewußt, daß sie tun, was sie für richtig halten, ganz gleich, was andere von ihnen verlangen, ihnen sagen oder von ihnen erwarten. Dies bedeutet unter anderem, daß Menschen mit einem Anflug von Hochmut oder Arroganz die Ideen und Handlungsweisen anderer mißbilligen beziehungsweise standhaft dagegenhalten, wenn sie ihres Erachtens falsch sind. James Watson beschreibt in seinem Buch *The Double Helix*, wie er und Francis Crick die Struktur der DNA aufklärten. Watson betont, daß Cricks Arroganz für ihn und andere Mitarbeiter des Labors oft schwer erträglich gewesen sei.[15] Der erste Satz dieser Beschreibung ihrer Forschungsarbeit, die mit dem Nobelpreis ausgezeichnet wurde, lautet: »Ich habe Francis Crick nie maßvoll gestimmt erlebt.«[16] Watson legt dar, daß ihnen nur Cricks unverbrüchliches Selbstvertrauen zusammen mit seinem eigenen (Watson hatte mehr als nur einen Anflug von Selbstüberhebung) ermöglichte, Kritiker zu ignorieren, was letztlich für ihren Erfolg entscheidend war.

John Lennon von den Beatles war ein noch berühmterer Nonkonformist. Wie Feynman, Crick und Watson scherte auch er sich nicht darum, was andere Menschen von ihm hielten, und er war manchmal von einer schroffen Arroganz. Lennon verargte seinen Lehrern und vor allem seiner Tante, die ihn großgezogen hatte, daß sie seine Begabungen nicht erkannt hatten: »Ich habe ihr nie verziehen, daß sie mich als Kind nicht wie ein Genie behandelt hat. Weshalb haben sie mich nicht gefördert? Weshalb haben sie mich gezwungen, ein ungehobelter Banause zu bleiben, wie es ihrem Niveau entsprach? Ich war anders, ich war von Anfang an anders.« Ein Reporter fragte Lennon, ob er die Musikszene vermisse, weil er zu Hause bleibe und seinen Sohn Sean aufziehe. Lennon erwiderte ungehalten: »Das ist so, als würden Sie Picasso fragen, ob er in letzter Zeit im Museum gewesen sei. Picasso ist nicht in Museen gegangen. Entweder er malte, er aß, oder er vögelte. Picasso lebte, wo er lebte, und die Leute besuchten ihn. Genau das gleiche tue ich. Ging Picasso in ein Studio, um jemandem beim Malen zuzusehen? Ich möchte anderen Leuten nicht beim Malen zuschauen. Mich interessieren die Arbeiten anderer Leute nicht.«[17]

Das Problem bei der Einstellung solcher Personen besteht – abgesehen von den Ressentiments, die sie hervorrufen – darin, daß ihr Selbstvertrauen und ihre Beharrlichkeit nicht gewährleisten, daß sie oder ihre Unternehmen Erfolg haben werden. Tatsächlich *scheitern* die meisten dieser extrem selbstbewußten Menschen – und manchmal auch ihre Unternehmen –, weil die meisten neuen Ideen unbrauchbar sind oder zumindest nicht so gut wie die alten Ideen, die sie ersetzen sollen. Gleichzeitig muß man die eigenwilligen Phantasien extrem selbstbewußter Mitarbeiter lange genug schützen, wenn man herausfinden will, ob ihre unorthodoxe Idee zu den wenigen zündenden Erfolgskonzepten gehört.[18]

Der Xerox-Forscher Gary Starkweather, der den Laserdrucker erfand, ist ein hervorragendes Beispiel für eine Person, die so selbstbewußt ist, daß sie sich über den Firmenkodex hinwegsetzt, und die Erfolg hat, weil sie gerade lange genug protegiert wird, um ihre Idee zu verwirklichen.[19] Im Jahr 1968 wurde Starkweather als frischgebackener Doktor im Bereich Optik vom technischen Zentrallabor von Xerox in Webster, New York, eingestellt. Er behauptete beharrlich, daß die (damals neue) »Lasertechnologie schneller und präziser als gewöhnliches weißes Licht ein Bild auf eine xerographische Trommel ›malen‹ könnte«.[20] Doch andere Wissenschaftler am Forschungslabor in Webster verwarfen diese Idee ebenso konsequent als nicht praktikabel und zu teuer. Starkweather reagierte darauf, indem er ein Experiment nach dem anderen durchführte, die fast alle Einwände entkräfteten, die seine Vorgesetzten und Kollegen erhoben hatten. Als ein unmittelbarer Vorgesetzter seine Forschungen dennoch unterbinden wollte, besaß er genügend Selbstbewußtsein, um sich bei einem hochrangigen Manager von Xerox darüber zu beschweren, daß »dogmatische Ansichten« sowohl eine gute Idee als auch seine Karriere ruinierten. Er wurde daraufhin an eine neue (und mittlerweile berühmte) Forschungsstätte im kalifornischen Palo Alto, Xerox PARC, versetzt; bis zum Jahr 1972 hatte er seine Ideen in einen marktreifen Kopierer umgesetzt.

Die Vermarktung des Laserkopierers wurde von der Unternehmensleitung von Xerox, die seine Marktchancen skeptisch beurteilte, mindestens drei weitere Male verzögert. Als Gary Starkweathers Lasergerät dann jedoch endlich »1977 als Xerox-9700-Drucker auf den Markt kam, erfüllte es die Erwartungen seines Erfinders und wurde zu einem der meistverkauften Xerox-Produkte aller Zeiten«.[21] Der Erfolg des Laserdruckers widerlegt auch all jene Bücher, Artikel und selbst einen Dokumentarfilm mit dem Titel *Triumph of the Nerds*,[22] in denen behauptet wurde, Xerox habe »sich die Zukunft vermasselt«, weil es die Erfindungen von PARC nicht hinreichend kommerziell verwertet habe. Diese Berichte stimmen insofern, als Xerox tatsächlich Dutzende von Erfindungen, welche die Computerrevolution ermöglichten, nicht zur Marktreife entwickelte, aber dabei wurde Starkweathers Erfindung übersehen, die im Kerngeschäft von Xerox, Druckern, zu einem der wichtigsten Umsatz- und Gewinnträger wurde.

Die meisten Unternehmen suchen nach »Schnellernern«, geselligen Menschen mit sozialem Schliff, die den Wünschen ihres sozialen Umfelds bereitwillig Folge leisten. Tatsächlich brauchen Unternehmen für die meisten ihrer Tätigkeiten solche Konformisten, die Aufgaben so verrichten, wie sie immer verrichtet wurden: So erwirtschaften sie *heute* Gewinne. Doch Ihr Unternehmen kann von Menschen, die den Firmenkodex nur langsam übernehmen, profitieren, wenn Sie neue Methoden erkunden oder mit der Vergangenheit brechen wollen, um *morgen* Geld zu verdienen. Selbst in den Bereichen Ihres Unternehmens, die überwiegend Routinetätigkeiten verrichten, kann die Einstellung einiger Nonkonformisten eine lohnende Investition in die Zukunft sein.

Um diese schräge Idee in die Tat umzusetzen, müssen Sie den »unkonventionellen Mitarbeiter« anwerben und einstellen und ihn in einer Weise behandeln, die für Sie selbst ungewohnt ist. Sie sollten zum Beispiel nach intelligenten Menschen mit schlechten Zeugnissen suchen. Forschungen über hochkreative Menschen haben gezeigt, daß viele von ihnen – unter anderem auch Edison und Darwin – mittelmäßige oder gar schlechte Schüler beziehungsweise Studenten waren. Auch Craig Venter, dessen »Schrotschuß«-Verfahren zur Genomsequenzierung ihn und seine Mitarbeiter zu den angesehensten und vielleicht wichtigsten Forschern des Humangenom-Projekts machte, war ein schlechter Schüler. Er war »ein schwacher Schüler, der statt zur High-School lieber zum Surfen ging«.[23] Der Kreativitätsforscher Dean Keith Simonton merkt dazu an: »Um in der Schule gute Zensuren zu erhalten, muß man sich in der Regel weitgehend das herkömmliche Welt- und Menschenbild zu eigen machen.«[24] Wer gute Zensuren erhält, paßt sich im allgemeinen rasch an soziale Schlüsselreize an. Intelligente Menschen mit schlechten Zensuren dagegen hören auf ihre innere Stimme, und sie tun das, was sie für interessant und richtig halten. Dazu Simonton: »Kreative Talente haben unter anderem deshalb eine Abneigung gegen die Schule, weil sie ihren eigentlichen Wissensinteressen nicht gerecht wird. Wenn sie vor der Wahl stehen, entweder ein gutes Buch zu lesen oder sich auf eine Prüfung vorzubereiten, trägt die nicht auf dem Lehrplan stehende, aber dennoch lehrreiche Zerstreuung oftmals den Sieg davon.«[25]

Ein letzter und wesentlicher Punkt ist, daß Nonkonformisten symbiotische Beziehungen zu Konformisten haben können. Wissenschaftler wie die an der Harvard Business School lehrenden Karriereberater James Waldroop und Timothy Butler behaupten, daß Mitarbeiter, die ignorieren, was andere von ihnen denken, und die eine schlechte soziale Kompetenz besitzen, gezielt geschult werden sollten, um ihr anstößiges Verhalten zu dämpfen.[26] Ich bin zwar ebenfalls der Meinung, daß Nonkonformisten lernen sollten, reibungsfreier mit anderen zusammenzuarbeiten, aber ich sehe auch Gefahren bei dem Versuch, Nonkonformisten umzuformen. Zunächst einmal kann ein solches Verhalten weitgehend neurologisch oder genetisch determiniert sein, so daß es sich möglicherweise nicht verändern läßt. Der kontaktscheue und manchmal kalt abweisende Albert Einstein hätte vermutlich nie die sozialen Kompetenzen lernen können, die Waldroop und Butler Harvard-Betriebswirten beibringen und die ihres Erachtens für eine erfolgreiche Karriere ausschlaggebend sind. Einige Psychologen und andere Experten behaupteten sogar, Einstein habe am Asperger-Syndrom gelitten, einer Form des Autismus, bei der die Reaktion auf soziale Außenreize erheblich vermindert und die soziale Kompetenz gestört ist.[27] Die zweite Gefahr besteht darin, daß eine Welt, in der es nur gesellige und gefügige Schnellerner gäbe, nicht nur langweilig, sondern auch eine sterile Einöde wäre. Um auf Albert Einstein zurückzukommen: Wenn er während seines Studiums stärker darauf bedacht gewesen wäre, seinen Mentoren zu gefallen, hätten sie ihm vielleicht eine Stelle an der Universität verschafft, aber er hätte womöglich nie die Relativitätstheorie entwickelt.

Sinnvoller ist es, Nonkonformisten mit dem geeigneten Typus von Konformisten zusammenzubringen. Schließlich verdanken sich die meisten guten Ideen sozialen Interaktionen, und sie werden nicht von einsamen Genies ausgebrütet. Richard Feynman weigerte sich, wie erwähnt, an den Verwaltungsaufgaben seines Fachbereichs mitzuwirken, da ihm jedoch andere Mitglieder des Lehrkörpers und Verwaltungsangestellte diese Bürde abnahmen, konnte er sich voll und ganz seiner wissenschaftlichen Arbeit widmen.[28] Erfolgreiche Nonkonformisten haben oftmals engen Kontakt zu einem oder mehreren Konformisten, die sie abschirmen und als Vermittler und Förderer ihrer Ideen auftreten. Der eigensinnige und geistig unabhängige Bill Joy hat Ideen entwickelt, die vielen erfolgreichen Produkten von Sun Microsystems zugrunde liegen. Schnellerner wie Sun-Chef Scott McNealy versuchen nicht, Joy zu verändern. Sie lassen ihn in Ruhe seine Ideen entwickeln, bis er Hilfe braucht, sie in Produkte umzusetzen und andere innerhalb und außerhalb des Unternehmens dafür zu gewinnen.

John Lennons Aufschneiderei und verletzende Art verärgerte die Konformisten in seinem Umfeld, vor allem seinen Kollegen Paul McCartney und ihren Bandmanager Brian Epstein.[29] Lennon »konnte aus purer Launenhaftigkeit und Gehässigkeit gegen etwas sein«.[30] Doch Lennon erkannte, daß er sie dringend brauchte, und er gestand: »Paul und Epstein mußten eine Menge für mich ausbaden. Ich will weder Paul noch Brian schlechtmachen. Sie haben dafür gesorgt, daß meine Persönlichkeit keinen allzu großen Schaden anrichtet.«[31] McCartneys Kränkungen und seine Bewunderung waren in seiner Stellungnahme nach der Ermordung von Lennon deutlich zu spüren: »Er hat mich manchmal ziemlich barsch abgefertigt, aber ich habe ihn insgeheim dafür bewundert. Es stand außer Frage, daß wir Freunde waren; ich habe ihn wirklich von Herzen gemocht. In den kommenden Jahren werden die Leute erkennen, daß John ein Staatsmann von internationalem Zuschnitt war. Er wirkte oft bekloppt und hat sich sogar ein paar Feinde gemacht, aber er war wirklich großartig. Seine Aufnahme *Give Peace a Chance* hat dazu beigetragen, daß der Vietnamkrieg beendet wurde. Er hat viel Sinnvolles geleistet.«[32] Lennon war begabt, aber seine Fähigkeiten wären ohne McCartneys Charme und diplomatisches Verhalten nie entwickelt geworden.

Schräge Idee Nr. I erfolgreich umsetzen

Wie Sie mit betrieblichen »Nonkonformisten« innovativer werden

- Stellen Sie intelligente Menschen ein, die sich bei ihrem gegenwärtigen Arbeitgeber offenbar gegen normative Verhaltenserwartungen auflehnen.

- Wenn ein Stellenbewerber intelligent, aber sozial unbeholfen ist, sollten Sie ihn trotzdem einstellen.

- Stellen Sie ein paar Einzelgänger und Individualisten ein, oder schaffen Sie günstige Bedingungen dafür, daß sich solche Persönlichkeitstypen entfalten können.

- Gehen Sie das Risiko ein, einige kreativ wirkende Bewerber mit schlechten Zeugnissen einzustellen.

- Sorgen Sie dafür, daß Personen, die den Firmenkodex nur langsam übernehmen, dafür belohnt – oder wenigstens nicht bestraft – werden, daß sie ihre abweichenden Ansichten artikulieren und sich unkonventionell verhalten.

- Schützen Sie Nonkonformisten vor dem Erwartungsdruck, die Unternehmenskultur zu lernen und blind zu befolgen, lassen Sie sie für längere Zeiträume unbehelligt arbeiten.

- Umgeben Sie Nonkonformisten mit Konformisten (Schnelllernern), die es verstehen, deren kreative Ideen umzusetzen und zu fördern.

- Vorgesetzte von Nonkonformisten müssen deren Arbeit besonders gut verstehen. Denn Nonkonformisten fällt es oftmals schwer, ihre Ideen anderen mitzuteilen und sie in einen Kontext zu stellen, so daß ihre Vorgesetzten dies häufig für sie leisten müssen.

- Schützen Sie (beziehungsweise isolieren Sie) Nonkonformisten voreinander. Ihre schlechte kommunikative Kompetenz und Arroganz kann kontraproduktive Konflikte zwischen ihnen anheizen.

KAPITEL 4

Stellen Sie Personen ein, die Ihnen unsympathisch sind (schräge Idee Nr. 1½)

Stellen Sie Leute ein, die Sie zur Verzweiflung treiben, denn so bekommen Sie neue Ideen.

Peter Skillman, Direktor des Bereichs Produktdesign von Handspring

Ich habe da so einen linksradikalen Typen, der für mich arbeitet. Er ist ätzend. Er sagt mir doch glatt, daß ich unrecht habe. Er gleicht meine blinden Flecken aus. Ohne ihn bin ich aufgeschmissen.

Rey More, Senior Vice-President, Motorola

Ich gebe dieser schrägen Idee die Nummer 1½, weil sie eigentlich eine Erweiterung von Nr. 1 ist. Personen einzustellen, die einem unsympathisch sind oder gegen die man gar eine ausgesprochene Antipathie hat, ist eine weitere Methode, um nützliche Außenseiter aufzuspüren, die den Firmenkodex ignorieren beziehungsweise ablehnen, und um so die Vielfalt der Ideen, Gesprächsthemen und Praktiken in einem Unternehmen zu steigern. Und wenn Sie neue Mitarbeiter einstellen, die Ihre altgedienten Mitarbeiter zur Weißglut bringen, dann sind höchstwahrscheinlich ein paar Nonkonformisten darunter. Wenn ein Unternehmen nur neue Mitarbeiter einstellt, die den Insidern sympathisch sind und mit denen sie blendend auskommen, stellt es vermutlich Klone dieser Insider ein. Verhaltenswissenschaftliche Studien haben immer wieder gezeigt, daß Menschen gern mit ihresgleichen verkehren und sich in deren Gegenwart wohl fühlen.

Eine Vielzahl von Studien über »Ähnlichkeit« und »Anziehungskraft« bestätigt die Volksweisheit »Gleich und gleich gesellt sich gern«, während nur wenig dafür spricht, daß sich »Gegensätze anziehen«.

Selbst wenn wir uns bemühen, uns nicht von diesem »Ähnlichkeits-Anziehungs-Effekt« beeinflussen zu lassen, oder uns seiner Wirkung nicht bewußt sind, ist uns eine Person, die uns äußerlich oder im Verhalten gleicht, die mit uns zur Schule ging, am selben Tag Geburtstag hat oder in irgendeiner anderen Dimension, die uns etwas bedeutet, ähnelt, sympathischer (und wir beurteilen sie oftmals positiver). Umgekehrt gilt, daß Unterschiede, ganz gleich, wie selbstbewußt, intelligent oder qualifiziert eine Person ist, oftmals negative Gefühle auslösen, die zu einer subtilen Zurückweisung führen, wie etwa Kontaktvermeidung, oder auch zu einer weniger subtilen Zurückweisung wie dem Entschluß, die Person nicht einzustellen. Die meisten Menschen sind sich nicht einmal bewußt, daß solche Unterschiede ihre Gefühle und ihr Verhalten beeinflussen. Und selbst wenn sie sich ihrer Voreingenommenheiten bewußt sind, bestreiten sie für gewöhnlich entschieden, daß solche Präferenzen ihr Verhalten beeinflussen.[1]

Diese Präferenz für ähnliche Persönlichkeitsmerkmale wirkt sich auch auf die Einstellung und Beförderung von Mitarbeitern aus, und sie führt zur »homosozialen Reproduktion«, wie Rosabeth Moss Kanter, Professorin für Betriebswirtschaftslehre an der Harvard-Universität, das nennt.[2] Kanter stellte fest, daß sich Führungskräfte in Großunternehmen »auf äußere Hinweisreize stützen, um herauszufinden, wer die ›richtige Person‹ ist ... und um so sorgfältig Macht und Privilegien für diejenigen zu sichern, die sich nahtlos einfügen und die sie als ›Leute ihres Schlags‹ betrachten«.[3] Kanter konzentrierte sich vor allem auf Führungskräfte, überwiegend weiße Männer mit ähnlichem Bildungsgang, die »Nachwuchskräfte nach deren Ähnlichkeit mit ihnen selbst auswählen«.[4] Doch die homosoziale Reproduktion vollzieht sich noch auf vielfältigen anderen Wegen; alle Menschen sind von dieser Tendenz betroffen, nicht nur weiße Männer.

Unsere emotionalen Reaktionen auf einen Stellenbewerber gleichen den Ausschlägen einer Wünschelrute. Unsere negative emotionale Reaktion auf Bewerber sagt oftmals gar nichts darüber aus, ob sie für eine Stelle geeignet sind. Vielmehr reagieren wir vielleicht so, weil wir mit ihren Überzeugungen, Ideen und Urteilen nicht übereinstimmen. Ich will damit nicht sagen, daß Sie gezielt ungehobelte, unverschämte oder inkompetente Personen einstellen sollten. Aber ich behaupte, daß negative emotionale Reaktionen oder Urteile über einen Bewerber, der offenbar qualifiziert ist und über Kompetenzen verfügt, die Ihr Unternehmen braucht, aber andere Ansichten und Fähigkeiten hat als die meisten langjährigen Mitarbeiter, ein Grund sind, der *für* seine Einstellung spricht. Denn er wird frische Ideen ins Unternehmen bringen.

Wenn ich meine schrägen Ideen Führungskräften und Ingenieuren vorstelle, lösen sie typischerweise drei verschiedene Reaktionen aus. Erstens nonverbale Ablehnung: Sie schauen mich an, als wäre ich nicht ganz bei Trost. Zweitens verbale Ablehnung: Sie sagen mir, wenn ihr Unternehmen Leute einstelle, die nicht auf derselben Wellenlänge lägen, würde dies die Teamarbeit untergraben und das Arbeitsklima erheblich belasten. (Die Reaktion des Managers eines Fernsehsenders ist typisch: »Nun, Professor Sutton, das ist eine pfiffige Idee, aber wir Praktiker müssen hier und heute mit Ergebnissen aufwarten.«) Die dritte Reaktion schließlich ist am interessantesten: Gerade wenn die Gruppe im Begriff ist, die Idee als absurd abzutun, beginnen einige Teilnehmer zu schildern, wie ihr Unternehmen von Mitarbeitern profitierte, die allen unsympathisch waren, ja weithin auf Ablehnung stießen, weil sie anders dachten und handelten, andere Werdegänge hatten oder für unpopuläre Ideen eintraten.

Der positive Effekt dieser unkonventionellen Idee zeigt sich am Erfolg der Will Vinton Studios in Portland, Oregon. Dieses Unternehmen hat sich auf die »Claymation«-(Knetanimations-)Technik spezialisiert, bei der Zeichentrickfilme nicht mit Zeichnungen, sondern mit Hilfe von Ton hergestellt werden. Außerdem benutzt das Unternehmen die »Foamation«-Technik, bei der statt Ton Schaumstoff verwendet wird. Künstler von Vinton Studios haben bereits zwei Oscars für Arbeiten in Kinofilmen, sechs Emmy Awards für Fernsehproduktionen und zahlreiche Cleo Awards für Werbespots erhalten. Ihre berühmtesten Werbespots sind die singenden kalifornischen Rosinen, und sie produzieren gegenwärtig eine Fernsehshow für die Hauptsendezeit, *The PJs*, in der Eddie Murphy dem Leiter eines Wohnungsbauprojekts seine Stimme leiht. Vinton Studios hat seit seiner Gründung 1975 die besten Künstler der Welt angezogen, und es hat einen Preis nach dem anderen kassiert, aber kaum Gewinne erwirtschaftet. Der Gründer Will Vinton sagte: »Ich war Künstler, und ich habe nur Leute eingestellt, die ebenfalls Künstler waren.« Dies bedeutete, daß »wir uns bei jedem neuen Projekt nicht die Frage stellten, ob wir mit diesem Projekt genügend Geld verdienen würden, um die notwendige Infrastruktur für größere Projekte in der Zukunft aufzubauen«.

Schließlich erkannte Vinton, daß er »homosoziale Reproduktion« betrieb; um endlich in die Gewinnzone zu kommen, brauchte das Unternehmen Mitarbeiter mit Geschäftssinn. Im Jahr 1997 überwand Vinton seine tiefsitzende Abneigung gegen profitorientierte Kaufmannstypen und stellte Tom Turpin ein, der zuvor für Goldman Sachs gearbeitet hatte, um dem Unternehmen eine Dosis Erwerbssinn zu injizieren. Turpins betriebswirtschaftliche Disziplin (besonders die Tatsache, daß er feste Zeithorizonte für Projekte festlegte) führte zusammen mit den Leistungen der kreativen Köpfe bei Vinton zu einem Anstieg des Umsatzes um 50 Prozent zwischen 1997 und 2000. Noch eindrucksvoller war die Tatsache, daß das Unternehmen Mitte 2000 erstmals schwarze Zahlen schrieb, während es in den Jahren zuvor immer gerade seine Kosten hereingeholt hatte. Gleichzeitig war Turpin sorgsam darauf bedacht, Praktiken unangetastet zu lassen, die die Kreativität der Künstler anfachten, wie etwa die Möglichkeit, eine bezahlte Auszeit von 13 Wochen zu nehmen, um eigene Ideen zu verfolgen, und das Angebot, Firmeneinrichtungen zu benutzen, um an eigenen Projekten zu arbeiten.[5]

Ich habe andere Manager kennengelernt, die gezielt Stellenbewerber und Kollegen auswählten, die ihnen unsympathisch waren, weil dies notwendige Innovationen anregt. Peter Skillman, Direktor für Produktdesign bei Handspring, sagt: »Stellen Sie Leute ein, die Sie zur Verzweiflung treiben, denn so bekommen Sie neue Ideen.« Rey More, Executive Vice-President von Motorola, sieht das ähnlich: Er hält nach Personen Ausschau, die unbequem sind und ihm offen widersprechen. In der Regel aber wird ein unbeliebter Neuling einer Gruppe oder einem Unternehmen von Vorgesetzten aufgezwungen. Viele Manager haben mir gesagt, daß sie zur Steigerung der Innovationskraft ihrer Unternehmen gezielt solche Bewerber einstellen, die die langjährigen Betriebsangehörigen entweder nicht mögen oder mit denen sie nicht auf derselben Wellenlänge liegen. Also sollte diese schräge Idee vielleicht umformuliert werden in: »Stellen Sie Bewerber ein, die *andere* Mitarbeiter in Ihrem Unternehmen nicht mögen werden.«

David Kelley, der Gründer und Chef von IDEO, erzählte mir (und anderen, darunter auch Wirtschaftsjournalisten), daß es bei IDEO als ein positives Zeichen gewertet werde, wenn die Entwickler einen neuen Mitarbeiter nicht mögen oder zumindest Vorbehalte gegen ihn haben. IDEO beschäftigt überwiegend Ingenieure, Industriedesigner, Ergonomen und andere Designer, die zwar großartige Produkte entwikkeln, aber sich nicht besonders gut auf die Vermarktung ihrer

Produkte verstehen. IDEO hat diese Einseitigkeit in den letzten Jahren teilweise dadurch ausgeglichen, daß es Vertriebsmanager und Berater einstellte. Vor ein paar Jahren teilte ich Kelley mit, Ingenieure würden sich darüber beklagen, daß eine neu eingestellte Marketingkraft zuviel rede, zu viele Fragen über die Marketingaspekte des Designs stelle und den Leuten ungebetene Ratschläge fürs Marketing gebe. Ich dachte nicht an diese verquere Idee, als ich Kelley von dem »Problem« erzählte. Er lachte: »Ich tue doch genau das, was Sie mir geraten haben. Ich habe diesen Mitarbeiter eingestellt, weil er andere Ideen hat und sich anders verhält. Das, was die Entwickler nicht an ihm mögen, ist genau das, was wir in unserer Kultur am dringendsten brauchen.«

In Start-up-Firmen, die überwiegend von jungen Menschen gegründet werden, begegnet man einer weiteren Variante der »Einstellung mißliebiger Mitarbeiter«. Um Gelder von Wagniskapitalgesellschaften und anderen Finanziers zu bekommen, werden junge Existenzgründer dazu überredet – oder auch dazu genötigt –, ältere, erfahrenere Führungskräfte einzustellen, auch wenn diese nicht so viel von der neuen Technologie verstehen wie die Leute, die ihnen unterstehen. Bei neugegründeten High-Tech-Unternehmen ist dies seit Jahrzehnten üblich. Im Jahr 1976 sagte der Wagniskapitalgeber Don Valentine den Apple-Gründern Steve Jobs und Steve Wozniak, er würde erst dann in ihr Unternehmen investieren, wenn sie einen Marketingfachmann auftrieben, der ihnen bei der Leitung des Unternehmens zur Seite stünde.[6] Mit Valentines Hilfe fanden die beiden flippigen jungen Hippies den peniblen früheren Intel-Manager Mike Markkula und überredeten ihn dazu mitzumachen, weil ihre Technologie so vielversprechend war. Das Verhältnis zwischen Mike Markkula und Steve Jobs war gespannt; einer der Biographen von Jobs berichtet sogar: »Markkula ertrug es nicht, mit Steve zu arbeiten.«[7] Der Konflikt verschärfte sich, als Markkula einen weiteren älteren und erfahrenen Manager,

Mike Scott, für die Position des President gewann. Jobs und Scott konnten sich von Anfang an nicht ausstehen. Sie stritten über alles mögliche, vom Apple-Logo über die Vergabe von Personalnummern bis hin zur Frage, ob Sitzsäcke akzeptable Büromöbel sind. Bestenfalls herrschte eine gespannte Mißstimmung zwischen Jobs und den beiden älteren Managern, schlimmstenfalls entluden sich Wut und Verachtung in gegenseitigem Gebrüll, das Jobs die Tränen in die Augen trieb. Doch ohne Markkulas und Scotts finanzielle Disziplin, Marketingkompetenz und operativen Sachverstand wäre Apples innovative Technologie vielleicht eine unbedeutende Fußnote in der Geschichte der Computerindustrie geblieben.

Ähnliche Spannungen und Erfolge gab es bei High-Tech-Neugründungen aus jüngerer Vergangenheit wie Netscape, Yahoo! und Zaplet, da Investoren regelmäßig jungen Technologiefreaks ältere Manager mit Geschäftserfahrung zur Seite stellen. Die Reibungen zwischen den verschiedenen Generationen sind manchmal destruktiv, und selbst im besten Fall kommt es zu Mißstimmungen zwischen der Generation Y (zwanzig plus), Generation X (dreißig plus) und den Babyboomern (vierzig plus und fünfzig plus). Doch obgleich sich die Beschäftigten mit gleich alten Kollegen wohler fühlen und sich die Generationen manchmal regelrecht bekämpfen, sind Mitarbeiter dieser verschiedenen Generationen, wie bei Apple, aufeinander angewiesen, weil sie Kompetenzen und Erfahrungen besitzen, die sich gegenseitig ergänzen.

Bislang haben mir Manager noch nicht erzählt, daß sie Mitarbeiter einstellen wollen, weil sie sie unsympathisch finden (auch wenn sie dies meines Erachtens tun sollten), aber die Unzulänglichkeiten von Vorstellungsgesprächen können dazu führen, daß Unternehmen unabsichtlich Personen einstellen, die anders sind als ihre altgedienten Mitarbeiter. Erfolgreiche Bewerber achten vielleicht sorgfältig auf die Meinungen der Personen, die das Vorstellungsgespräch führen, und sie benutzen das, was sie in Erfahrung bringen, um den falschen Eindruck zu erwecken, sie paßten gut ins Unternehmen. Sie sagen beim Vorstellungsgespräch vielleicht auch Dinge, die sie nicht wirklich glauben, nur um die Stelle zu bekommen. Stellenbewerber benutzen dabei ganz ähnliche Tricks wie Autohändler. Robert Cialdini beschreibt in seinem Buch über die Psychologie des Überzeugens, wie dabei vorgegangen wird:

> Autoverkäufer beispielsweise werden geschult, nach Anhaltspunkten für solche Dinge Ausschau zu halten, während sie den vom Kunden in Zahlung gegebenen Wagen prüfen. Wenn im Kofferraum Zeltausrüstung liegt, wird der Verkäufer vielleicht später erwähnen, daß er so oft wie möglich aufs Land fährt; wenn Golfbälle auf dem Rücksitz liegen, bemerkt er vielleicht, er hoffe, das Wetter werde so lange halten, bis er die 18 Löcher gespielt habe, die er sich für den Nachmittag vorgenommen habe … Weil schon geringfügige Übereinstimmungen eine positive Reaktion auf eine andere Person auslösen können und eine Gemeinsamkeit so leicht vorgetäuscht werden kann, rate ich Ihnen gegenüber Menschen, die etwas von Ihnen wollen und behaupten, »wie Sie zu sein«, zu besonderer Vorsicht.[8]

Cialdini konzentriert sich zu Recht auf die Kehrseite des Vortäuschens einer Gemeinsamkeit, die in Wirklichkeit nicht existiert. Aber Bewerber, die eine Gemeinsamkeit fingieren, sind für ein Unternehmen vielleicht nicht von Nachteil, zumindest nicht, was die Steigerung der Innovationskraft anbelangt. Vielleicht handelt es sich um eine »Lockvogeltaktik«, aber sie kann dem Unternehmen auch ein breiteres Spektrum von Ideen und Perspektiven einbringen.

Eine hochrangige Managerin bei einem Spielzeughersteller sagte mir einmal, daß ihr Unternehmen Bewerber einstelle, die bei Vorstellungsgesprächen vortäuschten, »wie wir zu denken«. Doch sobald sie ihre Arbeit aufnahmen, begannen sie schlecht über die Produkte des Unternehmens zu reden, was dazu führte, daß die langjährigen Mitarbeiter sie »haßten«, wie sie sagte. Die Managerin sagte mir, sie habe jene Spielzeugentwickler entlassen, die alte Produkte und Ideen für neue Produkte kritisiert hätten, ohne selbst mit besseren Ideen aufzuwarten. Die Kritiker dagegen, die selbst fulminante Ideen für neue Spielwaren präsentiert hätten (»vermutlich nur, um uns eins auszuwischen«), seien maßgeblich für den Erfolg ihres Unternehmens. Sie räumte ein, daß sich der Erfolg ihres Unternehmens zum Teil Menschen verdanke, die »uns bei Vorstellungsgesprächen täuschten«; trotzdem könne sie für diese Mitarbeiter keine Sympathie empfinden. Ich sagte ihr, der nächste Schritt sei dann wohl, gezielt Mitarbeiter einzustellen, die sie und andere Manager ihres Unternehmens nicht mögen!

Selbst wenn ich Sie davon überzeugt haben sollte, daß die Einstellung von Nonkonformisten und Personen, die einem unsympathisch sind, eine gute Sache ist, dürfte es sehr viel schwerer sein, Kollegen in Ihrem Unternehmen davon zu überzeugen. Denn dies widerspricht nicht nur den gängigen Grundsätzen der Personalwirtschaft, es widerspricht auch der tiefverwurzelten Neigung des Menschen, sich mit Leuten gleicher Wesensart zu umgeben, und der natürlichen Tendenz, Menschen zu meiden, die negative Gefühle auslösen. Das einzige Argument, das dafür spricht, mit dieser schrägen Idee zu experimentieren, besteht darin, daß sie erfolgreich ist.

Schräge Idee Nr. 1 ½ erfolgreich umsetzen

Steigern Sie die Innovationskraft Ihres Unternehmens, indem Sie Bewerber einstellen, die Ihnen unsympathisch sind

- Wenn Sie auf einen Stellenbewerber negativ reagieren, sollten Sie sich fragen:
  Reagiere ich nur deshalb so, weil der Bewerber anders ist als ich?
  Könnte diese Person nützliche neue Ideen einbringen, neue Perspektiven eröffnen und dem Unternehmen helfen, sich von der Vergangenheit zu lösen?

- Weisen Sie Ihre Mitarbeiter auf die Gefahren der Gleichförmigkeit und homosozialen Reproduktion hin.

- Wenn Verantwortliche einen Bewerber einstellen wollen, weil sie ihn »sympathisch finden« oder »er ausgezeichnet zu uns paßt«, dann könnte dies dafür sprechen, die Person *nicht* einzustellen, wenn die Stelle Kreativität erfordert.

- Wenn Sie jung sind, dann stellen Sie alte Menschen ein. Wenn Sie alt sind, stellen Sie junge Menschen ein. Beachten Sie, daß allein der Altersunterschied für Reibungen und Konflikte sorgen kann.

- Wenn eine Gruppe nicht kreativ genug ist, dann stellen Sie jemanden mit anderen Fähigkeiten und einer anderen Arbeitsauffassung ein, weisen Sie den Neuling der Gruppe zu, und sagen Sie den alten Teammitgliedern, daß sie auf den Neuen angewiesen sind, auch wenn sie ihn nicht mögen.

- Erstellen und überwachen Sie Kenngrößen, aus denen hervorgeht, ob Personalverantwortliche zu viele »gleichartige« Personen einstellen (zum Beispiel der Prozentsatz der Absolventen derselben Hochschulen, Mitarbeiter aus derselben Gegend, mit derselben fachlichen Qualifikation, gleichen Berufserfahrungen und von denselben früheren Arbeitgebern, Personen mit denselben Hobbys und dem gleichen demographischen Profil wie Alter, Rasse und Geschlecht).

- Wenn ein Bewerber in einem Vorstellungsgespräch einen positiven Eindruck hinterläßt, aber sich anschließend unbeliebt macht, sollten Sie herauszufinden versuchen, ob dies darauf zurückzuführen ist, daß der Betreffende inkompetent ist, oder darauf, daß er vorhandene Dogmen in Frage stellt.

- Wenn Sie Bewerber einstellen, die bei Ihnen und anderen Miß-behagen auslösen, sollten Sie deren Ideen besonders sorgfältig prüfen und das gleiche von anderen verlangen.

- Warnen Sie Ihre Mitarbeiter, daß es frustrierend und unange-nehm für sie sein wird, mit Menschen zu arbeiten, die »anders« sind, und bringen Sie ihnen bei, diese negativen Gefühle zu bewältigen.

- Beschützen und unterstützen Sie Neulinge, die wegen ihrer andersartigen »Denke« abgelehnt werden, besonders intensiv: Der kreative Mehrwert, den sie mitbringen, geht verloren, wenn sie mundtot gemacht werden, so denken und handeln wie alle anderen oder kündigen.

KAPITEL 5

Stellen Sie Personen
ein, die Sie
(wahrscheinlich) nicht
brauchen
(schräge Idee Nr. 2)

Wir suchen Leute, die intelligent sind und die richtige Einstellung mitbringen. Selbst wenn wir nicht wissen, wie wir
ihre Kompetenzen nutzen werden, glauben wir, daß sie uns
etwas Neues beibringen können, das wir vielleicht brauchen,
selbst wenn wir nicht genau wissen, was. Wir gehen auch
davon aus, daß sie neue Fähigkeiten erlernen können. Aus
diesem Grund haben wir letztes Jahr eine Juristin eingestellt,
obgleich wir keinen Bedarf hatten. Sie wurde schließlich Per-
sonalleiterin, obwohl sie keinerlei Erfahrung auf diesem
Gebiet mitbrachte.[1]

Justin Kitch, Gründer und CEO von Homestead

DIESE IDEE WAR URSPRÜNGLICH als Scherz gemeint. Im
Gespräch mit Führungskräften sagte ich spaßeshalber: »Wenn
Kreativität bedeutet, Arbeitskräfte einzustellen, die Dinge
tun, aus denen normalerweise nichts wird oder die sich als
unnötig erweisen, dann sollten Sie vielleicht gleich einige Personen einstellen, die Sie nicht brauchen, damit Sie zu guter
Letzt nicht enttäuscht sind.« Manche lachten, andere schau-
ten mich an, als wäre ich übergeschnappt. Dennoch begann
ich mich zu fragen, ob sich in dem Scherz nicht ein wahrer
Kern verberge, nachdem mir mehrere leitende Angestellte,
die kreative Mitarbeiter führten – unter anderem von einem
Spielzeughersteller, einem Fernsehsender und einem Labor
für Forschung und Entwicklung –, gesagt hatten, daß sie in

ihren Unternehmen manchmal nach diesem Grundsatz verfuhren. Sie berichteten mir, daß sie hin und wieder, trotz Bedenken ihrer Vorgesetzten, eine intelligente, interessante oder schräge Person mit Kompetenzen einstellten, die ihr Unternehmen gegenwärtig nicht benötigte und vermutlich auch nie brauchen würde. Diese Mitarbeiter wurden oft probeweise (als Zeit- oder Leiharbeitskräfte) eingestellt, und obgleich sich viele als Fehlgriff erwiesen, erfanden manche nützliche neue Produkte oder Arbeitsabläufe, auf die Mitarbeiter mit der »richtigen« Qualifikation niemals gekommen wären.

Der Hauptgrund für die gelegentliche Einstellung solcher »überflüssiger« Mitarbeiter besteht darin, daß sie frische Ideen einbringen, die ein Unternehmen dringend benötigt, und den Wissenshorizont erweitern, so daß eine größere Bandbreite an Experimenten möglich wird. Sie eröffnen neue Perspektiven und ignorieren beziehungsweise verachten herrschende Anschauungen in konstruktiver Weise. Wenn Sie solche Personen einstellen, ist es besonders wichtig, daß sie die schräge Idee Nr. 4 beherzigen: Schärfen Sie ihnen ein, Ratschläge von Kollegen oder Vorgesetzten zu ignorieren, statt daß sie lernen, so zu denken und zu handeln, wie es von Firmen- oder Branchenangehörigen erwartet wird. Stellen Sie sie ein (zumindest vorübergehend), und warten Sie, ob sie etwas Originelles hervorbringen.

David Kelley von IDEO beschreibt eine andere Variante dieser Taktik: »Stellen Sie Leute ein, die Sie jetzt nicht benötigen, aber später vielleicht einmal brauchen *könnten*.« Dies sind Mitarbeiter, die von anderen Firmen Kompetenzen mitbringen, die für die laufende Geschäftätigkeit zwar nicht benötigt werden, aber in Zukunft nützlich sein könnten. Kelley nennt sie »Kundschafter, die allen anderen voraus sind und Dinge ausprobieren, die vielleicht in Zukunft einmal wichtig werden«. In der Gründungsphase von IDEO stellte er eine Person ein, die sich gut in CAD (rechnergestütztem

Konstruieren) auskannte, lange bevor irgendeiner seiner Wettbewerber oder Kunden diese Technologie benutzte; sie fertigten damals Entwürfe noch immer von Hand an. Kelley sagte:»Wir hätten satte Verluste eingefahren, wenn die CAD-Technologie nicht eingeschlagen hätte. Für den Mitarbeiter hätten wir vielleicht eine andere Verwendung gefunden, aber wir haben ihm ja auch ein paar teure Rechner hingestellt.« Doch die CAD-Technologie wurde zum Standardverfahren für die Anfertigung von Konstruktionsentwürfen, so daß sich dieses Risiko auszahlte.

Dieselbe Haltung veranlaßte IDEO, Mitarbeiter einzustellen, die neue, ertragsträchtige Dienstleistungen entwickelten. Kelley beschrieb, wie er aus diesem Grund Craig Syverson einstellte. Syverson war ihnen sympathisch, und er schien auch kompetent zu sein, aber sie wußten nicht so recht, was sie eigentlich mit ihm anfangen sollten, als sie ihm eine Stelle anboten. Er begann schon bald, Aktionärsversammlungen und andere Ereignisse auf Video aufzuzeichnen, was sie »stark« fanden, aber niemandem kam in den Sinn, daß dies eine Dienstleistung wäre, die IDEO an Kunden verkaufen könnte. Doch binnen weniger Jahre entwickelte er einen ertragsstarken Service, indem er die Art und Weise, wie Menschen verschiedene Produkte benutzten, auf Video aufzeichnete, bearbeitete und die fertigen Videos verkaufte. Kelley sagte:»Als wir begannen, über die Anfertigung von Produktprototypen hinauszugehen und prototypische Anwendernutzungen zu erfassen, brauchten wir Videoaufnahmen davon, wie Anwender Apparate wie Herzdefibrillatoren und Möbel benutzen. Syverson erwies sich als einer unserer erfolgreichsten Kundschafter, auch wenn wir nicht wußten, was er tun sollte, als wir ihn einstellten.«[2]

Kelley sagte weiter, daß IDEO mit CAD-Rechnern und Craig Syverson aus demselben Grund »Glück hatte«, aus dem sie mit anderen Experimenten »Pech hatten«.[3] Sie stellten einen Unternehmensberater ein, der IDEO helfen sollte,

seine Dienstleistungen im Bereich Innovationsberatung aus-
zubauen. Er schlug eine Geschäftspraxis vor, die für IDEO
neu war (die Beratung am Standort des Klienten), und er
verwendete betriebswirtschaftliche Termini, die ihnen fremd
waren, wie »Kernkompetenz« und »Geschäftsprozesse«. Er
beschloß, IDEO zu verlassen, weil sein Ansatz nicht viele
Klienten ansprach und nur wenige IDEO-Entwickler daran
interessiert waren, Unternehmensberater zu werden – sie
zogen es vor, Produkte zu entwickeln. Tom Kelley (Davids
Bruder) bekleidet eine hochrangige Position bei IDEO. Als ich
ihn nach diesem Experiment fragte, sagte er: »Ich schätzte die
Erfolgschancen als relativ gering ein, aber auch ich war der
Meinung, daß es einen Versuch wert sei.«[4]

Einige kreative Firmen stellen bevorzugt Mitarbeiter mit
interessanten Werdegängen ein, die zunächst nicht wissen,
wie sie die ihnen übertragenen Aufgaben bewältigen sollen.
Dem liegt die Annahme zugrunde, daß sich intelligente Mitarbeiter jederzeit neue Kompetenzen aneignen können, und
ein breites Spektrum von Kompetenzen kann – aus Gründen,
die sich nicht unbedingt vorhersehen lassen – dem Unternehmen helfen, neue Ideen zu entwickeln oder künftig in
neue Märkte einzudringen. Angesichts der Tatsache, daß fachliche Qualifikationen heutzutage sehr schnell veralten, ist die
Rekrutierung von Mitarbeitern, die sich rasch neue Kompetenzen aneignen können, für alle Unternehmen, ob kreativ
oder nicht, von zentraler Bedeutung. Der Chef von Homestead, Justin Kitch, sagt: »Wir suchen nach Mitarbeitern, die
intelligent sind und die richtige Einstellung haben. Selbst
wenn wir nicht wissen, wie wir ihre Fähigkeiten nutzen
werden, glauben wir, daß sie uns etwas Neues beibringen
können, das wir vielleicht brauchen, auch wenn wir noch
nicht recht wissen, warum.« Diese Überlegung veranlaßte
sie dazu, einen Mediziner als Programmierer einzustellen
und eine Juristin in die Personalabteilung zu übernehmen,
obgleich beide für ihre neuen Stellen kaum die formalen Eig-

nungsvoraussetzungen oder entsprechende Berufserfahrungen mitbrachten. Kitchs Theorie besagt, daß es sich lohnt, interessante Kandidaten wie diese zu schulen, wenn sie intelligent genug sind, um sich in den Bereich einzuarbeiten, für den sie sich bewarben, denn ihre anderen Kompetenzen könnten sich eines Tages als nützlich erweisen. Der Kulturbeauftragte von Homestead, Joe Davila, fügt hinzu, daß gerade diese Vielfalt Homestead zu »einem coolen Arbeitsplatz« macht.

Eine hilfreiche Faustregel lautet: Wählen Sie unter erfahrenen und qualifizierten Bewerbern diejenigen aus, welche über zusätzliche Kompetenzen verfügen, die Ihrem Unternehmen in noch nicht absehbarer Weise helfen könnten. Design Continuum ist eine Produktdesignfirma, die sich wie IDEO dadurch neue Ideen verschafft, daß sie Mitarbeiter mit unterschiedlichsten, manchmal ausgefallenen Bildungswegen einstellt. Sie haben Ingenieure eingestellt, die schwarz arbeiten oder als Bildhauer, Tischler und Rockmusiker gearbeitet haben. Sie rekrutieren vorzugsweise Personen wie Joseph Graney, der in der Fabrik seiner Familie zum Maschinenschlosser ausgebildet wurde, und David Cohen, der als Flugzeugmechaniker arbeitete. Ihre heterogenen Praxiserfahrungen verschaffen dem Unternehmen eine breitere Palette von Ideen, die es in neuer Weise und an neuen Orten erproben kann. Design Continuum geht ab und zu auch das Risiko ein, jemanden einzustellen, dessen fachliche Befähigungen nicht unbedingt gebraucht werden. So hat die Firma schon Anthropologen, Literaturwissenschaftler und sogar einen Bühnenbildner eingestellt.

Es kommt immer wieder vor, daß Bewerber mit Kompetenzen eingestellt werden, die nach Ansicht der Unternehmensleitung nicht benötigt werden. Insbesondere in den Vereinigten Staaten hält sich hartnäckig der Mythos, daß die Unternehmensleitung alles, was im Unternehmen geschieht, völlig im Griff habe.[5] Dabei geschehen viele Dinge, von denen die Unternehmensleitung keine Kenntnis hat oder die sie nicht aufhalten kann. Daher erfährt der Vorstand vielleicht nie, daß Bewerber eingestellt wurden, obwohl ihre Kompetenzen nicht dem vorgegebenen Anforderungsprofil entsprechen. Das betriebliche Leitungssystem wird manchmal punktuell außer Kraft gesetzt, um solche »überflüssigen« Personen anzuheuern. Oder die Unternehmensleitung hält sich trotz Vorbehalten einfach heraus und wartet ab, ob die neu eingestellten Mitarbeiter ihre Bedenken entkräften.

All dies geschah 1974 bei Xerox PARC, als Alvy Ray Smith eingestellt wurde, ein abstrakter Künstler, der eine vielversprechende Karriere als Professor für Informatik an der New York University aufgegeben hatte. PARC-Ingenieur Dick Shoup wollte Smith einstellen, damit er ihm bei der Entwicklung seiner Erfindung »Superpaint« helfen würde, dem ersten Farbcomputer, der »ein Einzelbild von einem Videoband, einer Magnetplatte oder direkt von einem Fernsehbildschirm abnehmen und es bearbeiten konnte: durch Veränderung der Farben, Kippen oder Umkehren oder auch Animation des Bildes«.[6] Shoup war der Meinung, daß Smiths Fähigkeiten als Informatiker und Künstler »ihn in einzigartiger Weise dazu qualifizierten, das volle Potential von Superpaint auszuschöpfen, wie ein Testpilot, der ein neues Kampfflugzeug bis an die technische Belastungsgrenze erprobt«.[7] Leider wollte Xerox Smith nicht einmal befristet oder in Teilzeit einstellen. Dies war offenkundig darauf zurückzuführen, daß das Management von PARC, insbesondere Bob Taylor, der einflußreiche Leiter des Informatiklabors, der Meinung war, Shoups Farbcomputer stehe im Widerspruch zur Vision von PARC, das »Büro der Zukunft« zu erfinden. Zudem habe PARC kein Budget für einen Künstler, geschweige denn einen »entwurzelten Hippie« wie Smith.

Mit Hilfe des PARC-Informatikers Alan Kay überwand Shoup diesen Widerstand, indem er Smith »praktisch als einen Einrichtungsgegenstand einstufte – und seine Dienste für mehrere tausend Dollar einkaufte«.[8] Bob Taylor war der Ansicht, daß Superpaint, und vor allem Alvy Ray Smith, eine kostspielige und sinnlose Ablenkung von PARCs oberster Mission sei, aber er tolerierte Smiths Anwesenheit mehrere Jahre lang, bevor er entlassen wurde beziehungsweise, um genauer zu sein, bis »seine Bestellung rückgängig gemacht wurde«.[9] Die Unternehmensleitung von Xerox förderte den Farbendruck nicht, da man überzeugt davon war, das »Büro der Zukunft« brauche nur schwarzweiße Texte und Dokumente. Smith entwickelte Superpaint mit der Gruppe weiter, die schließlich das Unternehmen Pixar gründete (das später von Steve Jobs geleitet wurde). Pixar produzierte computergenerierte Filme wie *Toy Story I, Toy Story II* und *A Bug's Life*, die mit Preisen ausgezeichnet wurden. Ironischerweise wurden Shoup und Xerox 1983 von der National Academy of Television Arts and Sciences für ihren Beitrag zur Entwicklung von Superpaint als einer bahnbrechenden Videoanimationstechnologie mit einem Technik-Emmy ausgezeichnet.

Man kann dem Management von PARC den Vorwurf machen, es habe ihm an Weitblick gefehlt. Aber ich sehe diesen Fall in einem anderen Licht. Trotz seiner Rigidität und Kurzsichtigkeit war PARC doch so flexibel, eine Person einzustellen, die »überflüssige« Kompetenzen besaß. Bob Taylor und andere Manager hielten es lange mit Smith aus, wenn man bedenkt, daß sie unangenehme Begegnungen mit ihm hatten und seine Arbeit als überflüssig erachteten. So machte Smith Taylor schon bei einem ihrer ersten Gespräche Vorhaltungen, weil dieser nicht begreife, daß Superpaint »revolutionär« sei; diese Standpauke verärgerte Taylor, weil er sich selbst für einen der Visionäre der Computerrevolution hält – eine Einschätzung, die von den meisten Experten geteilt wird; immerhin war er führend an der Entwicklung des Personalcomputers und des ARPANET beteiligt, des Vorläufers des Internets. Und Taylor behielt Shoup sogar noch länger, obwohl er kein Interesse an Farbcomputern hatte und der

Meinung war, daß Shoup Ressourcen von PARC für Super-paint verschwendete. Meines Erachtens war Taylors Bereit-schaft, sich von anderen eines Besseren belehren zu lassen, der Hauptgrund dafür, daß so viele Technologien, die der Computerrevolution zugrunde liegen, unter seiner Führung entwickelt wurden.

Der Ratschlag, die Innovationskraft dadurch zu stimulie-ren, daß man Arbeitskräfte mit scheinbar »überflüssigen« Kompetenzen einstellt, mag ursprünglich als Scherz gemeint gewesen sein, doch je mehr ich darüber erfahre, wie Unter-nehmen ihr kreatives Potential nutzen, um so vernünftiger erscheint er mir. Es handelt sich natürlich um eine Taktik, die nur unter bestimmten Umständen sinnvoll ist. Kreative Unternehmen stellen manchmal intelligente, aber naive Außenseiter ein, die die gängigen Vorstellungen darüber, was in einem bestimmten Unternehmen oder einer bestimmten Branche oder auch mit einer bestimmten Technologie möglich ist, nicht kennen. Sie stellen »Kundschafter« ein, um mög-liche Zukunftsszenarien zu erkunden und besser gewappnet zu sein, falls diese Szenarien eintreten. Ich vermute auch, daß erfolgreiche Führer kreativer Unternehmen sich so ähn-lich verhalten wie Bob Taylor gegenüber Alvy Ray Smith. Sie mögen anderer Meinung sein als ihre Mitarbeiter, aber sie halten sich eine Zeitlang heraus, um abzuwarten, ob sie eines Besseren belehrt werden.

Selbst wenn diese Taktik einem Unternehmen keinerlei neue, nützliche Ideen einbringt, kann die Einstellung solcher Mitarbeiter eine Kultur der Innovation fördern. Obere Füh-rungskräfte, die gelegentlich mit einer intelligenten, interes-santen oder unkonventionellen Person, die über Fähigkeiten verfügt, die das Unternehmen vermutlich gegenwärtig nicht braucht, ein Risiko eingehen, geben zu verstehen, daß es kein bloßes Lippenbekenntnis ist, wenn sie von Experimentier- und Risikofreude und der Akzeptanz einer hohen Mißerfolgs-rate sprechen. Sie sind damit ein Vorbild für andere. Sie signalisieren den Mitarbeitern auf allen Ebenen des Unternehmens außerdem: Da kreative Arbeit ihrem Wesen nach unvorhersagbar ist, unterlaufen uns allen häufig Fehlurteile darüber, welche Kenntnisse nützlich sind und welche nicht.

Allgemein gilt, daß innovative Menschen und Unternehmen wie Hamster sind, die Ideen, Menschen und Dinge sammeln, für die sie zwar keine unmittelbare Verwendung haben, die sie jedoch auch nicht einfach vergessen oder entsorgen wollen. Auch wenn diese Vorgehensweise zunächst unökonomisch erscheinen mag, dürfte sie sich doch letztlich auszahlen, weil sie die Varianz steigert, Mitarbeiter fürs Unternehmen gewinnt, die Altbekanntes auf neue Weise sehen, und den Stoff liefert, um eingefahrene Denk- und Verhaltensmuster durch neue Perspektiven abzulösen. Aus diesem Grund benutzt BrainStore im schweizerischen Biel ein weltweites Netzwerk junger Menschen zwischen 13 und 20 Jahren, um für Kunden wie Coca-Cola, Nestlé, Novartis, Sony und die Schweizerische Bundesbahn neue Produktkonzepte und Werbekampagnen zu entwickeln. Aus diesem Grund arbeitet Xerox PARC neben Künstlern, Science-fiction-Autoren, Bildhauern und anderen Personen, die von ihrer Vorbildung her, zumindest oberflächlich betrachtet, kaum etwas mit Kopierern zu tun haben, auch mit Kindern. Aus diesem Grund veranstalten forschungsintensive Unternehmen wie 3M Seminare und kaufen Bücher über interessante Themen, die nur am Rande etwas mit ihren Geschäftsaktivitäten zu tun haben. Aus diesem Grund unterhalten Einrichtungen wie das Labor von Edison, IDEO und Design Continuum, die Produkte entwickeln, große Sammlungen seltsamer Werkzeuge, Spielwaren und Materialien, für die sie keine unmittelbare Verwendung haben, die sich jedoch eines Tages als nützlich erweisen könnten. Und aus diesem Grund hält es auch der Vice-President von Design Continuum, Eric Cohen, für sinnvoll, »im Abfallhaufen nach Schätzen zu stöbern«. Dies alles sind Anzeichen dafür, daß ein Unternehmen über eine breite Palette von Ideen verfügt, die es auf unbekannte künftige Probleme anwenden kann, und daß es in der Lage ist, Altbekanntes in neuer Weise zu kombinieren.

Schräge Idee Nr. 2 erfolgreich umsetzen

Steigern Sie die Innovationskraft Ihres Unternehmens, indem Sie Personen einstellen, für die Sie (wahrscheinlich) keine Verwendung haben

- Führen Sie Vorstellungsgespräche mit Bewerber(inne)n, die einen interessanten Eindruck machen, aber Kompetenzen besitzen, die scheinbar keinen Bezug zum Tätigkeitsfeld Ihres Unternehmens haben.

- Stellen Sie gelegentlich eine(n) interessante(n) Bewerber(in) als freien Mitarbeiter, Berater oder Zeitkraft ein, und warten Sie ab, was geschieht.

- Wählen Sie unter den Bewerber(inne)n mit Kompetenzen, die Ihr Unternehmen *braucht*, diejenigen aus, die eine breitere Ausbildung, Qualifikation und Erfahrung in Bereichen haben, die *scheinbar* nichts mit den Stellenanforderungen zu tun haben.

- Wenn Sie glauben, daß Sie keinen Bedarf für die Kompetenzen eines Bewerbers bzw. einer Bewerberin haben, andere Personen in Ihrem Unternehmen aber anderer Meinung sind, sollten Sie den/die Bewerber(in) einstellen, den Dingen ihren Lauf lassen und sehen, ob er oder sie Ihre Bedenken ausräumt.

- Schauen Sie sich die gegenwärtigen Stellenbezeichnungen und -beschreibungen Ihres Unternehmens an. Überlegen Sie, was fehlt, und sammeln Sie dann Vorschläge für einige unkonventionelle Fähigkeiten, die Ihrem Unternehmen helfen könnten, innovativer zu werden. Führen Sie dann Bewerbungsgespräche mit einigen Personen, die über diese Fähigkeiten verfügen.

- Betrachten Sie es nicht als Fehler, wenn sich einer dieser »kauzigen« Mitarbeiter, die Sie neu eingestellt haben, als unproduktiv erweist. Betrachten Sie es als den Preis für ein innovatives Unternehmen, dessen Erfolg sich dem Experimentieren mit vielen Konzepten verdankt.

Nutzen Sie Vorstellungsgespräche, um sich neue Ideen zu verschaffen, nicht, um Bewerber auszusieben (schräge Idee Nr. 3)

Der Arbeitsmarkt ist gegenwärtig so eng, daß ein Bewerber, mit dem ich ein Vorstellungsgespräch führe, in der Regel ein Stellenangebot bekommt, sofern er sich keinen groben Schnitzer erlaubt. Ich benutze Vorstellungsgespräche also für zwei Dinge. Erstens, um Mitarbeiter zu rekrutieren. Zweitens, um mir Unterstützung für meine Arbeit zu besorgen. Ich lege den Stellenbewerbern Probleme vor, die ich nicht lösen kann. Sie haben oft brillante Ideen, so daß ich selbst dann, wenn sie das Angebot ablehnen, für eine kurze Zeit ihren klugen Kopf für mich einspannen kann.

Anonyme Führungskraft, die im Rahmen des Fortbildungsprogramms für Führungskräfte an der Stanford-Universität die schräge Idee Nr. 3 mit diesen Worten kommentierte

Es war ein seltsames Vorstellungsgespräch. Er hat mich nicht ausgefragt, und er hat mir nichts über das Unternehmen erzählt. Er hat mich lediglich um Rat gefragt, wie er seine Website gestalten soll.

Ein Student der Ingenieurwissenschaft an der Stanford-Universität

MEINE GESPRÄCHSPARTNER SIND manchmal irritiert, wenn ich sage, daß Vorstellungsgespräche eine unzulängliche, häufig wertlose Methode sind, um neue Mitarbeiter auszuwählen. Hochrangige Führungskräfte, Manager der mittleren Leitungsebene, Ingenieure, Naturwissenschaftler, Juristen, ein Feuerwehrchef und ein Geistlicher haben mir daraufhin Anekdoten erzählt, die »beweisen«, wie geschickt *sie* mit Hilfe von Vorstellungsgesprächen geeignete Kandidaten herausfinden, mögen *andere* auch schlechte Interviewer sein. Ihr Selbstvertrauen wird von buchstäblich Hunderten von Studien widerlegt, die bis vor den Ersten Weltkrieg zurückreichen und zeigen, daß mehrere Interviewer in der Frage, wer eingestellt werden sollte und wer die besten (bzw. schlechtesten) Leistungen bringen wird, kaum miteinander übereinstimmen. Die Studien kommen zu dem Schluß, daß das typische »Auswahlgespräch« eine schlechte Methode ist, die geeigneten Bewerber auszufiltern.[1] Eine viel bessere Methode zur Selektion geeigneter Mitarbeiter besteht darin zu prüfen, ob Bewerber den Stellenanforderungen oder zumindest wesentlichen Teilen derselben gewachsen sind – indem man ihnen »beispielhafte Aufgabenstellungen« vorlegt.

Bei den meisten Unternehmen laufen Vorstellungsgespräche nach folgendem Muster ab: Ein ungeschulter Interviewer führt mit einem Stellenbewerber ein unstrukturiertes, ungeplantes Gespräch. Die Fragen und Antworten bei diesem Gespräch werden nicht schriftlich festgehalten, und die Person, die letztlich darüber entscheidet, ob ein Bewerber eingestellt wird oder nicht, hat oft nur eine vage Vorstellung von den erforderlichen Eignungsvoraussetzungen. Trotz dieser Mängel ist der Interviewer beziehungsweise die Interviewerin absolut überzeugt davon, daß er oder sie geeignete und ungeeignete Bewerber unterscheiden könne. Leider zeigen Studien, daß Interviewer in dieser Hinsicht Autofahrern gleichen, die sich zu 90 Prozent »überdurchschnittliche« Fähigkeiten zuschreiben.[2] In Wirklichkeit erhält der typische Interviewer nur wenige Informationen (für die Vorhersage der Leistung eines Bewerbers), die über das hinausgehen, was aus der Bewerbung und dem Lebenslauf ersichtlich ist.

Dennoch hat das Vorstellungsgespräch in der Regel einen

großen Einfluß darauf, welche Bewerber ein Stellenangebot erhalten. Je mehr Gemeinsamkeiten ein Bewerber mit dem Interviewer hat – Besuch derselben Hochschule, dieselbe Rassen- und Geschlechtszugehörigkeit –, um so eher erhält er ein Stellenangebot, und das gleiche gilt für körperlich attraktive und hochgewachsene Bewerber(innen). Diese und zahllose weitere Präferenzen prägen das Auswahlverfahren. Diese Befunde könnten so interpretiert werden, daß sich Unternehmen gar nicht erst die Mühe machen sollten, Vorstellungsgespräche zu führen; sie sollten Mitarbeiter einfach auf der Grundlage von Lebensläufen und objektiven Informationen wie Reife- und Hochschulzeugnissen einstellen. Den meisten Managern mißfällt diese Idee in der Regel, weil sie zutiefst von ihrer Fähigkeit überzeugt sind, geeignete Kandidaten aufzuspüren. Ich gebe zu, daß der Verzicht auf Vorstellungsgespräche nicht ratsam wäre, allerdings aus anderen Gründen: Außer zur Prüfung von Bewerbern eignen sich Vorstellungsgespräche auch noch zu anderen Zwecken.

Zum einen sind sie ein wichtiges Instrument zur Anwerbung von Mitarbeitern. Nur wenige Bewerber nehmen ein Stellenangebot bei einem Unternehmen an, wenn sie bei einem Vorstellungsgespräch nicht höflich und zuvorkommend behandelt werden. Diese Gespräche sind auch deshalb nützlich, weil sie künftigen Mitarbeitern einen realitätsnahen Einblick in die Stelle und das Unternehmen geben, so daß Bewerber selbst entscheiden können, ob sie für die Stelle geeignet sind. Zudem können sich Vorstellungsgespräche positiv auf die spätere Arbeitsleistung auswirken, denn wenn ein Interviewer der Meinung ist, daß ein neuer Mitarbeiter gute Leistungen bringen wird, unterstützt er ihn vielleicht und erzeugt eine sich selbst erfüllende Prophezeiung, selbst wenn sich andere Bewerber ursprünglich für die Stelle besser eigneten.

Zudem können Vorstellungsgespräche, was kaum bekannt ist, Kreativität und Innovativität fördern. Richtig eingesetzt, erhöhen sie die Anzahl der Ideen, die in einem Unternehmen kursieren. Diese Art des Lernens geschieht in vielen Unternehmen beiläufig, wenn Stellenbewerber (in ihrem Bestreben, Interviewer zu beeindrucken) über die fachlichen Qualifikationen sprechen, die sie während des Studiums oder in ihrer gegenwärtigen oder früheren Position erworben haben. Wenn Bewerber bei zahlreichen Firmen Vorstellungsgespräche führen oder Freunde haben, die für ein noch breiteres Spektrum von Unternehmen arbeiten, geben sie vielleicht »geheime Informationen« über Wettbewerber preis.

Diese Informationen beziehen sich nicht unbedingt auf geschützte Geschäftsgeheimnisse. Sie können sich auf Veränderungen bei der Belegschaft, bei Produktlinien und in der Strategie beziehen, die eigentlich nicht der Geheimhaltung unterliegen. Allerdings sollten Sie wissen, daß mir Führungskräfte gelegentlich von Bewerbern erzählen, die ihre vertraglichen Verschwiegenheitspflichten gegenüber gegenwärtigen und früheren Arbeitgebern verletzen, indem sie bei Vorstellungsgesprächen sensible gewerbliche Schutzrechte erörtern. Ingenieure im Silicon Valley sind berüchtigt für ihren leichtfertigen Umgang mit Verschwiegenheitspflichten. Diese Indiskretionen lieferten jahrelang das Material für Robert X. Cringelys wöchentliche Kolumne in *InfoWorld*, weil, wie sich Cringely ausdrückte, so viele Ingenieure »zartbesaitete Genies sind, die möchten, daß ihre Größe verstanden und gewürdigt wird«.[3] Das gleiche geschieht bei Vorstellungsgesprächen: Bewerber möchten über die tollen Sachen sprechen, die sie kennen und getan haben, und sie wissen nicht, haben vergessen oder scheren sich nicht darum, was sie eigentlich *nicht* sagen dürfen. Ich rate keinem Unternehmen, Vorstellungsgespräche zu Spionagezwecken zu nutzen, und ich vermute, daß sich die meisten wertvollen Informationen, die Stellenbewerber preisgeben, nicht auf Geschäftsgeheimnisse beziehen. Aber ich rate Unternehmen, die wertvollen

Informationen zu sammeln und zu nutzen, die sich in Erfahrung bringen lassen, wenn Interviewer die richtigen Register ziehen.

Schräge Idee Nr. 3 erfolgreich umsetzen

Eine Auswahl aufschlußreicher Fragen an Stellenbewerber

- Welche aussichtsreichen Technologien, Geschäftsmethoden und Geschäftsmodelle haben Sie in Ihrem Studium kennengelernt?
- Welche interessanten Technologien, Geschäftsmethoden und Geschäftsmodelle benutzt Ihr gegenwärtiger Arbeitgeber?
- Wer sind die interessantesten Personen, mit denen Sie bei anderen Unternehmen Bewerbungsgespräche führten, und warum?
- Was sind die interessantesten Gerüchte und Anekdoten, die Sie – oder Ihre Freunde – bei Vorstellungsgesprächen in anderen Unternehmen hörten?
- Welche interessanten Dinge ereignen sich bei Unternehmen, bei denen Ihre Freunde oder Kunden arbeiten?
- Was haben Sie über unser Unternehmen erfahren, das mich überraschen könnte?
- Wer sind zur Zeit unsere härtesten Wettbewerber? Wer werden in Zukunft unsere härtesten Wettbewerber sein?
- Wissen Sie, was unsere Wettbewerber tun beziehungsweise planen?
- Was sind Ihres Erachtens die wichtigsten Trends in unserer Branche? Was ist »heiß«? Wie, glauben Sie, wird sich die Branche in Zukunft verändern und warum?

Zumindest einige Unternehmen benutzen diese Methode, um sich neue Ideen zu verschaffen. Ich wurde erstmals Anfang der achtziger Jahre darauf aufmerksam, als ich Nolan Bushnell interviewte (den Gründer von Atari, einem der ersten Hersteller von Videospielen). Als er hörte, daß ich Professor an der ingenieurwissenschaftlichen Fakultät der Stanford-Universität bin, sagte er mir, daß er regelmäßig Vorstellungsgespräche mit unseren jungen Absolventen führe: »Ich lerne eine Menge von diesen Jungs. Sie erzählen mir, was sie in ingenieurwissenschaftlichen Seminaren über die neuesten technologischen Entwicklungen lernen, und sie haben ihre eigenen ausgefallenen Ideen, auf die ich nie gekommen wäre.« Er fügte hinzu, daß viele dieser Ingenieure Vorstellungsgespräche bei seinen Konkurrenten hätten. Da diese Wettbewerber den jungen Ingenieuren oftmals die Technologien und neuen Produkte, die sie entwickelten, zeigten, um sie für sich zu gewinnen, könne er durch geschicktes Ausfragen »Konkurrenzaufklärung« betreiben. Später hörte ich von anderen Spitzenführungskräften im Silicon Valley, unter anderem von Andy Bechtolsheim (Mitgründer und vormaliger Technikvorstand von Sun Microsystems, Gründer und Vorstandschef von Granite Systems und gegenwärtig in einer hochrangigen Führungsposition bei Cisco Systems) und Bill Campbell (ehemaliger Intuit-Chef und obere Führungskraft bei Apple), ähnliche Argumente über den Nutzen von Vorstellungsgesprächen mit jungen Ingenieuren.

Da Sie aus vielfältigen rationalen und irrationalen Gründen Auswahlgespräche vermutlich nicht völlig vermeiden können, können Sie diese auch gleich dazu nutzen, etwas Neues zu lernen, vor allem Ihrem Unternehmen neue Ideen zu erschließen. Dies bedeutet, daß Sie Stellenbewerbern viele der üblichen Fragen stellen sollten, wie etwa, welche besonderen Qualifikationen sie sich während des Studiums aneigneten und an welchen Projekten sie bei früheren und gegenwärtigen Stellen arbeiteten. Aber Sie müssen auf andere Teile ihrer Antworten achten und den Technologien, Geschäftsmethoden und Geschäftsmodellen, über die sie sprechen, besondere Aufmerksamkeit schenken und mit vertiefenden Fragen nachhaken. Wie die obige Liste mit Fragen zeigt, bedeutet diese Methode auch, Kandidaten zu einem breiteren Spektrum von

Themen zu befragen, als sie in den meisten Vorstellungsgesprächen angeschnitten werden: über die anderen Unternehmen, bei denen sie Vorstellungsgespräche haben, über die
Unternehmen, bei denen sich ihre Freunde bewerben, und
über die Tätigkeiten ihrer Freunde bei anderen Unternehmen.
Vielleicht beschließen Sie, auch einige von ihnen einzustellen, aber selbst wenn Sie das nicht tun, lernen Sie vielleicht
etwas dazu.

Diese schräge Idee funktioniert besser, wenn Sie (zumindest ab und an) die Personalabteilung bitten, auf den Einsatz
des üblichen »Normalitätsfilters« zu verzichten. Der amerikanische Schriftsteller Paul Goodman schrieb einmal: »Nur
wenige bedeutende Menschen würden das Prozedere der Per-
sonalauswahl bestehen.«[4] Ich pflichte dem bei, würde jedoch
gleich ergänzend hinzufügen, daß Personalabteilungen auch
viele inkompetente Männer und Frauen ausgesiebt haben.
Personalfachkräfte tun oftmals gut daran, Außenseiter mit
schlechten Umgangsformen auszusieben, die sich geschmack-
los anziehen und nicht so aussehen und nicht so handeln wie
alle anderen im Unternehmen, beziehungsweise die einen
interessanten Eindruck machen, aber die »falsche« Qualifikation für die Stelle mitbringen. Solche Auswahlprüfungen
erhöhen die Chancen, daß Bewerber in das Unternehmen
passen und sich dort bewähren, aber sie sondern auch Nonkonformisten und andere Personen aus, die Sie auf neue Ideen
und neue Perspektiven für alte Ideen bringen.

Wenn Sie sich entschließen, Auswahlgespräche für die
Ideenfindung zu nutzen, sollten Sie die »Plappermaultheorie
der Mitarbeiterauswahl« kennen. Wenn Sie Stellenbewerbern
nur zuhören – statt mit ihnen in einen Dialog zu treten –,
finden Sie sie möglicherweise weniger sympathisch. Denn für
fast alle Menschen ist reden angenehmer als zuhören. Aus
diesem Grund wollen viele Menschen – so wie ich – Professor
werden: Wir stehen am liebsten den ganzen Tag am Kathe-
der und lehren. Unsere Studenten mögen sich langweilen,

aber wir lieben es, den Klang unserer Stimme zu hören. Das gleiche geschieht auch in Vorstellungsgesprächen. Ich sage meinen Studenten, die gerade Vorstellungsgespräche absolvierten, in denen sie praktisch nicht zu Wort kamen und der Interviewer scheinbar kein Interesse an ihnen hatte, dies sei ein gutes Zeichen. Tatsächlich ergab eine Studie, daß ein Interviewer, sobald er einmal beschlossen hat, einen Bewerber einzustellen, in einen Monolog verfällt (vermutlich, um den Kandidaten für die Stelle zu gewinnen).[5] Dies ist jedoch hinderlich, wenn Sie einen Bewerber aushorchen möchten. In diesem Fall sollten Sie Fragen zu den Themen stellen, die Sie interessieren, den Mund halten und zuhören. Doch seien Sie sich dessen bewußt, daß das Zuhören Sie gegen qualifizierte Bewerber einnehmen kann.

Die Lektüre der Schriften von Philosophen und Psychologen über den Unterschied zwischen Intelligenz und Klugheit hilft Ihnen vielleicht auch, ein besserer Zuhörer zu werden. Intelligente Menschen sagen viele kluge Dinge und beantworten Fragen häufiger richtig als weniger intelligente Menschen, aber sie sind nicht unbedingt gute Zuhörer. Kluge Menschen dagegen sind bessere Zuhörer, und sie formulieren Fragen besser als Menschen, die nicht so klug sind.[6] Wenn Sie und Ihr Unternehmen gescheiter werden wollen, sollten Sie daher klugerweise den Mund halten, zuhören und lernen, gescheite Fragen zu stellen – und nicht die ganze Zeit damit prahlen, wieviel Sie wissen und wie schnell Sie denken können.

Schräge Idee Nr. 3 erfolgreich umsetzen

Nutzen Sie Vorstellungsgespräche dazu, sich innovative Ideen zu verschaffen

- Hochrangige Manager sollten Vorstellungsgespräche mit Berufsanfängern führen, auch wenn Ihr Unternehmen groß ist. Denn dies ist eine schnelle und billige Methode der fachlichen Fortbildung, und sie hilft auch bei der Personalbeschaffung.

- Bereiten Sie sich anders als bisher auf Vorstellungsgespräche vor. Überlegen Sie, was Sie und Ihr Unternehmen, unabhängig von den konkreten Stellenanforderungen, von diesem Bewerber lernen möchten.

- Fragen Sie Bewerber, wie sie mit Ideen, die sie andernorts lernten, Probleme lösen würden, mit denen Ihr Unternehmen konfrontiert ist – auch solche Probleme, die nichts mit der offenen Stelle zu tun haben, um die es in dem Vorstellungsgespräch geht.

- Sorgen Sie dafür, daß ein kleiner, aber nicht unbedeutender Prozentsatz (etwa zehn Prozent) der Bewerber, mit denen Sie Vorstellungsgespräche führen, über Kompetenzen und Erfahrungen verfügt, die für Ihr Unternehmen scheinbar belanglos sind. Fragen Sie diese Bewerber, wie sie mit ihrer Expertise zur Lösung gegenwärtiger oder künftiger Probleme beziehungsweise zur Erschließung neuer Geschäftschancen beitragen können (vgl. schräge Idee Nr. 2).

- Hören Sie soviel wie möglich zu, und sprechen Sie sowenig wie möglich – und legen Sie es nicht dem Bewerber zur Last, nur weil Reden mehr Spaß macht als Zuhören.

- Wenn Sie über Stellenbewerber diskutieren, nehmen Sie sich die Zeit und erörtern und protokollieren Sie, welche neuen Ideen Sie gelernt haben und wie Ihr Unternehmen davon profitieren könnte. Machen Sie dies in Ihrem Unternehmen bekannt.

KAPITEL 7

Ermuntern Sie Ihre Mitarbeiter dazu, Vorgesetzte und Kollegen zu ignorieren und herauszufordern (schräge Idee Nr. 4)

Kulturen können ganz erhebliche Auswirkungen haben, besonders wenn sie stark sind. So ermöglichen sie etwa einer Gruppe, rasche und koordinierte Maßnahmen gegen einen Wettbewerber oder für einen Kunden zu ergreifen. Und sie können intelligente Mitarbeiter dazu bringen, gemeinsam ins Verderben zu gehen.

John Kotter und James Heskett[1]

[Firmenchef McKnight] wies Drew an, das Projekt einzustellen, da es niemals funktionieren würde. Drew setzte sich über die Weisung hinweg und erfand das Kreppband, eines der bahnbrechenden Produkte von 3M. Drews Beharrlichkeit brachte uns auch auf die Spur unseres Vorzeigeprodukts Scotch-Tape.[2]

William Coyne, ehemaliger Vice-President für Forschung und Entwicklung von 3M

Das erfolgreichste Team, bei dem ich mitarbeitete, befaßte sich mit einem »U-Boot-Projekt«. Nachdem die Führungsspitze ihre Zustimmung dazu verweigert hatte, arbeiteten wir heimlich daran weiter, bis wir einen ausgereiften Entwurf präsentieren konnten. Wir tauchten auf und stellten ihn denselben Führungskräften vor, die das Projekt hatten einstellen wollen. Sie rügten uns, weil wir ihren Weisungen nicht gefolgt waren, doch ansonsten waren sie sehr angetan. Es ging sofort in die Produktion.

Ein Siemens-Manager

Der Glaube, dass »eine starke Unternehmenskultur dem Unternehmenserfolg förderlich ist«, ist ein Mantra, das von Managementgurus, Beratern, Personalverantwortlichen und Experten auf vielen anderen Gebieten immer wieder heruntergebetet wird. Sie verweisen auf Disneyland, General Electric, Southwest Airlines, Mary Kay Cosmetics, Starbucks, Toyota und Men's Wearhouse als Beispiele dafür, daß man die Mitarbeiter indoktrinieren, gängeln, loben, ergötzen und bestechen muß, damit sie die Traditionen der Firma übernehmen und ihre altbewährten Praktiken nachahmen, wenn man eine starke Unternehmenskultur will.[3] Unternehmen mit starken Kulturen wie Men's Wearhouse und Toyota führen mehr formale Schulungsmaßnahmen durch als ihre Wettbewerber, unter anderem weil sie ihren Mitarbeitern mehr als nur stellenspezifische Kompetenzen beibringen wollen. Ein Großteil dieser Schulungsmaßnahmen dient dem Zweck, den Mitarbeitern die Geschichte und Philosophie des Unternehmens sowie die Verhaltensnormen für den Umgang mit Kunden und Kollegen zu vermitteln.

Die formale Schulung, die neue Mitarbeiter bei solchen erfolgreichen Unternehmen erhalten, gilt lediglich als der Beginn des Sozialisierungsprozesses, als ein erster Schritt zu einem neuen Leben. Die Chefs dieser Unternehmen wissen, daß eine starke Firmenkultur davon abhängt, daß altgediente Mitarbeiter neu eingestellte Arbeitskräfte – und sich gegenseitig – intensiv in den Denk-, Sprach- und Verhaltensmustern des Unternehmens anleiten.[4] Mentoringprogramme oder auch einfach eine Vielzahl informeller Interaktionen sollen den Neulingen die spezifischen Verhaltenserwartungen und deren Gründe nahebringen. Jennifer Chatmans Studie über neu eingestellte Wirtschaftsprüfer in acht großen Wirtschaftsprüfungsgesellschaften untermauert diesen Punkt mit quantitativen Daten. Nachdem Chatman den Berufsweg dieser Wirtschaftsprüfer ein Jahr lang verfolgt hatte, stellte sie fest, daß »diejenigen, die am intensivsten sozialisiert werden, sich besser an die Werte des Unternehmens anpassen als die übrigen«. Sie fand auch heraus, daß Wirtschaftsprüfer, die sich nicht in die Kultur einfügten, von ihren Vorgesetzten schlechter beurteilt wurden und eher kündigten.[5]

Die subtilen und zugleich höchst effizienten Methoden, mit denen Unternehmen unerwünschte Varianz eliminieren und Mitarbeitern beibringen, Dinge aus derselben Perspektive zu betrachten, zeigten sich am Beispiel eines »neuen Mitarbeiters«, der vor ein paar Jahren das Produktionssystem von Toyota in der New United Motors Plant (NUMMI) im kalifornischen Fremont verändern wollte.[6] Toyota ist bekannt für seine robuste, starke Firmenkultur; allen Mitarbeitern wird eingetrichtert, daß sie das System aufrechterhalten müssen, das unter anderem großen Wert auf die Beseitigung unerwünschter Varianz legt. NUMMI ist ein Gemeinschaftsunternehmen von Toyota und General Motors (GM); es benutzt das Produktionssystem von Toyota (unter Leitung von Toyota), um qualitativ hochwertigere und kostengünstigere Autos herzustellen als in den meisten GM-Fabriken in den Vereinigten Staaten; nur die Saturn-Fabrik in Springhill, Tennessee, kommt dem nahe. Die NUMMI-Autos entsprechen hinsichtlich Qualität und Kosten fast den Autos, die in Toyotas bester Fabrik in Japan hergestellt werden.

Jamie Hresko, ein Manager, der seit 15 Jahren bei General Motors tätig war, kam Anfang 1997 scheinbar als einfacher Produktionsarbeiter in das NUMMI-Werk. Einige der Topmanager von NUMMI waren eingeweiht. Doch seine Arbeitskollegen und sein unmittelbarer Vorgesetzter wußten nicht, wer er war beziehungsweise warum er hier war, so daß er wie jeder andere neue Mitarbeiter behandelt wurde. Hresko *versuchte* das System zu hintertreiben: »Zwei Wochen lang arbeitete Jamie am Fließband, und da er sich in der Fließbandfertigung auskannte, prüfte er das NUMMI-System, um zu sehen, ob es wirklich so gut war, wie die Zahlen nahelegten. Er tat alles in seiner Macht Stehende, um den Arbeitsablauf zu stören und seine Grenzen zu testen.«[7] Jamie verstieß gegen die NUMMI-Konvention, indem er einen Pufferbestand an zusätzlichen Teilen aufbaute, Teile auf dem Fußboden stapelte (ein Verstoß gegen Sicherheitsbestimmungen), die Mittagspause um zwei Minuten verlängerte und einige Qualitätskontrollen vernachlässigte. *Jeder einzelne Regelverstoß wurde sofort bemerkt und gerügt.* Diese »Zurechtweisung« kam immer von Kollegen und nicht von seinem Vorgesetzten (den er nur selten zu Gesicht bekam):

> Als ich mit zweiminütiger Verspätung aus der Mittagspause kam, sagte man mir, daß andere für mich einspringen würden, falls es wichtig sei, daß ich dadurch jedoch dem ganzen Team schade und es besser nicht noch einmal täte, es sei denn, ich hätte einen guten Grund dafür. Als ich ein paar Qualitätskontrollen ausließ, schaute ein Maschinenbediener kurz vorbei und ermahnte mich, dies dürfe nicht noch einmal passieren. Aber meine Kollegen halfen mir auch, Fehler zu beheben und meine Arbeitsleistung zu verbessern.[8]

Unternehmen, die von ihren Mitarbeitern erwarten, vorhandenes Wissen optimal zu nutzen, die die Varianz so gering wie möglich halten wollen und die möchten, daß ihre Mitarbeiter von gemeinsamen Grundüberzeugungen ausgehen, sollten solche effizienten und rigorosen Sozialisationsverfahren anwenden, wie sie bei NUMMI üblich sind. Sie sollten die meisten neuen und ungeprüften Verhaltensweisen als Normverstöße und nicht als kreative Akte behandeln. Der große Vorteil, aber auch schreckliche Nachteil derartiger Institutionen ist, wie mir der Managementguru Warren Bennis einmal sagte: »Man kann es bestenfalls zu einer perfekten Kopie derjenigen bringen, die einem vorausgingen.« Die Sozialisation zielt in solchen Unternehmen darauf ab, einen Klon nach dem anderen zu produzieren.

Strebt ein Unternehmen dagegen eine möglichst breite Varianz an Konzepten und Verhaltensweisen an, ist es problematisch, den Mitarbeitern einzuschärfen, alte Praktiken mechanisch nachzuahmen.[9] Und selbst wenn ein Unternehmen nur einen Routineablauf verbessern will, empfiehlt sich ein grundlegender Einstellungswandel, damit ein breites Spektrum an Möglichkeiten erzeugt und bewertet wird. Aus diesem Grund betreiben die Mitarbeiter des NUMMI-Werks, wie die Beschäftigten in allen Toyota-Fabriken, Brainstorming in Gruppen, und Gruppen- beziehungsweise individuelle Vorschläge zur Verbesserung von Abläufen werden mit Prämien belohnt. Sie werden dazu ermuntert, unkonventionelle, ja selbst groteske Ideen vorzubringen, um routinemäßige Produktionsabläufe zu optimieren, aber auch um unerwünschte Varianz zu eliminieren. Ist ein Unternehmen oder ein Geschäftsbereich hingegen in erster Linie bestrebt, neue Möglichkeiten zu erkunden, dann sollte es eine Kultur entwickeln, die *permanentes* aktives Denken und Experimentierfreude fördert und nicht nur die Fähigkeit, ab und an neue Ideen zu generieren. In diesem Fall möchten Sie vielleicht, daß Ihre Mitarbeiter von einem geradezu religiösen Eifer – wenn auch ganz anderer Art – beseelt sind. Ihr Unternehmen – beziehungsweise ein Teilbereich – muß seine Mitarbeiter dazu anspornen, möglichst heterogene Ideen zu erzeugen. Es sollte eine Arena sein, in der ein beständiger konstruktiver Wettstreit stattfindet, bei dem die besten Ideen gewinnen. Wenn Sie möglichst viele neue Wege erkunden wollen, dürfen Sie Ihre Mitarbeiter nicht in ein enges Korsett von Normen zwängen. Andernfalls ergeht es ihnen vielleicht wie den Männern mit den grotesken Hüten in dem unten abgebildeten Cartoon: Sie setzen diese Hüte auf, weil es zur Unternehmenskultur gehört, aber sie haben keine Ahnung, wann oder weshalb diese Tradition begann.

Einige Unternehmen entwickeln unabsichtlich Kulturen, die zu eigenständigem Denken ermuntern. Ich weiß von mehreren erfolgreichen High-Tech-Firmen, die (ungewollt) derart schlecht definierte und vage Einstellungsrichtlinien hatten, daß Bewerber ihre eigenen Taktiken und Regeln ersinnen mußten, um eine Stelle zu ergattern und, nachdem sie eingestellt worden waren, die Arbeit zu verrichten. David Bowen und seine Kollegen beschreiben die Umstände, mit denen neue Mitarbeiter zwischen 1985 und 1990 bei Sun Microsystems konfrontiert waren, als Sun das am schnellsten wachsende US-Unternehmen war.[10] Sun wuchs, weil es innovative Computer und zugehörige Produkte erfand und verkaufte. Stellenbewerber mußten zahlreiche Vorstellungsgespräche absolvieren, aber »das Auswahlverfahren ist kaum zu durchschauen, da es keinen formalen Regeln folgt, und alle Bewerber müssen ihre Fähigkeit zur Problemlösung unter Beweis stellen, bevor sie ein Stellenangebot erhalten«.[11] Das Fehlen einheitlicher Einstellungsrichtlinien bei Sun war zum Teil auf sein fast unkontrollierbares Wachstum zurückzuführen. Aber dieses unsystematische Verfahren trug auch dazu bei,

»Ich weiß auch nicht, wie es begonnen hat. Ich weiß nur, daß es Teil unserer Firmenkultur ist.«

daß sich die Mitarbeiter, die eingestellt wurden, bei der Erfüllung ihrer Aufgaben auf ihre individuellen Kompetenzen, Fähigkeiten und Urteile stützten. Bewerber, die es schafften, eingestellt zu werden, hatten das Selbstbewußtsein und die Fähigkeit, in ihrem Arbeitsalltag eigenständig Lösungen zu konzipieren, statt darauf zu warten, daß ihnen andere sagten, wie sie denken und sich verhalten sollten. Sie erwarteten und brauchten keine vorgegebenen, bewährten Leitlinien, um ihre Aufgaben zu erfüllen.

Einige Unternehmen gestalten auch absichtlich eine Kultur, in der die Mitarbeiter nicht bei Firmentraditionen, Vorgesetzten oder auch Kollegen Orientierungshilfe für ihre Arbeit suchen. Solche Unternehmen haben mitunter starke Firmenkulturen, aber diese Kulturen belohnen Mitarbeiter, die neue Wege beschreiten, neue Perspektiven eröffnen und das Altbewährte kritisch in Frage stellen. Sie wollen schließlich Mitarbeiter haben, die ihre vielfältigen persönlichen Erfahrungen nutzen und sich nicht nach der Firmengeschichte richten. Sie möchten eine Kultur mit Mantras wie: »Sei du selbst!«, »Zeig dem Boß die kalte Schulter!«, »Ignoriere die Vergangenheit des Unternehmens!«, »Setz dich über Routinen hinweg!« oder: »Erfinde deine Vorgehensweisen selbst!« Um dies zu erreichen, benutzen Unternehmen einige seltsame, aber effiziente Methoden, um Mitarbeiter einzustellen und zu schulen und um die Eigeninitiative von Mitarbeitern zu koordinieren und zu belohnen.

Stellen Sie »Rebellen« ein

Unternehmen stellen manchmal Mitarbeiter ein, denen sie den Auftrag erteilen, eingefahrene Routineabläufe in Frage zu stellen. Betriebsfremde können einen solchen Auftrag erhalten, wenn sie dringend benötigte Fähigkeiten besitzen, die dem Unternehmen fehlen. Von der Unternehmensleitung dazu aufgefordert, ihr Wissen umzusetzen, können sie zu mächtigen Abweichlern werden, die von altgedienten Mitarbeitern als bedrohlich empfunden werden. Mehrere Topmanager schilderten mir, wie sie neue Mitarbeiter einstellten und ihnen die Vollmacht gaben, die »Kobolde«, die »Traditionalisten« und »Beschützer heiliger Kühe« herauszufordern, es also mit jenen altgedienten Beschäftigten aufzunehmen, die an festverwurzelten, aber ineffizienten Praktiken kleben. Diese »mit dem Segen« der Unternehmensleitung eingestellten Neulinge können ermächtigt werden, »alte Hasen«, die ihnen in die Quere kommen, zu ignorieren, zurechtzuweisen oder zu entlassen, besonders wenn das Unternehmen in dem speziellen Fachgebiet des Neulings bislang vergeblich Fuß zu fassen versuchte. Manager übertragen neuen Mitarbeitern vor allem nach einem spektakulären und kostspieligen Mißerfolg solche Vollmachten. Wie andere Menschen, die bei einem Vorhaben gescheitert sind, sind solche Manager offener für neue Ideen als erfolgreiche Manager, weil sie allen Grund zu der Annahme haben, daß es neuer Lösungsansätze bedarf.[12]

In einem *Fortune*-500-Unternehmen*, das meine Mitarbeiter und ich untersuchten, wurde ein Manager für Informationstechnologie eingestellt, der die Implementierung mehrerer SAP-Software-Systeme planen und beaufsichtigen sollte.[13] Unternehmensweite Software-Systeme wie die von SAP sind integrierte Systeme, die Unternehmen helfen, effizienter als bisher Informationen zu übermitteln, zu speichern und abzurufen, so daß sie Aufgaben in den Bereichen Finanzwirtschaft, Materialwirtschaft, Fertigungsplanung, Vertrieb und Personal automatisieren können. Diese komplexen Software-Systeme haben vielen Unternehmen geholfen, Informa-

---

* Von der US-amerikanischen Wirtschaftszeitschrift *Fortune* aufgestellte und regelmäßig aktualisierte Liste der weltweit 500 umsatzstärksten Unternehmen.

tionen zuverlässiger und kostengünstiger zu verarbeiten, aber sie sind berüchtigt für ihre schwierige Implementierung.[14] Führungskräfte in diesem großen Unternehmen beschlossen, diesen hochqualifizierten Betriebsfremden mit seiner über zehnjährigen Erfahrung in der Implementierung solcher Software-Systeme zu engagieren, weil sie ein paar Jahre zuvor bei einen ähnlichen Projekt »jämmerlich gescheitert« waren.

Dieser externe Fachmann und die übrigen Mitglieder seines »Projektleitungs-Office« (dem neben ihm zwei Angestellte und ein Berater angehörten, die alle gleichberechtigt waren) implementierten die ersten drei SAP-Projekte termingerecht und ohne das Budget auszuschöpfen. Eine interne Umfrage ergab zudem, daß Mitarbeiter, die das erste neue SAP-System benutzten, äußerst zufrieden mit seiner Implementierung, dem System selbst und seiner Benutzerfreundlichkeit waren. Wir interviewten die Manager und andere Mitarbeiter an diesem ersten Einsatzort, und sie bestätigten, daß das System gut funktioniere und die Implementierung reibungslos verlaufen sei. Unsere Interviews deuteten auch darauf hin, daß dieses Team anschließend mehrere weitere SAP-Projekte mit gleichem Erfolg implementiert hatte. Der externe IT-Manager behauptete, diese Implementierungen seien deshalb so erfolgreich verlaufen, weil sein Team sich über die eingewurzelten Gepflogenheiten habe hinwegsetzen können:

Alles, was wir hier täglich tun, widerspricht den gängigen Normen und Verfahrensregeln dieses Unternehmens. Alles, was wir tun, verstößt gegen die üblichen Arbeitsabläufe [des Unternehmens] ... Ich weiß nicht, wie es uns gelungen ist, so lange damit durchzukommen ... Jetzt versucht man uns zurückzupfeifen, aber es ist zu spät. [Man sagt uns:] »Kehrt um und schlagt einen anderen Weg ein.« Wir sagen: »Nein.« Warum? Unsere Erfolge sprechen für sich. Das Hauptbuchungssystem wurde termingerecht und kostengünstiger als geplant installiert. Ebenso die Kreditorenbuchhaltung und die Projektplanung. Die Anlagenbuchhaltung liegt im Zeitplan, ebenso die Debitorenbuchhaltung. Weshalb sollten wir da etwas verändern?

Schiere Verzweiflung zwang die Führungsspitze dazu, diese »Abweichler« abzusegnen und ihnen die nötigen Vollmachten zu geben, sich eingefahrenen Mechanismen zu widersetzen – zumindest bis die Krise vorüber war.

Die Kunst der »umgekehrten« Sozialisation

Die Idee, neue Mitarbeiter einzustellen, um das firmeninterne Spektrum von Ideen und Anschauungen zu verbreitern, läßt sich noch weitertreiben: Sorgen Sie dafür, daß neue Mitarbeiter altgedienten Veteranen beibringen, wie sie denken und handeln sollen. Ich nenne dies »umgekehrte« Sozialisation. Dazu gehört auch umgekehrtes Mentoring. Wie bei jedem Mentoringprogramm werden neue Mitarbeiter alten zugewiesen, doch diesmal sind es die Neuen, die unterrichten, und die Alten, die zuhören, lernen und nachahmen. Der formale Sozialisationsprozeß läßt sich ebenfalls umkehren, indem die neuen Mitarbeiter den Veteranen Unterricht erteilen. Während der oben beschriebenen SAP-Implementierung gab es mehrere Episoden umgekehrter Sozialisation. Der neue IT-Manager kannte sich weit besser in der Implementierung dieser Systeme aus als andere Firmenangehörige, so daß viele Insider auf ihn hörten und von ihm lernten.

Die Ansicht, erfahrene Insider sollten sich den Wünschen von Outsidern fügen, die nichts von der Kultur und den Gepflogenheiten ihres Unternehmens wissen, hört sich weniger absurd an, wenn man bedenkt, daß Firmen betriebsfremde Personen engagieren (und stattlich vergüten), um die Denk- und Verhaltensmuster der Betriebsangehörigen zu verändern.[15] Das deutlichste Beispiel ist die externe Rekrutierung eines Unternehmenschefs mit dem Ziel, die Vergangenheit zu zerstören und eine neue Zukunft zu schaffen. Viele Studien belegen, daß bei einem Unternehmen, das sich in finanziellen oder juristischen Schwierigkeiten befindet oder sich nicht von der Fesseln der Vergangenheit freimachen kann, ein von außen kommender Unternehmenschef eher erfolgreich sein wird als ein Insider. Lou Gerstner beispielsweise ist ein solcher externer Manager, der von IBM angeworben wurde, um die Firmenkultur grundlegend zu verändern. Er hatte zuvor bei der Unternehmensberatung McKinsey gearbeitet, war President von American Express gewesen und CEO von RJR Nabisco. Gerstner begann gleich am ersten Tag damit, die IBM-Kultur umzukrempeln, indem er ein blaues Hemd anzog (bis dahin waren weiße Hemden bei IBM die Regel gewesen). Gerstner leitete später weitere, substantiellere Maßnahmen zur Veränderung der Unternehmenskultur von IBM ein, vor allem indem er das Geschäft mit Beratungsdienstleistungen massiv ausbaute, mit dem der Konzern heute mehr verdient als mit dem Verkauf von Produkten.[16]

Carly Fiorina leitete den Geschäftsbereich Globaler Netzbetrieb von Lucent Technologies, als sie von Hewlett-Packard (HP) zur neuen CEO gekürt wurde. Fiorina hatte auch den Börsengang von Lucent im Jahr 1996 und seine anschließende Abspaltung von AT&T geleitet. Fiorina wurde eingestellt, um die Kultur und die Geschäftsmethoden von HP zu verändern, damit der Konzern in den sich rasch wandelnden Internet- und Computermärkten wettbewerbsfähiger würde.[17] Fiorina gebrauchte Worte, die ein neues Bewußtsein der Dringlichkeit vermittelten: »Diese schöne neue Welt ist nichts für die Zaghaften, nichts für die Kleinmütigen. Es ist eine Welt, in der die Technologie wahrhaft Unglaubliches bewirken kann.«[18] Sie gab der HP-Strategie, die bis dahin für Mitarbeiter und

Außenstehende gleichermaßen verschwommen gewesen war, ein klares Profil: HP sollte zu einem integrierten Anbieter von IT-Geräten, IT-Infrastruktur und elektronischen Dienstleistungen werden. Und Fiorina reorganisierte HP zügig und gab dem Konzern eine straffere zentrale Leitungsstruktur; auch stellte sie klar, daß sie die träge Entscheidungsfindung, die Risikoscheu und die internen Zwistigkeiten, unter denen HP in den zurückliegenden Jahren gelitten hatte, nicht dulden werde. Fiorina spornte überdies den Ehrgeiz der Mitarbeiter an, indem sie betonte, sie wolle, daß HP zu einem leuchtenden Beispiel in seiner Branche werde.

Führungskräfte wie Gerstner und Fiorina werden von außen geholt, weil Aktionäre und Führungsgremien der Ansicht sind, daß in Schwierigkeiten geratenen Unternehmen von außen frische Ideen zugeführt werden müssen. Im Jahr 1997 wurde Steve Jobs an die Spitze von Apple Computers berufen, nachdem er zehn Jahre zuvor ausgeschieden war. Obwohl Jobs einer der Gründer des Unternehmens war, wurde er geholt, um Apple umzukrempeln und gleichsam neu zu erfinden. Er stellte die Produktion sämtlicher Computertypen ein, die Apple während seines ersten Jahres im Amt herstellte, schwor das Unternehmen auf die Entwicklung von benutzerfreundlichen Computern mit extravagantem Design ein und brachte am Ende seines zweiten Jahres als Apple-Chef vier völlig neu entwickelte Computermodelle heraus.[19] Apples jüngster Erfolg mag nicht von Dauer sein, und selbst wenn, wird er die Vorherrschaft von Computern auf Microsoft-Windows-Basis vermutlich nie ernsthaft gefährden. Dennoch sind Jobs' Leistungen beeindruckend. Die meisten Branchenexperten waren der Ansicht, daß Apple auf den Abgrund zusteuere, als er das Ruder übernahm. Jobs hat gemeinsam mit den Topmanagern und Verwaltungsratsmitgliedern, die er mitbrachte, in den ersten drei Jahren ihrer Führungsverantwortung größere Fortschritte gemacht, als selbst die optimistischsten Beobachter im Jahr 1997 für möglich hielten.

Externe Berater werden ebenfalls engagiert (»gemietet« wäre wohl der treffendere Ausdruck), um neue Ideen einzubringen. US-amerikanische Aktiengesellschaften gaben 1996 über 43 Milliarden Dollar für die Dienstleistungen von Unternehmensberatern aus, und alles deutet darauf hin, daß dieser Betrag seither erheblich gestiegen ist.[20] Die Dienste von Beratungsunternehmen wie McKinsey und Accenture werden in Anspruch genommen, um Wissen von anderen Unternehmen zu transferieren, langjährige Mitarbeiter dazu zu bewegen, alte Gewohnheiten abzulegen, und die »besten Praktiken« von anderen Firmen zu übernehmen. Ein Unternehmen zieht daraus den gleichen Nutzen wie aus der »umgekehrten Sozialisation«. In anderen Fällen engagieren Unternehmen Ausbilder anderer Firmen mit den »cleversten Ansätzen«, damit diese ihren Mitarbeitern neue Denk- und Verhaltensweisen beibringen. Die Motorola-Universität, die bekannt ist für ihren Unterricht in Methoden der Qualitätssicherung, wurde vor ein paar Jahren von der Citigroup (der früheren Citibank) »gepachtet«, um die Führungsgrundsätze und -methoden von Motorola in ein völlig anderes Produktumfeld einzuführen. Das Disney Institute in Disney World, Florida, bietet seine Weiterbildungsdienstleistungen anderen Unternehmen, aber auch Behörden an. Die Teilnehmer werden in Seminaren geschult und hinter die Kulissen von Disney World geführt, um ihnen zu zeigen, wie Disney mit seinen Methoden Besucher anlockt und Mitarbeiter an das Unternehmen bindet. Das Unternehmen bewirbt sein Weiterbildungsangebot mit dem Slogan »Nehmen Sie Maß an einem Unternehmen von Weltklasse«:

Das einzigartige Element unserer Schulungsprogramme liegt darin, daß Sie nicht nur Konzepte, Grundwerte, Methoden und Strategien kennenlernen, sondern auch im Walt Disney World® Resort deren praktische Umsetzung hautnah erleben. Es ist eine beispiellose

Gelegenheit, um neue Anwendungsfelder für die besten Geschäftspraktiken eines führenden Unternehmens der Welt kennenzulernen.[21]

Wenn Firmen externe Berater konsultieren oder Schulungseinrichtungen anderer Firmen »pachten«, versprechen sie sich davon einen ähnlichen Nutzen wie bei der »umgekehrten Sozialisation«. Ein Manager, der einen externen Berater engagierte, um den Kundendienst seines Unternehmens zu verbessern, drückte dies so aus: »Wir tun dies, um unsere DNA ein wenig zu verändern.« Es gibt jedoch einen kostengünstigeren Weg, um Veränderungen zu bewirken, die dazu dauerhafter sind: Stellen Sie neue Mitarbeiter mit neuen Kompetenzen ein, und sorgen Sie dafür, daß sie ihr Wissen praktisch umsetzen und kommunizieren können. Berater und Ausbilder von anderen Firmen mögen gute Ideen haben, aber sie verlassen das Unternehmen in der Regel wieder, bevor diese Ideen von den Personen und Firmen, die sie beraten, für ihre Zwecke maßgeschneidert oder getestet wurden. Externe Berater und Ausbilder konzentrieren sich auf den Transfer von Wissen, und sie kümmern sich nicht darum, wie dieses Wissen von ihren Klienten umgesetzt wird.[22] Dagegen können festangestellte Mitarbeiter, die neue Ideen mitbringen, diese auch praktisch umsetzen, sofern sie nicht ignoriert oder kaltgestellt werden, weil sie abweichende Ansichten vertreten, und sofern sie nicht indoktriniert werden und sich vorbehaltlos dem Firmenkodex unterwerfen müssen. Wenn man diesen Außenseitern gewisse Vollmachten überträgt oder man sie wenigstens in Ruhe läßt, können sie den Unternehmenskodex so verändern, daß anderen Mitarbeitern ein breiteres »Menü« von Ideen zur Lösung neuer Probleme zur Verfügung steht und sie alte Probleme in neuer Perspektive betrachten können. Dies dürfte sehr viel billiger und effektiver sein, als Firmenfremde zu engagieren, die sich nach kurzer Zeit wieder verabschieden.

Schräge Idee Nr. 4 erfolgreich umsetzen

Innovation durch schwache oder »umgekehrte« Sozialisation

- Verzichten Sie darauf, Neulingen die Firmengeschichte beziehungsweise Verfahrensabläufe beizubringen.

- Fordern Sie Neulinge auf, die Äußerungen und Verhaltensweisen langjähriger Mitarbeiter zu ignorieren.

- Schärfen Sie neuen Mitarbeitern ein, sich nicht an der Firmengeschichte und bewährten Abläufen zu orientieren, sondern ihre Aufgaben *nach eigenem Gutdünken* auszuführen.

- Neulinge sollen reden, Veteranen sollen zuhören.

- Weisen Sie neue Mitarbeiter an, Veteranen zu beraten und zu unterrichten.

- Die ersten Tage und Wochen nach dem Eintritt eines neuen Mitarbeiters sind für altgediente Betriebsangehörige die beste Zeit, um von ihnen zu lernen, weil die Neuen noch nicht mit den »richtigen« Denk- und Verhaltensmustern indoktriniert wurden.

- Gewinnen Sie Ausbilder anderer Unternehmen, vor allem aus anderen Branchen, für Fortbildungsmaßnahmen, bei denen Lösungskonzepte für Fach- und Führungsprobleme vermittelt werden.

- Gewinnen Sie Topmanager anderer Unternehmen (die ruhig in anderen Branchen tätig sein können), und geben Sie ihnen die Vollmachten und Ressourcen, um alte Praktiken und Geschäftsmodelle zu zerstören und den Mitarbeitern Ihrer Firma beizubringen, neue Arbeitsmethoden zu erproben.

- Lassen Sie sich von Beratern über erfolgreiche Praktiken anderer Unternehmen und Branchen informieren, aber erwarten Sie nicht, daß sie ihre Ideen auch nur annähernd so erfolgreich umsetzen wie neue Mitarbeiter.

Ermuntern Sie Mitarbeiter, Autoritätspersonen zu ignorieren und sich über sie hinwegzusetzen

Mit Hilfe der »schwachen« beziehungsweise »umgekehrten« Sozialisation kann man die Vielfalt der Menschen und Ideen in einem Unternehmen erhöhen. Doch wenn ein Unternehmen langfristig eine innovative Kultur bewahren will, ist es wichtiger, die Mitarbeiter regelmäßig dazu zu ermuntern, sich Autoritäten und festverwurzelten Abläufen zu widersetzen. Organisationen – einschließlich sogenannter flacher Organisationen – sind hierarchische Gebilde mit wenigen Führungsverantwortlichen und vielen weisungsgebundenen Mitarbeitern. Dies bedeutet, daß relativ wenige Ideen diskutiert und erprobt werden, wenn die Beschäftigten immer nur das besprechen und tun, was ihre Vorgesetzten erwarten, verlangen und anordnen. Im Fachjargon der Evolutionstheorie würde man sagen, daß die Varianz im Genpool reduziert ist. Mitarbeiter, die tun, was sie für richtig halten, und nicht den Weisungen oder Erwartungen ihrer Vorgesetzten folgen, können ihre Chefs zur Weißglut bringen und ihren Vorgesetzten und Unternehmen große Schwierigkeiten bereiten. Aber sie zwingen Unternehmen auch dazu, vielversprechende Ideen auszuprobieren, auch wenn ein Vorgesetzter oder eine mächtige Gruppe sie als Zeit- oder Geldverschwendung ablehnt oder sie als Bedrohung empfindet. Diese aufmüpfigen, widersetzlichen und eigensinnigen Personen haben nicht nur großen Spaß daran, ihre Vorgesetzten eines Besseren zu belehren, sie warten manchmal auch mit großartigen neuen Ideen auf und helfen hin und wieder sogar denselben Personen, die ihre Ideen zu unterdrücken versuchten, reich zu werden.

Dies hört sich vielleicht wie ein Plädoyer für inkompetente Führungspraxis an, wenn Sie der Ansicht sind, daß erfolgreiche Führungskräfte intelligenter sind als ihre Mitarbeiter und daher ihre Untergebenen fast völlig unter Kontrolle haben sollten. Gewiß sind Unternehmen durch Mißachtung von Autoritäten und bewährten Abläufen schon geschädigt oder sogar ruiniert worden. Und manche Risiken sind offenkundig hirnrissig, wie das (im 1. Kapitel beschriebene) Verhalten des Piloten von Aeroflot, der seinen Sohn im Teenageralter eine Passagiermaschine fliegen ließ, was die 75 Insassen das Leben kostete. Ich spreche hier jedoch davon, kompetente Personen intelligente Risiken eingehen zu lassen oder auch scheinbar hirnrissige Risiken, sofern dabei kein ernsthafter Schaden entstehen kann.

Es gibt quantitative Belege dafür, daß die Innovationskraft zunimmt, wenn das Management die Mitarbeiter nicht permanent gängelt, sondern ihnen erlaubt, ohne vorherige Genehmigung zu handeln. Eine Studie von Anne Cummings und Greg Oldham über 171 Beschäftigte in einer Fertigungsfabrik verglich diejenigen, die kontrollierende Vorgesetzte hatten, mit denjenigen, die nichtkontrollierende Vorgesetzte hatten.[23] Cummings und Oldham fanden heraus, daß vor allem kreative Mitarbeiter in Positionen mit komplexen Stellenanforderungen erheblich mehr neue und nützliche Vorschläge machten, wenn sie nichtkontrollierende Vorgesetzte hatten. Unabhängig davon, wie sich Manager verhalten, steigt die Innovationskraft auch an, wenn die Mitarbeiter nicht um Erlaubnis fragen, bevor sie etwas tun, wenn sie sich nicht die Mühe machen, Manager über ihre Tätigkeiten auf dem laufenden zu halten, und wenn sie sich über die Weisungen ihrer Vorgesetzten hinwegsetzen. Michael Kirton leitete mehrere Studien, bei denen die Problemlösungsstrategien von *adaptiven* Personen (die innerhalb vorgegebener Rahmenbedingungen nur geringfügige Verbesserungsvorschläge machen) und *innovativen* Personen (die vorgegebene Rahmenbedingungen ignorieren und Probleme in neue Kontexte stellen) verglichen wurden. Er benutzte das aus 32 Fragen bestehende Kirton-Adaptations-Innovations-Inventar (KAI), um diesen Unterschied zu messen; dabei wurden Personen als Innovatoren klassifiziert, die gegen Regeln verstoßen oder Regeln beugen, die es wagen, neue Wege zu beschreiten, und die ohne ausdrückliche Ermächtigung agieren. Studien mit dem KAI haben gezeigt, daß Innovatoren mehr neue Ideen produzieren als adaptive Personen.[24]

Ich bin auf Dutzende von Fällen gestoßen, in denen kreative Impulse von Mitarbeitern ausgingen, die ihre Vorgesetzten ignorierten, sich ihnen widersetzten oder sie sogar bewußt in die Irre führten. Vor etwa 15 Jahren haben einige Wissenschaftler in Stanford eine Fallstudie über den Aufstieg und Fall der Atari Corporation angefertigt.[25] Chris Crawford war die interessanteste Person, die wir befragten. Er war ein charismatischer Software-Ingenieur, der zu einem leidenschaftlichen Werber für Atari-Produkte wurde.[26] Er meinte, Atari habe Ende der siebziger, Anfang der achtziger Jahre nicht zuletzt deshalb Hunderte Millionen von Dollar verdient, weil die Software-Entwickler die Manager übergingen beziehungsweise sie täuschten oder glattweg darüber belogen, welche Produkte sie für den VCS 2600 (ein programmierbares Videogerät, das an einen Fernsehapparat angeschlossen wurde) entwickelten. Crawford sagte uns, Warner habe Führungskräfte aus anderen Branchen eingestellt, die »ständig versuchten, die Spiele loszuwerden«. Als Crawford sich verstärkt der Entwicklung von Spielen widmen wollte, sagte ihm sein Chef: »Es gibt keinen Markt für diese Spiele. Atari ist nicht daran interessiert, Spiele für seine Computer zu produzieren.« Diese Mitteilung verunsicherte Crawford und andere Ingenieure. Atari war vor allem deshalb erfolgreich gewesen, weil der frühere CEO Nolan Bushnell Leute eingestellt hatte, die großen Spaß daran hatten, Hardware und Software für Videospiele zu entwickeln. Doch viele der neuen Manager, die Warner bei Atari installierte, hielten Spiele für nutzlosen Kleinkram und bestanden darauf, daß die Entwickler »praktischere« Programme für die Erfassung von Rezepten, Haushaltsführung und andere Hausarbeiten entwarfen.

Viele Atari-Entwickler und manchmal auch ihre unmittelbaren Vorgesetzten reagierten auf diese Forderungen, indem sie so taten, als würden sie an den praktischen Programmen arbeiten, während sie in Wirklichkeit Spiele entwickelten. Ein Entwickler wollte an *Star Raiders* arbeiten, das später zu einem Bestseller wurde. Die Unternehmensleitung wies den Vorschlag kategorisch zurück und sagte dem Entwickler laut Crawford: »Ein Spiel, bei dem man im Weltraum herumfliegt und andere Raumschiffe abschießt? Das ist die dümmste Idee, die uns je untergekommen ist. Schreiben Sie das Projekt ab. Wir werden einen solchen Mist auf keinen Fall zulassen.« *Star Raiders* wurde nur deshalb fertiggestellt, weil der unmittelbare Vorgesetzte des Entwicklers die Topmanager täuschte, indem er ihnen sagte: »Ach, der arbeitet an einem Haushaltsführungsprogramm.« Crawford berichtete, dies sei lediglich einer von vielen Vorfällen, bei denen Entwickler die Führungsspitze nicht über die Spiele informierten, die sie entwickelten, beziehungsweise sie glattweg belogen. Als Atari mit den Spielen dann deftige Gewinne einstrich und diese zudem den Absatz des VCS 2600 beflügelten, der zum (bis dahin) meistverkauften elektronischen Heimgerät wurde, hätten die einstmals kritischen Führungskräfte diesen Erfolg für sich in Anspruch genommen, so Crawford. Diese Manager, die in den siebziger Jahren Spielen so skeptisch gegenüberstanden, hätten es nie für möglich gehalten, doch der Branchenumsatz mit Computerspielen belief sich 1999 auf 7,4 Milliarden Dollar, gegenüber 7,3 Milliarden mit Kinofilmen.[27]

Diese Unbotmäßigkeit hat nicht nur Unternehmen geholfen, in denen die Führungskräfte nur geringe beziehungsweise keine Fachkenntnisse über die Arbeiten besitzen, die sie managen. Kreppband ist eines der erfolgreichsten Produkte in der Geschichte von 3M, und es ebnete den Weg für die Entwicklung von Scotch-Tape, der erfolgreichsten Produktlinie von 3M. Die Erfindung und Vermarktung von Kreppband verdankt sich der Tatsache, daß ein junger Mitarbeiter namens Richard G. Drew sich über eine direkte Weisung von CEO William McKnight hinwegsetzte, seine eigenmächtige Arbeit an dem Produkt einzustellen und wieder die ihm zugewiesenen Aufgaben in der Qualitätssicherung zu übernehmen.[28] In ähnlicher Weise schildert David Packard, der Mitgründer von Hewlett-Packard, in seiner Autobiographie *Die Hewlett-Packard-Story. Wie Bill Hewlett und ich unser Unternehmen aufbauten* die Widersetzlichkeit eines Ingenieurs:

> Weiter oben erwähnte ich, daß mit der Managemententscheidung gegen eine neue Idee nicht immer das letzte Wort gesprochen ist. Vor einigen Jahren erhielt Chuck House, einer der besten Ingenieure unseres Werkes in Colorado Springs, den Rat, die Arbeit an der Entwicklung eines Bildschirmmonitors aufzugeben. Statt dieser Anregung zu folgen, brach er in den Urlaub nach Kalifornien auf – und machte unterwegs mehrmals Station, um potentiellen Kunden einen Prototyp seines Monitors zu zeigen. Er wollte wissen, was sie davon hielten, vor allem jedoch, was sie von einem solchen Produkt erwarteten und wo sie seine Grenzen sahen. Ihre positive Reaktion ermutigte ihn zur Fortsetzung seines Projekts, obwohl er nach seiner Rückkehr nach Colorado erfuhr, daß ich und andere die Einstellung des Projekts angeordnet hatten. Er überredete den F&E-Leiter, schnell mit der Produktion des Monitors zu beginnen. HP verkaufte dann mehr als 17 000 Bildschirmmonitore, die einem Umsatz von mehr als 35 Millionen Dollar entsprachen.
>
> Ein paar Jahre später überreichte ich Chuck bei einer Versammlung von HP-Ingenieuren einen Orden für »außerordentlichen Trotz und Starrsinn« …
>
> »Ich wollte nicht eigensinnig oder aufsässig sein. Ich wollte nur den Erfolg für HP«, erklärte er [Chuck]. »Es

kam mir gar nicht in den Sinn, daß mein Job auf dem Spiel stehen könnte.«[29]

Der Innovationskraft kommt es auch zugute, wenn Führungskräfte Mitarbeiter, die an nicht genehmigten Projekten arbeiten, nicht abmahnen beziehungsweise nicht überprüfen, was sie tun. Innovatoren finden oftmals eine »Lücke« in den Verfahrensrichtlinien oder Leitungsstrukturen eines Unternehmens, so daß niemand eindeutig die Verantwortlichkeit – oder wenigstens einen offensichtlichen Anreiz – hat, ihnen Einhalt zu gebieten. Dies war häufig bei Atari der Fall; viele Videospiele wurden von Mitarbeitern geschrieben, die ihren Vorgesetzten nicht offen den Gehorsam verweigerten, sondern möglichst unauffällig an ihren Projekten arbeiteten. Die Erfindung der »Momsen-Lunge« ist ein weiteres Beispiel.[30] Charles »Swede« Momsen war in den zwanziger Jahren U-Boot-Kommandant in der US-Marine. Er mußte miterleben, wie Matrosen in einem gesunkenen U-Boot starben, weil man ihnen nicht zu Hilfe kommen konnte. Aus Kummer und Enttäuschung ersann Momsen Ideen, wie Matrosen aus gesunkenen U-Booten gerettet werden könnten. Sein erster Vorschlag für eine »Rettungsglocke«, die an U-Booten festmachen sollte, wurde von erfahrenen Offizieren als eine prüfenswerte Idee unterstützt, doch von Bürokraten der US-Marine als »aus seemännischen Erwägungen nicht durchführbar« verworfen.[31]

Als einige Jahre später ein weiteres U-Boot sank und die Mannschaft langsam erstickte, während sie darum flehte, gerettet zu werden, konnte Momsen nicht länger tatenlos zusehen. Obgleich er kein gelernter Techniker war, stellte er ein Team von Freiwilligen zusammen und trieb etwas Geld auf, um an einer Lösung des Problems zu arbeiten. Einigen hochrangigen Marineoffizieren kamen Gerüchte zu Ohren, daß er an dem Problem arbeite, doch niemand machte sich die Mühe, ihm Einhalt zu gebieten oder auch nur zu überprüfen, was er tat. Innerhalb weniger Monate hatte sein Team den Prototyp eines Geräts entwickelt (das wie eine Rettungsweste mit angesetztem Mundstück aussah), mit dem Matrosen aus einem gesunkenen U-Boot zur Oberfläche auftauchen konnten. Momsen führte das Gerät einem Journalisten vor, wobei er aus einem Testfaß ausstieg, das (mit ihm) auf eine Tiefe von 33 Metern abgesenkt wurde. Die US-Marine erfuhr von diesem Test auf die gleiche Weise wie die Öffentlichkeit – aus den Zeitungen. Als Momsen am nächsten Tag in den Hafen zurückkehrte, wurde er vom Marinebefehlshaber mit den Worten begrüßt: »Junger Mann, was führen Sie im Schilde?«[32] Doch die Welle positiver Schlagzeilen veranlaßte die Marine dazu, weitere Tests in Auftrag zu geben und Momsen nicht zu bestrafen. Diese Tests verliefen erfolgreich und gipfelten in Momsens Ausstieg aus einem U-Boot in 63 Meter Tiefe. Momsen erhielt eine Dienstmedaille, und die Navy bestellte 7000 Momsen-Lungen für alle aktiven U-Boote.

Es macht Freude, über Menschen wie diese zu lesen, die dadurch, daß sie dem erklärten Willen ihrer Vorgesetzten zuwiderhandelten oder ihn ignorierten, etwas zuwege brachten. Auch Unternehmen profitieren manchmal von Mitarbeitern, die den Mut aufbringen, nach ihren Überzeugungen zu handeln. Doch Menschen, die sich Autoritätspersonen widersetzen, werden meist dafür bestraft und nicht belohnt, selbst wenn sie großartige Ideen haben. Ich weiß nicht, wie ein Unternehmen, das seine Mitarbeiter offiziell ermuntern wollte, gegen ihre Vorgesetzten aufzubegehren, diese Verhaltensregel schriftlich formulieren, implementieren und unterstützen könnte. Ich kenne kein Unternehmen, das Verhaltensregeln wie: »Ignorieren Sie Ihren Chef, wenn Sie glauben, daß er sich irrt«, »Setzen Sie sich über unsinnige Anweisungen hinweg« oder »Belügen Sie Ihren Chef, wenn Sie überzeugt davon sind, daß es im Interesse des Unternehmens ist«, aufgestellt hat. Wenn Sie in einem Unternehmen tätig sind, das solchen Regeln Geltung verschafft, setzen Sie sich bitte umgehend mit mir in Verbindung. Ich habe von Fällen gehört, wo es angeblich so sein soll, aber meist steckt nicht viel dahinter.

Ich kenne jedoch einige Unternehmen, welche die Risikobereitschaft nach dem Motto »Was ich nicht weiß, macht mich nicht heiß« fördern. Manager ermuntern Mitarbeiter in indirekter Weise, an Projekten ihrer Wahl zu arbeiten, aber sie fragen nicht danach, was sie tun, und die Mitarbeiter sagen es ihnen auch nicht. Die alte Maxime »Wenn du mir keine Fragen stellst, erzähl ich dir keine Lügen« ist in überraschend vielen Unternehmen eine quasioffizielle Leitlinie. Dies ist die explizite Linie bei 3M, wo Techniker bis zu 15 Prozent ihrer Arbeitszeit auf Projekte ihrer Wahl verwenden können. William Coyne, der ehemalige Senior Vice President für Forschung und Entwicklung von 3M, schreibt darüber: »Sie [die Mitarbeiter] brauchen keine Genehmigung. Sie müssen den Managern nicht einmal *sagen*, woran sie arbeiten.«[33] In ähnlicher Weise erlauben die Will Vinton Film Studios, wie in Kapitel 4 erwähnt, Künstlern, in ihrer Freizeit firmeneigene Geräte zu benutzen und 13wöchige bezahlte »Auszeiten« zu nehmen, um an eigenen Projekten zu arbeiten.[34] Der Gründer Will Vinton ist der Ansicht, daß seine besten Leute, ganz gleich, was er sagt oder welche Verhaltensregeln er durchzusetzen versucht, Wege finden werden, um eigene Filme zu produzieren; aus diesem Grund möchte er ihnen das Ausscheiden aus dem Unternehmen erschweren, indem er sie ermuntert, innerhalb der Firma an persönlichen Projekten zu arbeiten. Vinton fügt hinzu: »Jedes Unternehmen legt großen Wert auf Kreativität. Aber kreative Menschen brauchen in ihrem Leben sehr viel Abwechslung. Warum sollten wir sie nicht dazu ermuntern? In allen Unternehmen erwirtschaften jene Mitarbeiter den größten Ertrag, die es wagen, anders zu sein.«[35]

Die gleiche Einstellung und ähnliche Praktiken findet man im Forschungs- und Entwicklungslabor von Corning in Sullivan Park, das dafür sorgt, daß die Schmelzöfen des Unternehmens alljährlich Hunderte Arten von experimentellen Gläsern ausstoßen. Innovationen von Wissenschaftlern in Sullivan Park und in anderen Forschungsstätten von Corning haben dazu geführt, daß 57 Prozent des Firmenumsatzes im Jahr 1998 und 78 Prozent des Umsatzes in 1999 mit Produkten erwirtschaftet wurde, die jünger als vier Jahre sind.[36] Wissenschaftler »müssen« zehn Prozent ihrer Arbeitszeit für »Freitagnachmittagexperimente« aufwenden und an »leicht schrägen Ideen« arbeiten. Diese Regel erlaubt Wissenschaftlern nicht nur, an Projekten zu arbeiten, von denen ihre Chefs nichts wissen, sie gibt ihnen auch die Freiheit, Lieblingsprojekte zu verfolgen, deren Einstellung von Vorgesetzten angeordnet wurde. Wie überall sonst unterlaufen auch den Leitungsverantwortlichen von Corning Fehleinschätzungen: »Ein ganzes Geschäftsfeld für Genomtechnologie basiert auf einer Idee, die der Forschungsleiter zunächst verwarf, die jedoch in Freitagnachmittagexperimenten weiterverfolgt wurde.«[37] In einem gut geführten innovativen Unternehmen sehen die Führungskräfte ein, daß sie nicht sicher sein können, welche Ideen schließlich erfolgreich sein werden; also erlassen sie Regeln, die es Mitarbeitern erlauben, ihre Einschätzungen zu umgehen.

Ähnlich verhält es sich, wenn höhere Führungskräfte zwar ihre negative Meinung artikulieren, weil Mitarbeiter ein ihres Erachtens verfehltes Projekt verfolgen, aber nicht darauf bestehen, daß es eingestellt wird. Führungskräfte, die Mitarbeiter dazu überreden möchten, Projekte einzustellen, die ihrer Meinung nach zum Scheitern verurteilt sind, die aber (wenigstens gelegentlich) Mitarbeitern erlauben weiterzumachen, wenn diese fest an den Erfolg eines Projekts glauben, haben begriffen, wie man Innovationskraft freisetzen kann. Sie haben erkannt, daß sich die meisten kreativen Menschen besonders anstrengen, wenn sie die Chance erhalten, ihren Chef zu widerlegen. Sie erkennen auch, daß sie sich irren könnten und daß die Bereitschaft, kreative Risiken einzugehen, unterdrückt wird, wenn sie jedes Projekt vom Tisch wischen, bei dem kluge Mitarbeiter nicht mit ihnen übereinstimmen. Zudem sind einige Unternehmen, wie wir sahen, trotz – nicht wegen – der Tatsache innovativ, daß Führungskräfte Projekte stoppen, die sie für verfehlt halten. Diese herrischen Manager haben ihre Unternehmen nicht unbedingt besser im Griff, vielleicht sind sie einfach schlechter unterrichtet, weil Mitarbeiter – vor allem kreative – sich verstecken und ihre Arbeit verschleiern.

Wenn Sie herausfinden, daß Ihre Mitarbeiter etwas Verbotenes tun, sollten Sie innehalten und überlegen, ob Sie Ihrem Unternehmen nutzen oder schaden, wenn Sie solche heimlichen Aktionen ausmerzen. Das Verbot einer unerlaubten Aktivität kann nicht nur die Leistungsmotivation untergraben, es kann auch dazu führen, daß begabte Mitarbeiter kündigen. So haben Untersuchungen von Siobhan O'Mahony von der Universität Stanford gezeigt, daß das Betriebssystem Linux, dessen Quellcode allgemein zugänglich ist, in zahlreichen Firmen ohne Wissen oder Billigung der Führungsspitze benutzt wird. Der Leiter der Informationstechnik eines *Fortune*-500-Unternehmens hatte den Verdacht, daß seine Mitarbeiter das (verbotene) Betriebssystem Linux benutzten. Um dem Verdacht auf den Grund zu gehen, berief er unter anderem Namen ein Treffen von Linux-Anwendern ein, um zu sehen, wer daran teilnehmen würde. Er war erschüttert, als sich mehrere hundert Personen einfanden, darunter auch einige Manager, die ihm unterstanden. Doch statt ihnen eine Standpauke zu halten, gelangte er spontan zu dem Schluß, daß sein Unternehmen erwägen sollte, das System zu unterstützen, wenn so viele seiner besten Leute an Linux interessiert waren und an einem freiwilligen Treffen außerhalb der Arbeitszeit teilnahmen, um mehr darüber zu erfahren. Heute benutzen sie Linux für viele wichtige Web-Anwendungen; es hat sich als kostengünstiger und leistungsfähiger als die urheberrechtlich geschützten Lösungen erwiesen, die es abgelöst hat. Diese Entscheidung empfanden einige der besten Ingenieure des Unternehmens als Sieg, und statt sich nach einer anderen Stelle umzusehen, begannen sie eifrig an Lösungen mit dem allgemein zugänglichem Quellcode zu arbeiten.[38]

Führen durch Nichteinmischen

Wenn Sie die Innovationskraft Ihrer Mitarbeiter stärken wollen, ist es manchmal am sinnvollsten, wenn Sie sich heraushalten. Stellen Sie intelligente Leute ein, ermuntern Sie diese, sich unter gewissen Umständen über ihre Weisungen hinwegzusetzen, und schauen Sie, was passiert. Nachdem ich einige Jahre lang die Produktentwicklung bei IDEO untersucht hatte, wurde ich zu einem »IDEO Fellow« ernannt, was bedeutet, daß ich den Mitarbeitern jederzeit über die Schulter schauen, lästige Fragen stellen und beobachten kann, wie sie ihre Ideen in neue Produkte umwandeln. Manchmal werde ich auch von Reportern oder Führungskräften anderer Unternehmen gebeten, über meine Erfahrungen bei IDEO zu berichten; am häufigsten wird mir dabei die Frage gestellt: »Weshalb sind die Menschen dort so kreativ?« Worauf ich kurz und bündig antworte, IDEO habe erkannt, daß die straffe Gängelung durchs Management Kreativität ersticke. Einmal bedrängte mich eine Führungskraft eines großen Fertigungsunternehmens, ich möge ihm doch einen detaillierten Stufen- und Zeitplan verraten, wie er sein Unternehmen in eine solche Brutstätte der Innovation wie IDEO verwandeln könne. Ich antwortete: »Tun Sie genau das, was David Kelley tut: Stellen Sie eine Gruppe intelligenter Leute ein, und halten Sie sich so lange heraus, bis sie Sie um Hilfe bitten. Wenn Sie ihnen sagen, was sie tun sollen, legen Sie ihrer Kreativität Fesseln an.« Es war eine grob vereinfachende

Antwort auf eine unmögliche Frage, aber sie war im Kern richtig.

Gerade wenn man für einen Bereich Verantwortung trägt, von dem man nicht viel versteht, ist es klug, sich herauszuhalten und auf die Meinung anderer zu hören. Ein schlagendes Beispiel ist die auf dem Kopf stehende Einflußhierarchie bei MTV, dem Musiksender, der mittlerweile 300 Millionen Haushalte in 83 Ländern erreicht. MTV versucht vor allem die Altersgruppe der 18- bis 24jährigen anzusprechen: »Wenn du Anfang Zwanzig bist und für MTV arbeitest, dann hast du in deinem Gehirn, deinen Muskeln und deinen Keimdrüsen eine Art mystische Autorität, die deine Chefs nicht haben.« Ein Programmanager sagte, wenn ihm jemand eine Idee vorlege, dann »sage ich vielleicht, daß ich sie gut finde, aber ich gehöre nicht der demographischen Zielgruppe an ... Wenn ich in etwas verliebt bin, sollte eine Alarmglocke läuten.« Produzenten mit Mitte Zwanzig, die gerade erst selbst die anvisierte Altersgruppe hinter sich gelassen haben, haben den größten Einfluß auf die Programmplanung bei MTV, und wenn sie Ende Zwanzig sind, werden sie mit einem Mal von »irrationalen Ängsten um ihre weitere berufliche Laufbahn gepackt«, und sie spüren den Druck zu kündigen, um dadurch Leuten Platz zu machen, die noch Kontakt zur MTV-Zielgruppe haben.[39]

Diese Angst befällt sogar die obersten Führungskräfte von MTV. Kurz nachdem Judy McGrath 1993 mit 41 Jahren zur kreativen Leiterin von MTV bestellt worden war, sprach sie offen über ihre Sorge: »Manchmal denke ich, daß eine 20jährige Person meine Aufgaben als Kreativdirektorin besser erledigen könnte. Weshalb mache ich das? Was weiß ich schon, wie sich 20jährige fühlen?«[40] Dabei verdankt McGrath ihren Erfolg nicht zuletzt der Tatsache, daß sie auf diejenigen hört, die noch wissen, wie man mit 20 Jahren denkt und fühlt. Tatsächlich ist MTV seit 1993, als McGrath auf ihren jetzigen Posten berufen wurde, neben Fox, HBO, NBC und ABC zu einem der fünf ertragsstärksten Sender der USA aufgestiegen, mit geschätzten Einnahmen von über 750 Millionen Dollar im Jahr 2000.

Es gibt weitere Unternehmen, in denen Führungskräfte, selbst wenn sie sich aktiver einmischen als David Kelley und Judy McGrath, einsehen, daß es am klügsten ist, sich herauszuhalten, wenn ihre Mitarbeiter darauf drängen, eine Idee weiterzuverfolgen – selbst wenn die Manager der Idee skeptisch gegenüberstehen. Das Team bei Sun Microsystems, das Java entwickelte, die äußerst erfolgreiche Programmiersprache fürs Internet, erreichte einen kritischen Punkt, als die Teammitglieder – nachdem sie monatelang heimlich daran gearbeitet hatten – ein turbulentes Treffen mit hochrangigen Führungskräften von Sun hatten. Der Gruppe gehörten John Gage, der Leiter des Science Office von Sun, und der Sun-Mitgründer Bill Joy an. Alle »brüllten sich zwei Tage lang an«.[41] Besonders Joy drängte das Team, die Sprache noch viel weiter zu entwickeln. Doch zu guter Letzt taten die Führungskräfte von Sun, obwohl sie mit vielem, was das Team machte, nicht einverstanden waren, »das Beste, was sie zu diesem Zeitpunkt tun konnten. Sie wichen zurück … Das herausragende technische Können [des Teams] stand außer Frage. Also gaben sie klein bei und ließen sie weiterhin herumexperimentieren und sich so langsam an neue Produkte, ein Geschäftsmodell und eine Strategie herantasten.«[42]

Manchmal ist die beste Führungsstrategie der Verzicht auf Führung. Jeffrey Pfeffer plädiert dafür, daß Führungskräfte eine Art hippokratischen Eid ablegen sollten, in dem es unter anderem heißt: »Vor allem keinen Schaden zufügen.« Zumindest bei dem Java-Team waren die Führungskräfte von Sun so klug, sich herauszuhalten und keinen Schaden anzurichten. Sie erkannten, daß es manchmal der Innovationskraft am förderlichsten ist, auf Kontrolle zu verzichten und Mitarbeitern die Möglichkeit zu geben, einem zu beweisen, daß man irrt.

Schräge Idee Nr. 4 erfolgreich umsetzen

Fördern Sie die Innovationskraft Ihrer Mitarbeiter, indem Sie sie ermuntern, ihre Vorgesetzten zu ignorieren und sich ihnen zu widersetzen

- Wenn ein Vorgesetzter mit einem Projekt eines Mitarbeiters nicht einverstanden ist, sollten Sie dem Mitarbeiter die Chance geben, den Vorgesetzten zu widerlegen.

- Bringen Sie Ihren Managern bei, Mitarbeiter zu tolerieren, die sich über Weisungen hinwegsetzen, »Lieblingsprojekte« nicht weiterzuverfolgen, die dem Unternehmen nützlich sein könnten.

- Belohnen Sie Mitarbeiter, die, »statt vorher um Erlaubnis zu fragen, im nachhinein um Verzeihung bitten«, oder bestrafen Sie sie wenigstens nicht.

- Loben und belohnen Sie Mitarbeiter, die riskante, aber potentiell vielversprechende Projekte verfolgen, die ihre Vorgesetzten zu unterbinden versuchten beziehungsweise über die sie nicht unterrichtet wurden. Sorgen Sie dafür, daß sowohl erfolgreiche als auch fehlgeschlagene Projekte anerkannt und belohnt werden.

- Ermuntern beziehungsweise verpflichten Sie Mitarbeiter dazu, etwa 15 Prozent ihrer Arbeitszeit Projekten zu widmen, die nicht von Vorgesetzten abgesegnet werden müssen.

- Stellen Sie Mitarbeitern, die an »Lieblingsprojekten« arbeiten wollen, Räumlichkeiten, Zeit und Ressourcen zur Verfügung, und fordern Sie von ihnen keine Rechenschaft über die Verwendung.

- Wenn Sie feststellen, daß Mitarbeiter an einem nicht genehmigten oder sogar ausdrücklich verbotenen Projekt arbeiten, versuchen Sie herauszufinden, ob Ihr Unternehmen eventuell davon profitieren könnte, bevor Sie es einstellen.

- Manchmal können Sie Innovationen am besten dadurch fördern, daß Sie sich heraushalten; stellen Sie Mitarbeitern nicht zu viele Fragen, und erteilen Sie Ihnen nicht zu viele Ratschläge. Dies gilt vor allem dann, wenn sich die Mitarbeiter auf dem Gebiet besser auskennen als Sie.

Stellen Sie ein paar »Frohnaturen« ein, und ermuntern Sie sie zu konstruktiven Konflikten (schräge Idee Nr. 5)

Wenn Leute der gleichen Meinung sind wie ich, beschleicht mich immer das Gefühl, daß ich mich irren muß.

Ambrose Bierce, Dramatiker und Satiriker

Zahlreiche Disziplinen im selben Studio, Streitigkeiten darüber, welchen Radiosender man hören will, unterschiedliche Auffassungen über angemessene Arbeitszeiten, geeignete Arbeitskleidung, Verhaltenskodizes und selbst Qualitätsmaßstäbe ... all dies erachtete ich als einen reichhaltigen und fruchtbaren Boden für jene Art von Reibung, die ich nicht in Wärme, sondern in Licht umwandeln wollte. Das flaue Gefühl in meinem Magen und das Feuerwerk in meinem Gehirn sagten mir, daß zwischen Friktionen und originellem Denken ein wesentlicher Zusammenhang besteht.[1]

Jerry Hirshberg, Gründer und President von Nissan Design International

Ich möchte keine Jasager um mich herum. Ich will, daß mir alle reinen Wein einschenken – auch auf die Gefahr hin, gefeuert zu werden.

Samuel Goldwyn

WER INNOVATION FÖRDERN MÖCHTE, braucht begeisterungsfähige Optimisten, die in der richtigen Weise konfliktfähig sind. Immer mehr Studien deuten darauf hin, daß Konflikte um Ideen produktiv sind, vor allem bei Gruppen und Firmen, die kreative Arbeit verrichten. Fortwährende Auseinandersetzungen können bedeuten, daß es einen Wettstreit um die Entwicklung und Erprobung möglichst vieler guter Ideen gibt, also ein breites Spektrum an Wissen und Perspektiven vorhanden ist. So zeigte eine Studie, daß Kontroversen um gegensätzliche Konzepte Gruppenmitglieder dazu veranlaßten, die Ideen von anderen mit ihren eigenen Ideen zu verknüpfen, darauf zu bestehen, daß andere ihre Ideen überzeugend begründeten, und weitere Ideen vorzuschlagen.[2] Die daraus resultierenden Lösungen waren umfassender, integrierter und besser abgesichert.

Wenn alle in einer Gruppe immer einer Meinung sind, bedeutet dies, daß sie nicht viele Ideen haben. Oder es kann darauf hinweisen, daß die Konfliktvermeidung wichtiger ist als die Produktion und Bewertung neuer Ideen. Es kann sogar bedeuten, daß Personen, die ihre Ideen äußern, lächerlich gemacht, geächtet und aus der Gruppe verstoßen werden. Was immer die Gründe sind, ein Mangel an Konflikten und Meinungsvielfalt bedeutet jedenfalls, daß die Gruppe vermutlich nicht viele nützliche neue Ideen generieren und entwickeln wird. Gruppen – und Gesellschaften –, die Menschen mit neuen, ungeprüften Ideen keine Artikulationsmöglichkeit geben, untergraben sowohl die Phantasie als auch die individuelle Meinungsfreiheit. Robert F. Kennedy sagte einmal treffend: »Es genügt nicht, andere Meinungen zuzulassen. Wir müssen sie fordern.« Dies ist ein guter Rat für jede Führungskraft, die sich einen steten Fluß neuer Ideen sichern will. Oder um mit dem Kaugummimagnaten William Wrigley jr. zu sprechen: »Wenn zwei Leute in einem Unternehmen immer derselben Meinung sind, ist einer von ihnen überflüssig.«[3]

Wenn eine neue Idee den Kinderschuhen entwachsen ist, aber noch nicht erprobt wurde, sind konstruktive Konflikte von entscheidender Bedeutung, um ihren Nutzen zu überprüfen. Konflikte sind ein Zeichen dafür, daß in einem Unternehmen ein reger Ideenwettbewerb stattfindet, daß Mitarbeiter zahlreiche Ideen entwickeln und beurteilen. Doch selbst in diesem Stadium sind nicht alle Konflikte konstruktiv. Meinungsverschiedenheiten fachen die Kreativität an, doch die Mitarbeiter müssen lernen, auf die richtige Weise und zum richtigen Zeitpunkt zu streiten. In den frühesten Phasen der Ideenfindung sind Konflikte (und die damit einhergehende Kritik) schädlich, wenn sie dazu führen, daß Ideen verworfen werden, bevor sie so weit ausgereift sind, daß man sie sachgerecht beurteilen kann. Noch schlimmer ist, daß Mitarbeiter aus Angst vor Verspottung oder Demütigung Selbstzensur betreiben, bevor sie kuriose oder unorthodoxe, aber möglicherweise nützliche Ideen vorschlagen. Aus diesem Grund verlangen Verfahren der Ideenfindung, wie etwa Brainstorming, von den Teilnehmern, »sich Werturteilen zu enthalten« beziehungsweise »Kritik zu vermeiden«.[4] Peter Skillman beispielsweise, Direktor für Produktentwicklung bei Handspring, dem Hersteller von Digital Personal Assistants, ist ein hervorragender Brainstorming-Experte. Skillman schärft den Teilnehmern von Brainstorming-Sitzungen ein, die Ideen von anderen nicht anzugreifen: »Wenn jemand sagt, eine Idee sei gräßlich, oder wenn jemand einen gehässigen Kommentar abgibt, dann läute ich mit einer kleinen Glocke. Ich gebe dem Ganzen eine komische Note, aber das hält die Teilnehmer davon ab, Ideen zu zerpflücken, auf denen wir aufbauen müssen und die wir gründlicher durchdenken sollten.«[5]

Konflikte sind auch destruktiv, wenn der kreative Prozeß abgeschlossen ist und die Umsetzungsphase beginnt. Sobald eine Idee entwickelt und getestet worden ist und das geeignete weitere Vorgehen beschlossen wurde, ist Einvernehmen sehr wichtig; Einvernehmen hilft sicherzustellen, daß alle dieselben Methoden in der gleichen Weise benutzen und auf dieselben Ziele hinarbeiten. Wenn Sie sich einer einfachen und bewährten Operation wie der Entfernung des Blinddarms unterziehen müßten, wäre es Ihnen auch nicht recht, wenn im Operationssaal über die richtige Methode gestritten würde.

Forschungen über effiziente Teamarbeit haben gezeigt, daß man zwischen zwei Arten von Konflikten unterscheiden muß. Die destruktive Form wird »emotionaler«, »zwischenmenschlicher« beziehungsweise »beziehungszentrierter« Konflikt genannt. Solche Konflikte entstehen, wenn Menschen sich nicht mögen und sich möglicherweise schon in der Vergangenheit gegenseitig Schaden zuzufügen versucht haben. Sie streiten sich nicht um die besten Ideen, sondern weil sie sich nicht mögen oder sich voneinander bedroht fühlen. Diese Art von Konflikt zermürbt und demoralisiert die Betroffenen. Gruppen, deren Mitglieder sich in dieser Weise bekämpfen, erbringen sowohl bei kreativen als auch bei Routineaufgaben schlechtere Leistungen. Ein Forscher der Wharton Business School beschrieb die negativen Folgen solcher persönlicher Konflikte in einem Team:

> Man warf sich gegenseitig Kraftausdrücke an den Kopf (z. B. Miststück, Arschloch, Trottel), und auch die Verhaltensreaktionen waren rücksichtslos (z. B. Türenschlagen, Schmollen, Schreien oder Toben). Ein Mitglied der Kommunikationsgruppe sagte mir, [die Gruppe werde] »durch persönliche Konflikte zwischen kreativen Menschen [in Mitleidenschaft gezogen]. Damals saß Trina dort drüben, und unsere Probleme begannen, weil ihr Radio zu laut war und sie einfach ein Miststück ist.« … »Trina und ich kommen nicht miteinander aus, wir werden nie miteinander auskommen. Wir können uns nicht ausstehen, das ist alles.«[6]

Bei konstruktiven Konflikten dagegen streiten sich Menschen um Ideen, nicht wegen Persönlichkeits- oder Beziehungsproblemen. Forscher nennen diese Art von Auseinandersetzungen »aufgabenbezogene« oder »intellektuelle« Konflikte.

Solche Konflikte entstehen, wenn Menschen »Diskussionen auf der Grundlage sachlicher Informationen führen« und »zahlreiche Alternativen entwickeln, um die Debatte zu bereichern«.[7] Dies sind Kontroversen um die besten Ideen, die in einer Atmosphäre gegenseitiger Achtung stattfinden. Einige der kreativsten Gruppen und Unternehmen in der Geschichte hatten Mitarbeiter, die sich gegenseitig respektierten, aber erbittert um Ideen kämpften. Bob Taylor, ein gelernter Psychologe, der später administrative Aufgaben in der Forschungsförderung wahrnahm, ermunterte die Informatiker verschiedener Universitäten, die er während seiner Tätigkeit bei der US-Behörde für Rüstungsforschung in den sechziger Jahren förderte, und später, in den siebziger Jahren, die Forscher im Xerox PARC zu eben solchen Konflikten.[8] Diese Naturwissenschaftler und Ingenieure haben maßgeblich zur Entwicklung jener Technologien beigetragen, welche die Computerrevolution ermöglichten – unter anderem des Personalcomputers, des Internets und des Laserdruckers. Die Informatiker, die Taylor bei der Behörde für Rüstungsforschung förderte, trafen sich mehrmals pro Jahr bei Forschungskonferenzen:

> Dort folgten die täglichen Diskussionen einem Muster, das Taylors Führungsstil während seiner gesamten Karriere auszeichnete. Jeder Teilnehmer bekam etwa eine Stunde, um seine Arbeit vorzustellen. Dann wurde er auf Gedeih und Verderb dem versammelten Gericht ausgeliefert. »Ich habe sie dazu gebracht, miteinander zu streiten«, erinnerte sich Taylor mit sichtlicher Freude ... »Diesen Leuten lag ihre Arbeit am Herzen ... Wenn es technische Schwachstellen gab, dann kamen sie unter diesen Umständen fast immer ans Tageslicht. Es war sehr, sehr heilsam.«[9]

Bei Xerox PARC förderte Taylor weiterhin konstruktive Konflikte durch ein wöchentliches Treffen, das er »Dealer« nannte, nach einem damals populären Buch mit dem Titel *Beat the Dealer*. Für jeweils eine Woche wurde ein Sprecher bestimmt, der sogenannte Dealer, der sowohl für das Thema der Woche als auch für die Diskussionsregeln verantwortlich war. Der Dealer stellte dann eine Idee vor und versuchte sie gegen eine Gruppe von einigen der kritischsten, motiviertesten und hervorragendsten Ingenieure und Wissenschaftler der Welt zu verteidigen, die »alle auf Sitzsäcken herumlümmelten, die mit einem gräßlichen senfgelben Stoff bezogen waren«.[10] Sowohl bei den Forschungskonferenzen der Behörde für Rüstungsforschung als auch bei den »Dealer«-Treffen in Xerox PARC förderte Taylor ausschließlich sachliche Konflikte und verhinderte beziehungszentrierte oder persönliche Konflikte. Taylor sagte dazu: »Wenn jemand versuchte, statt für seine Argumente für seine Persönlichkeit Werbung zu machen, stellte er bald fest, daß es nicht klappte.«[11] Bei diesen intellektuellen Gerangeln, so Taylor,

sollte es nicht um Persönliches gehen. Es war in Ordnung, die Überlegungen einer Person anzugreifen, nicht jedoch ihren Charakter. Taylor bemühte sich darum, eine demokratische Situation zu schaffen, wo jedermanns Ideen in unvoreingenommener Weise der wissenschaftlichen Widerlegung durch die Gruppe unterworfen waren, unabhängig von der Qualifikation oder dem Rang des Vortragenden.[12]

Immer mehr empirische Befunde sprechen dafür, daß Gruppen, die persönliche Konflikte vermeiden – und sich auf intellektuelle Konflikte beschränken –, erfolgreicher sind, besonders bei kreativen Tätigkeiten.[13] Allerdings sind intellektuelle Konflikte niemals so frei von persönlicher Animosität, Empfindlichkeit oder Verstimmung, wie diese Unterscheidung glauben machen will. Gruppen, die um Ideen streiten, können allzuleicht in häßliche persönliche Konflikte abgleiten, besonders wenn der Ruf, Karrierechancen und der Zugang zu großen Geldtöpfen von der Leistung der Gruppe abhängen. Personen, deren Ideen attackiert werden, haben vielleicht zu Recht den Eindruck, daß sie kaum verschleierten persönlichen Attacken ausgesetzt sind. Diese negativen Reaktionen erschweren es mitunter, aus kritischen Kommentaren zu lernen. Sie können auch den Wunsch auslösen, es dem anderen heimzuzahlen, der sich in die Form rationaler Argumente gegen die Position eines Gegners kleiden oder sich in ungezügelten persönlichen Angriffen auf die fachliche Eignung oder Integrität des Kritikers Luft machen kann.

Viele Forschungsergebnisse sprechen dafür, daß Frohsinn (bzw. Schwermut) und Optimismus (bzw. Pessimismus) Persönlichkeitszüge sind, die während des gesamten Lebens eines Menschen weitgehend konstant bleiben.[14] Eine Studie, die Menschen über einen Zeitraum von 50 Jahren verfolgte, ergab beispielsweise, daß diejenigen, die als Heranwachsende eine optimistische Persönlichkeit hatten, mit hoher Wahrscheinlichkeit Jahrzehnte später in ihrem Beruf zufrieden waren.[15] Solche optimistischen Personen einzustellen ist eine der besten Methoden, um destruktive persönliche Angriffe einzudämmen, und es hat noch viele weitere Vorteile. Humor, Scherze und Lachen gehören zu den wichtigsten Instrumenten, die erfolgreiche Gruppen benutzen, um ihre Konzentration auf Fakten zu bewahren und sich nicht in persönliche Konflikte zu verstricken. Anthropologen, Psychologen und Soziologen haben gezeigt, daß Humor die Gruppendynamik in vielerlei Hinsicht positiv beeinflußt.[16] Die Ironie in vielen Scherzen und humoristischen Kommentaren gemahnt uns daran, das Leben nicht allzu ernst zu nehmen. Das Lachen, das sie auslösen, baut Spannungen ab. Ich beobachtete einmal, wie ein Konkursanwalt die Spannungen, die durch seine hohen Honorarforderungen an Gläubiger hervorgerufen wurden (denen das bankrotte Unternehmen, das der Anwalt vertrat, sowieso schon Millionen von Dollar schuldete), dadurch zerstreute, daß er einen geschmacklosen Juristenwitz nach dem anderen erzählte.[17] Humor kann schädlich sein, wenn er sich gegen Menschen richtet, die anders sind, er ist jedoch konstruktiv, wenn er dazu benutzt wird, heikle Probleme anzusprechen und ernste Botschaften auf eine weniger bedrohliche Weise zu vermitteln. Dies ist besonders wichtig, wenn man einen Wettstreit zwischen gegensätzlichen Ideen oder Optionen fördern will.

Eine Studie über Konflikte in Führungsteams von High-Tech-Firmen ergab, daß bei den effizientesten Teams eine humorvolle und lockere Atmosphäre herrschte, daß bei Sitzungen eine Menge Witze gemacht und Ulk getrieben wurde, wie etwa das Büro mit Plastikflamingos zu schmücken.[18] Die Forscher faßten ihre Ergebnisse folgendermaßen zusammen: »Leute können im Scherz Dinge sagen, die normalerweise anstößig wären, weil die Botschaft gleichzeitig ernst und nicht ernst gemeint ist. Der Empfänger kann sein Gesicht wahren, indem er die ernstgemeinte Botschaft aufnimmt, obgleich sie ihn scheinbar nicht betrifft. Auf diese Weise lassen sich heikle Informationen auf taktvollere und nicht so verletzende Weise kommunizieren.«[19]

Humor ist eine von vielen Methoden, um die Stimmung von Mitarbeitern zu heben. Andere sind: Man gibt ihnen interessante Aufgaben, behandelt sie mit Respekt, zahlt ihnen ein erkleckliches Gehalt, versorgt sie kostenlos mit Speisen und so weiter. Einige amüsante und seltsame Studien aus der Emotionspsychologie deuten auf weniger naheliegende Methoden hin. Es kann mittlerweile als erwiesen gelten, daß Lachen unsere Stimmung aufhellt. Hält man Menschen zum Lachen an, hebt dies ihre Stimmung, unabhängig davon, wie sie sich vorher fühlten; Stirnrunzeln dagegen trübt die Stimmung. Robert Zajonc und Mitarbeiter haben gezeigt, daß Lachen zu physiologischen Veränderungen im Gehirn führt, die ein Absinken der Körpertemperatur nach sich ziehen, was wiederum stimmungsaufhellend wirkt. Die beiden Diagramme unten zeigen, daß sich bei wiederholtem Aussprechen des Buchstabens »e« und des Lautes »ah« die Stimmungslage hebt und die Gesichtstemperatur sinkt, offenbar weil wir beim Erzeugen dieser Laute einen ganz ähnlichen Gesichtsausdruck machen wie beim Lachen. Diese Abbildungen zeigen auch, daß die Wiederholung von Lauten wie dem Vokal »o« oder dem deutschen Umlaut »ü« negative Emotionen (und eine höhere Gesichtstemperatur) auslöst, offenbar weil wir beim Aussprechen dieser Laute das Gesicht in ähnlicher Weise verziehen wie beim Stirnrunzeln. Dieser Effekt war bei deutschen und amerikanischen Versuchspersonen gleich stark. Die Forscher stellten darüber hinaus fest, daß sich die Temperatur direkt auf die Stimmungslage auswirkt: Sie wiesen nach, daß Versuchspersonen, denen kühle Luft auf die Nase geblasen wurde, positiver gestimmt waren als Probanden, denen warme Luft auf die Nase geblasen wurde.[20] Hunderte weiterer Studien haben gezeigt, daß hohe Temperaturen auf nachhaltige Weise die Stimmungslage verschlechtern und zwischenmenschliche Konflikte (besonders Aggression und Gewalttätigkeit) anheizen.[21]

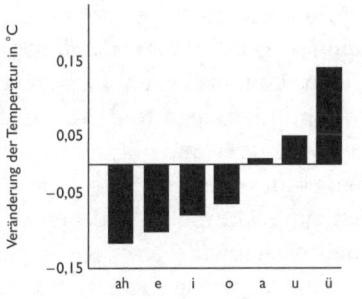

Veränderung der Gesichtstemperatur bei der Aussprache verschiedener Vokale

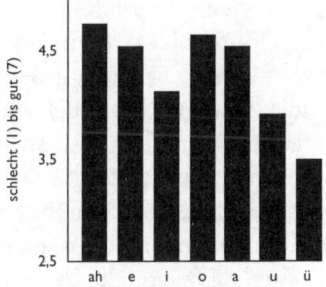

Berichtete Stimmungslage bei der Aussprache verschiedener Vokale

Wenn Sie also etwas echt Schräges machen wollen, dann versuchen Sie die Stimmungslage (und damit die Kreativität) Ihrer Mitarbeiter dadurch zu heben, daß Sie sie immer wieder »ah, ah, ah«, »e, e, e, e,« oder auch »cheese« sagen lassen, kalte Luft auf ihre Nasen blasen oder einfach die Gebäude kühl halten, in denen Kreative arbeiten. Oder Sie machen es Jane Dutton von der Universität von Michigan nach, die mir nach einem Vortrag von Robert Zajonc sagte: »Wenn ich meine Laune heben will, geh ich einfach nach Hause und stecke meinen Kopf in den Kühlschrank.«

Ganz gleich, wie Sie die Stimmung Ihrer Mitarbeiter heben, die Vorteile eines positiven Gefühlszustands, besonders für kreative Aufgaben, sind empirisch zweifelsfrei belegt. Psychologen in den Vereinigten Staaten erforschten vor allem in den achtziger Jahren sehr intensiv die Vorteile positiver Emotionen. Vielleicht hängt dies damit zusammen, daß damals Ronald Reagan Präsident der Vereinigten Staaten war: Wegen seines unverwüstlichen Optimismus wurde er gelegentlich der »glückliche Krieger« genannt, wie 60 Jahre früher der Gouverneur von New York, Al Smith. Nach einer anderen Erklärung lief die US-Wirtschaft während der »schwungvollen achtziger Jahre« so geschmiert, daß viele Leute dem Leben optimistisch gegenüberstanden. Oder wer weiß, vielleicht wollten die Psychologen auch nur beweisen, daß Bobby McFerrin mit seinem Hit *Don't Worry, Be Happy* recht hatte. Studien gingen den Unterschieden zwischen glücklichen und unglücklichen, optimistischen und pessimistischen Menschen, Personen mit positiver und mit negativer Grundstimmung nach. Wie man es auch nennt, vieles spricht dafür, daß es eine gute Sache ist, gutgelaunt durchs Leben zu gehen, besonders wenn man kreativ sein will.

Viele Experimente belegen, daß Versuchspersonen, die in eine positive Stimmung versetzt werden (zum Beispiel indem man ihnen Süßigkeiten gibt oder ihnen einen humorvollen Film zeigt), kreativer sind. So erfinden sie beispielsweise ungewöhnlichere Methoden, um das Tropfen einer brennenden Kerze zu verhindern, und sie stellen ausgefallenere und entferntere Assoziationen zwischen Wörtern und Ideen her.[22] Gutgelaunte Menschen sind »in kognitiver Hinsicht *flexibler* – sie knüpfen schneller Assoziationen, sehen eher neue Dimensionen und erkennen eher potentielle Beziehungen zwischen Stimuli als Personen in einem neutralen Gemütszustand«.[23] Anders formuliert, sie erzeugen mannigfaltigere Ideen und Kombinationen dieser Ideen, und dies sind zentrale Aspekte kreativer Arbeit.

Diese Experimente umfassen oftmals mehrere Aufgaben, aber sie dauern nur selten länger als eine Stunde. Forschungen über den Zusammenhang zwischen Optimismus und Beharrlichkeit haben sogar noch unmittelbarere Relevanz für die Frage, wie man Kreativität in Organisationen fördern kann. Studien von Professor Martin Seligman von der Universität von Pennsylvania zeigen, daß Optimisten Rückschläge als etwas Vorübergehendes betrachten, an dem sie keine Schuld trifft und das nicht alle Bereiche ihres Lebens durchdringt. Pessimisten dagegen setzen Mißerfolge gewaltig zu, sie machen sich selbst dafür verantwortlich und glauben, ein einziger Fehlschlag bedeute, daß sie von nun an immer scheitern werden und er auf alle Bereiche ihres Lebens abfärbe.[24] Wie ich gezeigt habe, erzeugen innovative Unternehmen überwiegend unbrauchbare Ideen. Menschen, die solche Arbeiten verrichten, müssen optimistisch sein, denn dies feit sie gegen den Verlust von Tatkraft und Motivation, der mit jedem Mißerfolg einhergeht. Mitarbeiter innovativer Unternehmen dürfen Sackgassen, Fehler und Mißerfolge nicht als Gründe betrachten aufzugeben; andernfalls werden sie nie die wenigen erfolgreichen Ideen entwickeln, die zu guter Letzt aus diesem potentiell entmutigenden Prozeß hervorgehen.

Wer erfolgreich kreativ tätig sein will und andere Aufgaben mit hohen Mißerfolgsraten bewältigen muß, braucht vermutlich mehr als nur Optimismus. Um seine Leistungsmotivation und sein psychisches Wohlbefinden zu erhalten, könnte es für ihn hilfreich sein, sich selbst über die Erfolgswahrscheinlichkeit zu täuschen. Er sollte vielleicht seine Erfolgschancen überschätzen und sich suggerieren, daß es eigentlich sehr viel besser aussieht, als die empirischen Daten gegenwärtig nahelegen. In einer Studie wurde das Entscheidungsverhalten von Führungskräften in Großunternehmen mit dem von selbständigen Unternehmern verglichen. Unternehmer vertrauten dabei deutlich stärker auf die Richtigkeit ihrer Entscheidungen als Manager. Übermäßiges Vertrauen kann Probleme verursachen, wenn es dazu führt, daß Firmen an Ideen festhalten, die sich seit langem als Fehlschläge erwiesen haben. Aber Entscheidungen optimistischer einzuschätzen, als es durch die objektive Befundlage gerechtfertigt ist, hat auch Vorteile. Unternehmer (und Menschen, die andere innovative Tätigkeiten verrichten), die ihre Erfolgsaussichten überschätzen, arbeiten vielleicht härter und überzeugen womöglich andere eher, gemeinsam mit ihnen tatkräftig auf den Erfolg des Projekts hinzuwirken, was wiederum die (wenn auch geringen) Chancen erhöht, daß eine bestimmte neue Idee oder ein neues Unternehmen Erfolg haben wird. Ein weiterer Vorteil solcher »autosuggestiver Illusionen« besteht darin, daß es Menschen, die sich selbst einreden, alles sei bestens, körperlich und psychisch besser geht als ihren realistischeren (und verdrießlicheren) Kollegen.[25]

Ich möchte nicht den Eindruck bei Ihnen erwecken, daß es in einem Unternehmen keine Verwendung für negative, mißmutige oder gehässige Mitarbeiter gebe. Stellen Sie ruhig ein paar mißmutige Zeitgenossen ein, denn vieles spricht dafür, daß sie risikoscheuer sind und eher die Mängel von Konzepten erkennen als optimistische Personen.[26] Eine Studie fand heraus, daß Betriebswirte und Ingenieure mit eher pessimistischer Persönlichkeit bei einer simulierten Entscheidung darüber, ob ein Auto mit erheblichem Motorausfallrisiko für ein

Rennen freigegeben werden sollte oder nicht, besser negative Informationen ausfindig machten und weniger risikobereit waren.[27] Diese Entscheidung basierte auf Tatsachen, denn den Probanden standen dieselben Daten über den Zusammenhang zwischen Außentemperatur und Motorversagen zur Verfügung, auf die sich die Verantwortlichen der NASA bei ihrer verhängnisvollen Startfreigabe für die Raumfähre *Challenger* stützten, die am 28. Januar 1986 explodierte. Gerade in risikoreichen Situationen können ein paar Pessimisten also besonders nützlich sein.

Allerdings sollten Sie Miesepeter nur mit großer Umsicht einstellen. Zahlreiche Studien belegen, daß Emotionen ansteckend sind und negative Gefühle sich wie eine ansteckende Krankheit in einem Unternehmen ausbreiten können.[28] Eine Lösung für dieses Dilemma besteht darin, ein paar mißmutige Personen einzustellen, sie jedoch weitgehend von den übrigen Mitarbeitern fernzuhalten. Darauf bin ich durch ein Unternehmen gekommen, das einen misanthropischen Ingenieur beschäftigte, der manchmal gehässig und verletzend war, aber ein ungewöhnliches Gespür für Fehler und Probleme hatte, die andere übersahen. Obgleich alle anderen Beschäftigten in einem mit Stellwänden unterteilten Großraumbüro arbeiteten, gab man ihm ein separates Arbeitszimmer mit eigener Tür, und er wurde immer erst dann konsultiert, wenn Schwachstellen oder Fehler aufgedeckt werden sollten. Anschließend ging er wieder in seine Zelle! Und seitdem ich über diese ungewöhnliche Person rede, haben mir andere Führungskräfte von mindestens einem halben Dutzend weiterer »hauseigener Miesepeter« und »eingesessener Kritiker« berichtet, denen ein Arbeitsbereich zugewiesen wird, der von dem der übrigen Mitarbeitern abgetrennt ist, oder die sich selbst für einen solchen entscheiden.

Schräge Idee Nr. 5 erfolgreich umsetzen

*Mit »optimistischen Kämpfernaturen« die
Innovationskraft entfesseln*

- Vermeiden Sie in den Frühphasen des kreativen Prozesses jeglichen Konflikt, doch ermuntern Sie die Beteiligten in den nachfolgenden Phasen, um Ideen zu streiten.

- Ermuntern Sie Ihre Mitarbeiter – und bringen Sie ihnen bei –, einigermaßen niveauvolle Scherze zum Abbau von Spannungen einzusetzen, wenn Streitigkeiten um Ideen zu verkrampft und persönlich werden.

- Lehren Sie Ihre Mitarbeiter, die Unterschiede zwischen persönlichen Konflikten und intellektuellen Konflikten zu erkennen – bringen Sie ihnen in Seminaren, mit Hilfe von Mentoren sowie durch Ihr eigenes Verhalten die richtige (und falsche) Art der Konfliktaustragung bei.

- Veranschaulichen Sie anhand von Beispielen, wie die richtige Art von Konflikten in Ihrem Unternehmen zu erfolgreichen Innovationen führte.

- Obere Führungskräfte müssen mit gutem Beispiel vorangehen, indem sie offen über Ideen diskutieren und destruktive persönliche Konflikte vermeiden.

- Wenn Mitarbeiter – einschließlich Spitzenmanagern – weiterhin destruktive persönliche Konflikte austragen, obwohl Sie sie eindringlich dazu angehalten haben, dies nicht zu tun, sollten Sie sie abmahnen. Wenn dies nichts hilft, entlassen Sie sie.

- Stellen Sie Optimisten ein, und tun Sie alles in Ihrer Macht Stehende, damit sie ihre Lebensfreude behalten. Da Emotionen ansteckend sind, sollten Sie dafür sorgen, daß die Optimisten soviel wie möglich mit anderen Mitarbeitern interagieren.

- Bringen Sie den Mitarbeitern – durch Fortbildungsmaßnahmen, Mentoring und eigenes vorbildliches Verhalten – bei, sich durch Ablehnung und Mißerfolge nicht entmutigen zu lassen.

- Stellen Sie ein paar muffige Leute ein, aber halten Sie sie die meiste Zeit von den übrigen Mitarbeitern des Unternehmens fern, denn Emotionen sind äußerst ansteckend. Holen Sie sie aus ihrer »Zelle«, wenn Sie ihre Sachkunde und ihren kritischen Verstand brauchen, aber schicken Sie sie anschließend wieder in ihre Abgeschiedenheit zurück.

- Wenn Mitarbeiter gutgelaunt und optimistisch sind, aber nicht lernen, kontrovers über Ideen zu diskutieren, sind sie besser für Routinearbeiten geeignet als für kreative Tätigkeiten.

Belohnen Sie Erfolge und Mißerfolge, bestrafen Sie Untätigkeit (schräge Idee Nr. 6)

Wenn Sie erfolgreich sein wollen, verdoppeln Sie Ihre Miß-erfolgsrate.[1]

Thomas Watson sen., Gründer und ehemaliger CEO von IBM

Alle Ideen wurden begrüßt. Steve Ross hatte eine wunder-bare Philosophie: Mitarbeiter wurden entlassen, wenn sie keine Fehler machten.[2]

Wie Steve Ross, Chairman von Warner Communications, in den Anfangsjahren von MTV verrückte Ideen förderte

Kreativität ist eine Folge schierer Produktivität. Wenn ein kreativer Mensch die Zahl der Treffer steigern möchte, kann er dies nur, wenn er bereit ist, mehr Mißerfolge zu produzieren … Die erfolgreichsten Kreativen sind in der Regel diejenigen, die die meisten Fehlschläge aufzuweisen haben![3]

Das Fazit des Forschers Dean Keith Simonton aus den wissenschaftlichen Studien über kreative Individuen

IN DER WIRTSCHAFTSPRESSE wird gegenwärtig viel über die magische Wirkung des Mißerfolgs geschrieben. Einige Artikel erwecken geradezu den Eindruck, daß der Weg zu Reichtum mit zahlreichen Fehlschlägen gepflastert sei. Der Managementguru Tom Peters beruft sich auf ein breites Spektrum von Personen, von Thomas Alva Edison bis zu Mary Kay Ash (der Gründerin von Mary Kay Cosmetics), um den Nachweis zu führen, daß sich Menschen ihren Weg zum

Erfolg durch Mißerfolge bahnen.[4] Benjamin Zander, der Dirigent der Bostoner Philharmoniker, der häufig Vorträge über Menschenführung hält, möchte, daß wir Fehler als Chancen begreifen. Er reagiert auf Fehler seiner Musiker mit dem Ausruf: »Wie hinreißend!«[5] David Kelley von IDEO schwört auf »SLAND« als Schlüssel zur Innovation: scheitern, linkisch sein, ausbrechen, nachlässig sein, dumm sein. Und das Mantra für Innovationen in Kelleys Unternehmen lautet: »Scheitere früh, scheitere oft.« Der amerikanische Baseballstar Babe Ruth brachte es vermutlich am besten auf den Punkt: »Jeder Schlagfehler bringt mich dem nächsten Homerun näher.«

Ich weiß nicht, wie es Ihnen geht, aber auch wenn all dieses Gerede über die Vorteile von Mißerfolgen überzeugend und inspirierend ist, hasse ich es, wenn es mir und den Meinen passiert. Ich hasse meine Fehler und Patzer, sie ärgern und demütigen mich. Ich hasse es, wenn Verwandte, Freunde oder Kollegen versagen; sie tun mir leid, und ich denke immer, es wäre mein Fehler. Ich mag es nicht einmal, wenn meine Gegner scheitern. Ich bedaure sie und verspüre einen unerklärlichen Drang, ihnen zu helfen und Mut zuzusprechen. Mißerfolge sind ätzend. Doch leider zeigen alle theoretischen Erwägungen und empirischen Daten, daß es *unmöglich* ist, ein paar gute Ideen ohne eine Menge schlechter Ideen zu produzieren. Wenn Sie Fehler ausmerzen, Sackgassen vermeiden und immer nur Erfolge haben wollen, werden Sie die Innovationskraft ersticken. In diesem Kapitel stelle ich das Anreizsystem vor, das innovative Unternehmen brauchen, damit sie hinreichend oft und in der richtigen Weise scheitern. Ich möchte Sie davon überzeugen, daß ein Unternehmen, das seine Mitarbeiter anspornen will, fortwährend neue Ideen zu generieren und in unvoreingenommener Weise zu testen und nicht auf altbewährte Ideen und eingeschliffene Kompetenzen zurückzugreifen, sich nicht damit begnügen darf, Erfolge zu belohnen; es muß auch Fehlschläge belohnen, vor allem Sackgassen, aus denen Mitarbeiter neue Lehren ziehen können.

Vor ein paar Jahren konnte man in *Business Week* lesen, es gebe zu viele »Flops« unter den neuen Produkten, und man könnte und sollte schon in den frühesten Phasen des Entwicklungsprozesses Maßnahmen ergreifen, um die Zahl der Mißerfolge zu senken.[6] Dies ist ein schlechter Rat. Wenn man Flops ausmerzen will, eliminiert man gleichzeitig Innovationen, besonders in den Frühphasen des kreativen Prozesses, wo es maßgeblich darauf ankommt, Ideen zu generieren. Flops lassen sich nur dadurch verringern, daß man unerprobte Konzepte meidet und sich auf altbewährte Ideen konzentriert. Es wäre klüger von *Business Week* gewesen, Firmen den Rat zu geben, schlechte Ideen schneller auszusondern. Wir alle müssen so effizient wie möglich Ideen verwerfen, die sich als untauglich erwiesen haben. Wenn man schlechte Ideen schneller aussondert, kann man sich der (vermutlich nächsten unbrauchbaren) Idee zuwenden und dabei möglichst viel lernen.

Soichiro Honda, der Gründer der Honda Motor Company, macht sich für diese Vorgehensweise stark: »Meine Leute träumen von Erfolgen. Meines Erachtens setzen Erfolge wiederholte Fehlschläge und gedankliche Selbstprüfung voraus. Tatsächlich machen Erfolge jenes eine Prozent ihrer Arbeit aus, das sich jenen 99 Prozent verdankt, die Mißerfolg genannt werden.«[7] Hondas Bemerkung verdeutlicht, weshalb sich die Logik der Innovation so stark von der Logik der Verwertung bewährten Wissens unterscheidet. Kein Mensch würde ein Auto der Marke Honda kaufen, wenn 99 Prozent der Komponenten defekt wären. Aus der Sicht der Qualitätssicherung ist Variation der Feind von Qualität, und jede Abweichung von der richtigen Vorgehensweise wird zu Recht als Fehler bewertet. Dagegen ist Variation der Brutkasten der Innovation: Man kann die Fehlerquote im Produktentwicklungsprozeß nur dadurch auf null absenken, daß man überhaupt keine neuen Ideen zuläßt, nur altbewährte Verfahren benutzt und diese immer wieder exakt reproduziert.

Die Ansicht des ehemaligen Chairman von Warner, Steve Ross, daß Mitarbeiter, die nicht *genug* Fehler machen, entlassen werden sollten, ist die Ausnahme.[8] Nur wenige Unternehmen belohnen Fehlschläge oder tolerieren sie auch nur. Die Überzeugung, daß erfolgreiche Mitarbeiter mit Gratifikationen überschüttet werden sollten, während die Versager nichts verdienten, außer allenfalls eine Standpauke, eine Herabstufung oder die Entlassung, ist so weit verbreitet, daß Sie meine Idee, Mißerfolge zu belohnen, vielleicht lächerlich finden. Ich gebe zu, daß es *manchmal* richtig ist, nur Erfolge zu belohnen: Dies ist dann angemessen, wenn Sie die »richtige« Arbeitsweise kennen und sicherstellen wollen, daß Ihre Mitarbeiter die Erfolge der Vergangenheit in Zukunft hinlänglich getreu reproduzieren. Es ist allerdings nicht sonderlich sinnvoll, wenn Sie ein Unternehmen aufbauen wollen, das so innovativ wie möglich ist.

Das Problem besteht darin, daß die ausschließliche Belohnung von Erfolgen Mitarbeiter davon abhält, die Risiken einzugehen, die notwendigerweise mit der Übernahme und Erprobung neuer Ideen von außerhalb des Unternehmens oder seiner Branche verbunden sind, und es hält sie ebenfalls davon ab, neue Anwendungsfelder für alte Ideen zu finden und neue Kombinationen bewährter Konzepte auszuprobieren. Wenn Sie innovative Mitarbeiter haben wollen, müssen Sie es zulassen, daß sie ihre Zeit damit verbringen, nicht erprobte – und daher überwiegend zum Scheitern verurteilte – Ideen zu testen. Der Erfolg sollte als ein glücklicher Zufall betrachtet werden, bestenfalls als ein Resultat, das Sie beunruhigen sollte, wenn es zu oft vorkommt. Ein Forscher der Duke-Universität hat es so ausgedrückt:

Es ist auch wichtig, Mißerfolge zu überwachen und zu belohnen, so wie ein Unternehmen andere Aspekte der Leistungsfähigkeit eines Mitarbeiters oder einer Abteilung überwacht und belohnt. In einem Unternehmen, das es mit der Mißerfolgsstrategie ernst meint, geraten Mitarbeiter, die nicht genügend »Abfall« erzeugen, leicht in den Verdacht, zu risikoscheu zu sein, sich nicht hinlänglich mit ihren Fehlschlägen auseinanderzusetzen und ihre Experimente nicht tatkräftig genug zum Abschluß zu bringen.[9]

Die alte Redensart »Was nicht kaputt ist, muß auch nicht repariert werden« ist der beste Grund, um Kurs zu halten. Wenn Dinge kaputtgehen oder alte Fähigkeiten in neuen Situationen versagen, hat man allen Grund, dazuzulernen und Dinge zu verändern, den Status quo in Frage zu stellen und nach neuen Ideen zu suchen. Wie sagte Henry Ford: »Mißerfolg ist die Chance, es auf intelligentere Weise noch einmal zu versuchen.« Diese Idee, daß man durch Fehlschläge lernt, kommt auch in der (vielleicht fiktiven) Anekdote zum Ausdruck, die Warren Bennis über den Gründer und Chef von IBM, Thomas Watson sen., erzählt. Watson ließ einen Manager zu sich kommen, der gerade einen Fehler gemacht hatte, welcher IBM zehn Millionen Dollar kostete. Der Manager sagte: »Sie wollen vermutlich, daß ich kündige?« Watson antwortete: »Das meinen Sie doch nicht im Ernst. Wir haben gerade zehn Millionen Dollar in Ihre Ausbildung gesteckt!«[10]

Ähnlich verfuhr Microsoft, als es Richard Belluzo zum Leiter seines Internet-Geschäfts ernannte. Belluzo hatte 15 Jahre lang in führender Position bei HP gearbeitet und anschließend für zwei Jahre das Unternehmen Silicon Graphics geleitet, bei dessen Sanierung er jedoch scheiterte. Die Führungskräfte von Microsoft betrachteten Belluzos Probleme bei Silicon Graphics jedoch nicht als einen Beweis seiner Unfähigkeit, sondern als wertvolle Lernerfahrung, die er auf Kosten einer anderen Firma gesammelt hatte. Die *New*

York Times berichtete: »Seine manchmal schwierigen Erfahrungen bei Silicon Graphics, das noch immer rote Zahlen schreibt und jüngst ein weiteres Mal seine Strategie wechselte, werden von Microsoft eher als nützliche Lernerfahrungen denn als schwarzer Fleck auf seiner Karriereweste betrachtet.«[11]

Unternehmen und andere Organisationen wie Krankenhäuser und Schulen, die routinemäßig aus Mißerfolgen lernen, »vergeben und vergessen« nicht, wenn Mitarbeiter Fehler machen, sie »vergeben und erinnern sich«. Die Bereitschaft, Fehler zu verzeihen, ist sehr wichtig, weil die betreffenden Mitarbeiter so ihre Selbstachtung und die Wertschätzung der Gruppe bewahren, statt für den »Irrtum« geächtet zu werden. Diese Bereitschaft ist auch deshalb so wichtig, weil, wie eine Studie über chirurgische Kunstfehler zeigte, ein »Untergebener, dem seine technischen Fehler verziehen werden, keinen Anreiz hat, sie zu verbergen. Daher wird er vermutlich seine Probleme nicht dadurch verschlimmern, daß er aus Angst vor disziplinarischer Maßregelung schwierige Fälle behandelt, die seine Fähigkeiten übersteigen.«[12]

Die Bereitschaft, Fehler zu entschuldigen, genügt allerdings nicht. Unternehmen, die aus ihren Mißerfolgen lernen, vergeben und erinnern sich, statt zu vergeben und zu vergessen. In dem neuen Unternehmen LoudCloud des Mitgründers von Netscape, Marc Andreessen, geht es darum, neue Fehler zu machen, statt immer wieder die gleichen Fehler zu machen.[13] John Lilly, der Mitgründer von Reactivity (einem Software-Unternehmen), ist etwas weniger optimistisch in bezug auf die Frage, wie schnell sein oder ein anderes Unternehmen aus seinen Fehlern lernen kann. Lilly sagte mir: »Wir haben gelernt, daß wir immer wieder die gleichen Fehler machen, wenn wir nicht aufhören, über die Fehler nachzudenken und zu sprechen. Andernfalls lernen wir nach ein paar Malen, nicht wieder die gleichen Fehler zu machen. Ich wünschte mir, wir würden dies gleich beim ersten Mal lernen, aber wenigstens lernen wir.«

Don Hastings, ehemaliger CEO von Lincoln Electric, stellte seine Fähigkeit unter Beweis, sich und anderen zu verzeihen, sich Lektionen zu merken und Lincoln so zu einem schlagkräftigeren Unternehmen zu machen. In einem verblüffenden Artikel in der *Harvard Business Review* sagte er seinen Lesern, wie schon zuvor den Mitarbeitern von Lincoln, die Unternehmensleitung trage für die finanziellen Verluste aus der allzu aggressiven internationalen Expansion die Verantwortung, und er führte aus, was sie aus dieser Erfahrung gelernt hatte:»Die hauptsächliche Ursache der Krise bestand darin, daß die Führungskräfte von Lincoln, mich eingeschlossen, die Fähigkeiten und Systeme des Unternehmens allzu optimistisch einschätzten ... Es war naiv von uns zu denken, daß wir bei dem beschränkten Führungskräftepotential von Lincoln von heute auf morgen zu einem globalen Unternehmen werden könnten.«[14]

Ich rate Ihnen nicht, Mitarbeiter zu belohnen, die dumm, faul oder inkompetent sind. Sie sollten intelligente Fehler belohnen, keine dummen Fehler. In einem kreativen Unternehmen ist Untätigkeit die schlimmste Form des Versagens. Der Forscher Dean Keith Simonton hat schlüssige empirische Belege dafür vorgelegt, daß Kreativität vor allem das Ergebnis hoher Produktivität ist. In allen Berufsgruppen, die er untersuchte, darunter Komponisten, Künstler, Dichter, Erfinder und Wissenschaftler, ist das Resultat das gleiche: Kreativität ist eine Funktion der Produktionsmenge.[15] Seine Forschungen zeigen, daß »die Abschnitte im Leben eines Kreativen, in denen er die meisten Erfolge hat, für gewöhnlich zugleich die Phasen sind, in denen er die meisten Mißerfolge hat«, und »die Qualitätsquote nimmt mit der Erfahrung beziehungsweise Reife des Kreativen weder zu noch ab«.[16]

Es gibt Ausnahmen von dieser Regel; so hat etwa der Botaniker und Vater der Genetik Gregor Mendel mit nur sechs

Publikationen einen dauerhaften Einfluß ausgeübt, und oft heißt es, Mathematiker würden ihre besten Arbeiten vor dem 30. Lebensjahr verfassen. Aber Edison, Leonardo da Vinci, Einstein, Newton und Picasso waren typischere »Genies«. Alle waren sehr viel produktiver als ihre Zeitgenossen. Alle schufen auch zahllose fehlerhafte Werke. Einstein wollte mit einer ausgeklügelten Argumentation eine Theorie von Niels Bohr widerlegen, doch er scheiterte, weil er seine eigene Relativitätstheorie nicht berücksichtigte! Vielleicht sagte Einstein aus diesem Grund: »Ein Mensch, der nie einen Fehler gemacht hat, hat noch nie etwas Neues ausprobiert.« Sir Isaac Newton verbrachte viele Stunden mit alchimistischen Experimenten. Und Leonardo da Vinci, der von vielen als das Genie schlechthin betrachtet wird, hat ebenfalls einige hirnrissige Theorien vertreten. So hat er sich in reichlich dilettantischer Weise mit menschlichen Flugapparaten befaßt und ist vielleicht, nur mit hölzernen Flügeln versehen, steile Felsen hinuntergesprungen. Außerdem hatte es ihm die »Physiognomie« angetan, die »Wissenschaft« von der Fähigkeit, aus den Gesichtszügen einer Person auf ihren Charakter zu schließen.

Kurz, Forschungen über schöpferische Leistungen zeigen, daß wir nicht sagen können, welche neuen Ideen sich durchsetzen werden und welche gleich zu Beginn scheitern, und daß Kreativität weitgehend eine Funktion schierer Quantität ist. Aus diesen Befunden folgt, daß sich die kreative Leistungsfähigkeit von Menschen am zuverlässigsten anhand ihrer Aktivität – beziehungsweise Inaktivität – beurteilen läßt. Dies bedeutet: *Untätigkeit ist die schlimmste Verfehlung, vielleicht die einzige Verfehlung, die bestraft werden sollte, wenn Sie Innovation fördern wollen.* Ich habe im Lauf der Jahre Menschen kennengelernt, die mich dazu überreden wollten, das Wort »bestrafen« aus dieser schrägen Idee zu streichen. Sie finden das Wort zu hart. Ich bin nicht ihrer Meinung. Wenn Mitarbeiter nicht ständig neue Ideen produzieren, sich nicht gemeinsam unkonventionelle Anwendungen für alte und neue Ideen ausdenken und ihre Intuitionen nicht überprüfen, dann gibt es keine neuen Konzepte, Produkte oder Dienstleistungen. Wenn Sie Innovationen fördern wollen, dann müssen Sie die Einstellung Ihrer Mitarbeiter, die untätig sind, verändern oder sie loswerden.

Firmen sollten Mitarbeiter, die Tag für Tag darüber sprechen, was sie alles tun wollen und sich vorgenommen haben, aber diesem Gerede nie Taten folgen lassen, zurückstufen, versetzen oder entlassen. Auf jeden Fall sollten sie ihnen einschärfen, wie sie sich richtigerweise verhalten sollten. Wer sich tagelang darüber ausläßt, daß Kollegen so schlechte Ideen haben, die auf keinen Fall getestet werden sollten, weil sie so mies sind, aber noch nie mit eigenen Ideen aufwartete, verdient eine ähnliche Behandlung. In ähnlicher Weise sollte man Gruppen, die eine Sitzung nach der anderen abhalten, um detaillierte Pläne für neue Produkte und Dienstleistungen, die sie entwickeln möchten, zu besprechen, die ihre Pläne aber nie verwirklichen, auflösen, und ihre Leiter sollten abgesetzt und nachgeschult werden. Solche »Schulungen« sind eigentlich keine Bestrafung. Aber, glauben Sie mir, wenn Sie Mitarbeiter von einer Funktion entbinden und ihnen sagen, daß sie erst dann zurückkehren können, wenn sie sich anders verhalten, werden sie dies als Bestrafung erleben. Es ist, als würden sie wie ein Eishockeyspieler nach einem Regelverstoß auf die Strafbank geschickt.

Jeffrey Pfeffer und ich stellten fest, daß viele ineffiziente Unternehmen an dieser Krankheit leiden, die wir die »Smart-Talk-Falle« nennen.[17] Unternehmen, die an diesem Syndrom leiden, rekrutieren, belohnen und befördern Mitarbeiter, die sich intelligent anhören, statt dafür zu sorgen, daß intelligente Dinge passieren. In solchen Firmen wird das Reden irgendwie zu einem annehmbaren – und sogar bevorzugten – Ersatz für tatkräftiges Handeln. Untätigkeit ist für jedes Unternehmen schlecht. Aber es ist besonders verheerend, wenn es um Innovation geht, weil so viele Ideen ausprobiert werden müssen, um ein paar zu finden, die etwas taugen.

Vor ein paar Jahren untersuchte ich ein Team, das eine Idee für einen Konsumartikel entwickelte. Die Mitglieder des Teams debattierten in einem fort darüber, ob das Produkt eine gute Idee sei. Sie schalteten Experten ein, die das Produkt beurteilen sollten und alle unterschiedlicher Meinung über seine Ausstattungsmerkmale waren. Sie schalteten weitere Experten ein, die einschätzen sollten, ob es einen Bedarf für das Produkt gebe. Ein Ingenieur des Teams wurde in der Theorie und den Methoden der Schnellmusterentwicklung geschult. Er fragte den Teamleiter immer wieder, ob er einige Prototypen herstellen solle, um dem Team bei der Entscheidung zu helfen, ob das Produkt machbar sei, welche Merkmale hinzugefügt werden könnten und ob ein echter Bedarf dafür gegeben sei. Er hatte alle Einzelteile zu Hause und konnte binnen weniger Stunden einen Prototyp anfertigen. Doch sein Chef sagte ihm immer wieder, es sei »zu früh«. Nachdem sie über ein Jahr lang über das Produkt geredet hatten, war noch immer kein Prototyp gebaut, geschweige denn getestet worden. Das Projekt wurde aufgegeben, als ein identisches (und letztlich erfolgreiches) Produkt auf den Markt kam. Das Unternehmen, das dieses Produkt auf den Markt brachte, hatte etwa ein Jahr zuvor ebenfalls ein Entwicklungsteam zusammengestellt, aber die Mitglieder dieses Teams tappten nicht in die Smart-Talk-Falle, sondern begannen sogleich damit, einen Prototyp zu bauen und zu testen.[18]

Bestrafung ist kein schönes Wort. Es läßt uns zusammenzucken, wir möchten nicht bestraft werden, nur ein paar verirrte Seelen genießen es, andere zu bestrafen. Aber ich glaube, daß die Leiter dieses erfolglosen Teams beziehungsweise jeder Gruppe, die innovativ sein möchte, dafür bestraft werden sollten, daß sie nur zum Reden, aber nicht zum Handeln ermuntern und daß sie Mitarbeiter, die die Ideen des Teams in eine testbare Form bringen wollen, nicht zum Zuge kommen lassen. Innovation erfordert viel mehr, als originelle Ideen zu generieren, zu beschreiben und zu kritisieren. Diese ersten Schritte sind nützlich, aber nur wenn solche Debatten dazu führen, daß das Konzept, das Produkt oder die Dienstleistung in eine Form überführt werden, in der sie sich testen und optimieren lassen. Kreative Unternehmen erproben fortwährend neue Ideen, Produkte und Dienstleistungen unter realistischen Bedingungen. Sie nutzen neu erworbenes Wissen, um zu beurteilen, ob die Idee ein völliger Fehlschlag ist beziehungsweise wie man sie modifizieren sollte. Diese Initiative sollte belohnt werden, und dabei spielt es keine Rolle, ob eine bestimmte Idee sich letztlich durchsetzt oder scheitert. Entscheidend ist, daß die Mitarbeiter eifrig und konsequent experimentieren und neues Wissen erwerben.

Jim Goodnight, der CEO von SAS Institute, einem großen Software-Haus in North Carolina, spricht offen über die »Löcher«, die er und andere gegraben haben, und er hat es sich ausdrücklich zur Regel gemacht, Mitarbeiter, die Fehler machen, nicht zu bestrafen. David Russo, der pensionierte Personaldirektor von SAS, sagt: »Man muß wissen, wann man mit dem Graben aufhören sollte.« Die gleiche Einstellung findet man bei Edra, einem Designhaus in Mailand, das weltbekannt ist für seine innovativen Möbel. Die Chefdesignerin Monica Mazzei sagt, daß Edra in der Regel mit 300 Prototypen auf dem Papier beginnt, etwa 30 davon tatsächlich anfertigt und mit vielleicht dreien auf dem berühmten Salone Internazionale del Mobile, der größten Möbelschau der Welt, in Mailand debütiert.[19] Und wie ich in Kapitel 1 zeigte, ist Skyline, die Spielzeugentwicklungsfirma von IDEO, nicht trotz, sondern wegen der Tatsache erfolgreich, daß seine Mitarbeiter im allgemeinen über 4000 Ideen generieren, von 200 davon Zeichnungen oder Prototypen anfertigen und nur zwölf verkaufen. Brendan Boyle und die anderen Spielzeugentwickler bei Skyline kleben nicht an Ideen fest und reiben sich nicht in endlosen Diskussionen über die Frage auf, ob sie überhaupt etwas taugen. Statt dessen lassen sie ständig neue Ideen in ihre Diskussionen einfließen und halten hie und da inne, um eine Idee in eine hübsche Zeichnung oder ein grobes Modell zu übersetzen, und sie stellen ihre Ideen regelmäßig potentiellen Kunden vor. Sie betrachten sich nicht als eine Gruppe, die eine Erfolgsquote von weniger als einem Prozent hat, sondern sie begreifen sich als leidenschaftliche Ideenproduzenten.

So entwarf Brendan vor etwa zehn Jahren mit einem CAD-Programm den Prototyp einer Vorrichtung, mit der man seine Kleider an jenen »diebstahlsicheren« Kleiderbügeln mit den kleinen Kugeln an der Spitze aufhängen kann, die in zahlreichen Hotels gebräuchlich sind. Brendan entwarf die obere Hälfte der Aufhängevorrichtung mit einem Schlitz, in den diese kleine Kugel paßt, so daß Sie einen solchen Bügel mit Kugelaufhängung bei sich daheim verwenden könnten, wenn Sie sich in einem Hotel einen »borgen« würden. Dies ist eine clevere, unkonventionelle Idee. Die meisten Leute kichern, wenn ich ihnen davon erzähle. IDEO hat dieses Produkt nie auf den Markt gebracht, weil die Verantwortlichen der Ansicht waren, daß es keine hinreichende Nachfrage danach geben und das Hotelgewerbe möglicherweise dagegen protestieren würde. Dennoch bin ich begeistert von dieser Vorrichtung – und alle Leute, denen ich sie zeigte, waren ebenfalls äußerst angetan –, weil es ein so hinreißender Reinfall ist; er verkörpert den spielerischen Geist, der eine Innovationsfabrik in Schwung hält. Die meisten mißlungenen Ideen sind nicht so amüsant, aber wenn ein Unternehmen auf Innovation eingeschworen ist, dann brütet es mit der gleichen Leidenschaft neue Ideen aus wie Skyline.

Jim Goodnight, Monica Mazzei und Brendan Boyle reden nicht nur über die Vorteile, die Experimentierfreude und eine hohe Mißerfolgsquote mit sich bringen. Sie demonstrieren diese Vorteile durch ihr Tun. Manager bekennen sich gern verbal zu der Idee, Aktivität auch dann zu belohnen, wenn sie in Mißerfolge mündet. Manchmal nörgeln sie zunächst daran herum, doch in der Regel findet sie ihren Beifall, sobald sie erkennen, daß es etwas anderes ist, Mitarbeiter zur Entwicklung neuer Ideen zu ermuntern, statt sie altbewährte Ideen reproduzieren zu lassen. Doch auch wenn sie um die Vorteile einer hohen Mißerfolgsquote wissen und sich rhetorisch dazu bekennen, ist es für viele Manager schwerer, Risikobereitschaft, die sich nicht in erfolgreichen Produkten niedergeschlagen hat, tatsächlich zu belohnen. In einem High-Tech-Unternehmen, das meine Studenten analysierten, wurden alle neu eingestellten Mitarbeiter gleich am ersten Tag dazu ermuntert, »Risikobereitschaft zu zeigen«.[20] Der CEO wurde in vielen Firmendokumenten mit der Aussage zitiert, er wolle, daß Mitarbeiter für Risiken, die sie eingehen, und das Erproben von Produktideen, die scheiterten, »anschließend um Verzeihung bitten« und »nicht im voraus um Erlaubnis fragen«. Dennoch zeigte diese Studie, daß Mitarbeiter, die sich Fehlschläge leisteten – und seien es auch lehrreiche Fehlschläge –, von Führungskräften gerüffelt, durch Vorenthalten von Aktienoptionen abgestraft und sogar entlassen wurden. Dies führte dazu, daß Mitarbeiter auf allen Stufen unterhalb der obersten Führungsebene nur selten Risiken eingingen oder experimentierten. Und niemand gab Mißerfolge zu. Trotz der Lippenbekenntnisse von Ausbildern und des CEO war es einfach sicherer, gar nichts zu tun, als zu versagen.

Obgleich ich mich hier auf die Frage konzentriert habe, wie Sie aus eigenen Mißerfolgen oder Mißerfolgen Ihres Unternehmens lernen können, ist es vielfach effizienter und weniger beschwerlich, aus den Fehlschlägen anderer zu lernen. Wenn wir, statt über unsere eigenen Mißerfolge, über die Fehlleistungen anderer nachdenken, fühlen wir uns nicht so schnell persönlich angegriffen, wiegeln nicht so leicht ab oder versuchen uns einzureden, der Mißerfolg sei in Wirklichkeit ein Erfolg gewesen. Dies ist einer der Vorteile des Geschäftsmodells der Strategischen Planungs- und Model-

lierungsgruppe von Hewlett-Packard (SPMG), die vor etwa
zehn Jahren eingerichtet wurde, um HP bei der Optimierung
seiner Lieferketten zu helfen. Viele Geschäftsbereiche von
HP – damals über 150 – teilten Erfolge beziehungsweise Mißerfolge nicht mit anderen Geschäftsbereichen, was zum Teil
daran lag, daß das Unternehmen so dezentral organisiert war.
Da trat die SPMG in Aktion. Sie benutzten leistungsfähige
Modellierungsverfahren, um ihren ersten Klienten Millionen von Dollar zu sparen. Noch wichtiger aber war die Tatsache, daß die SPMG durch jedes neue Projekt dazulernte, was
funktionierte und was nicht funktionierte. Künftige Klienten
konnten also aus den Fehlern lernen, die andernorts gemacht
wurden, so daß sich ihr Lernhorizont nicht mehr nur auf ihre
eigenen Rückschläge beschränkte. Corey Billington, der die
SPMG fast zehn Jahre lang leitete, beschrieb es folgendermaßen: »Wenn ein HP-Geschäftsbereich wissen möchte, wie
er seine Lieferkette straffen kann, können die Verantwortlichen entweder Kundschafter in alle Winkel des Unternehmens schicken, oder sie können mit uns sprechen. Vielleicht
erfahren sie etwas Wichtiges, wenn sie mit den Hunderten
von Menschen sprechen, mit denen wir innerhalb und außerhalb von HP zusammengearbeitet haben. Aber es geht sehr
viel schneller und ist sehr viel billiger, wenn sie einfach nur
uns konsultieren.«

Kurz, wenn Sie das innovative Potential Ihres Unternehmens ausschöpfen wollen, müssen Sie Mitarbeiter dafür
belohnen, daß sie intelligente Konzepte erproben, und nicht
nur dafür, daß sie über die Vorteile von Fehlschlägen, Experimentierfreude oder Risikobereitschaft schwadronieren. Es
genügt vielleicht sogar nicht einmal, Erfolge und intelligente
Mißerfolge in gleicher Weise zu belohnen. Die übertriebene
Wertschätzung, die der Erfolg in unserer Kultur genießt,
bedeutet möglicherweise, daß erfolgreichen Personen von
Kollegen und Außenstehenden noch mehr Anerkennung ent-
gegengebracht wird, als sie eigentlich verdienen, und diejeni-

gen, die scheitern, werden vielleicht stärker gerügt, als sie verdienen. Um dieses Ungleichgewicht auszugleichen, sollte diese schräge Idee vielleicht lauten: »Belohnen Sie Mißerfolge stärker als Erfolge, bestrafen Sie Untätigkeit.«

Schräge Idee Nr. 6 erfolgreich umsetzen
Belohnen Sie Erfolge und Mißerfolge, bestrafen Sie Untätigkeit

- Rekrutieren und befördern Sie Personen, die intelligente Fehlschläge vorzuweisen haben, und sagen Sie den übrigen Mitarbeitern Ihres Unternehmens, dies sei einer der Gründe, weshalb ihnen eine wichtige Funktion übertragen worden sei.

- Überwachen und belohnen Sie Mißerfolge, und nehmen Sie sich die Zeit, darüber zu sprechen, was man aus dieser Erfahrung gelernt hat.

- Halten Sie bei Mitarbeitern mit einer niedrigen Mißerfolgsquote nach Anzeichen dafür Ausschau, daß sie risikoscheu sind oder ihre Fehler verbergen (statt anderen zu helfen, daraus zu lernen).

- Vergeben Sie Fehler, und merken Sie sich diese, anstatt zu vergeben und zu vergessen.

- Ermuntern Sie zu Fehlschlägen. Aber belohnen Sie keine Mitarbeiter, die immer wieder die gleichen Fehler machen und offenbar nicht daraus lernen, ganz gleich, wie offen sie über ihre Fehler sprechen.

- Obere Führungskräfte müssen über ihre Mißerfolge reden, um zu signalisieren, daß Mißerfolge erwartet werden.

- Benutzen Sie alle verfügbaren Werkzeuge – Lob, Scherze, Geld, Beförderungen, Zurückstufungen und sogar Entlassungen –, um deutlich zu machen, daß Nichtstun die gravierendste Verfehlung überhaupt ist.

- Seien Sie auf der Hut, wenn Mitarbeiter Ihnen erzählen, daß sie zwar nicht sehr produktiv seien, ihre wenigen Ideen aber »brillant« seien. Bedenken Sie, daß Innovation weitgehend eine Funktion der Produktivität ist.

- Lernen Sie auch von und merken Sie sich die Fehler anderer Unternehmen und Teams. Das ist billiger und weniger beschwerlich, als nur aus eigenen Fehlern zu lernen.

KAPITEL 10

*Nehmen Sie sich etwas
vor, das vermutlich
scheitern wird,
überzeugen Sie dann
sich selbst und alle
anderen, daß Sie mit
Sicherheit Erfolg haben
werden
(schräge Idee Nr. 7)*

Die meisten Abweichler enden auf dem Abfallhaufen erfolgloser Mutationen, nicht als Helden der Transformation von Unternehmen.[1]

James March, Organisationstheoretiker

Vertrauen Sie sich selbst, und sagen Sie laut und deutlich Ihre Meinung. Wenn Sie eine abweichende Meinung vertreten, stehen Sie dazu. Trauen Sie sich, es eilig zu haben, die Dinge zum Besseren zu verändern.[2]

Geoffrey Ballard, Gründer von Ballard Power Systems und Miterfinder von Brennstoffzellen für Busse und Pkws

Die sich selbst erfüllende Prophezeiung ist zunächst eine *falsche* Definition der Situation, die eine neue Verhaltensweise auslöst, welche die ursprünglich falsche Konzeption *wahr* werden läßt. Die trügerische Gültigkeit der sich selbst erfüllenden Prophezeiung bekräftigt eine Herrschaft des Irrtums. Denn der Prophet wird den tatsächlichen Verlauf der Ereignisse als Beweis dafür anführen, daß er von Anfang an recht hatte. Dies sind die Verdrehungen der sozialen Logik.[3]

Robert Merton, Soziologe

EINER DER HAUPTGRÜNDE DAFÜR, Erfolg und Mißerfolg gleichermaßen zu belohnen, besteht darin, daß Manager, Analysten und andere sogenannte Experten (wie Menschen allgemein) nicht zuverlässig vorhersagen können, welche neuen Ideen sich letztlich durchsetzen werden, so daß es sich manchmal empfiehlt, Mitarbeiter einfach zum fortwährenden Ausprobieren zu ermuntern. Ich behaupte nicht, wie es die Dilbert-Cartoons zu verstehen geben, daß Manager dümmer sind als ihre Untergebenen. Dies ist sicherlich manchmal der Fall, aber es gibt viele Unternehmen, wo die Führungskräfte detailliert über die von ihnen koordinierte Arbeit Bescheid wissen. Es gibt andererseits keinen Grund anzunehmen, daß Manager oder andere Autoritätspersonen ein besseres Gespür für die wenigen neuen Ideen haben, die erfolgreich sein werden. Einige Führungskräfte und Experten räumen unumwunden ein, daß sie nicht in der Lage sind, treffende Vorhersagen zu machen. Der Nokia-Chef Jorma Ollila beispielsweise berichtet, daß sein Unternehmen im Jahr 1992 prognostizierte, im Jahr 2000 würden weltweit 50 Millionen Mobiltelefone verkauft. Tatsächlich wurden 450 Millionen Handys verkauft. Ollila betonte, er habe gelernt, solchen Prognosen keine Bedeutung beizumessen, denn obgleich die Experten große Stücke darauf gäben, seien sie im allgemeinen falsch.[4]

Schließlich verwarfen Autoritätspersonen Galileis häretische Erkenntnisse über die Form der Erde, das Flugzeug der Gebrüder Wright, das erste Kopiergerät von Xerox, den Fernsehapparat, den Mikroprozessor, das FAX-Gerät und die Haftnotizen. Galilei wurde ins Gefängnis geworfen, weil er behauptet hatte, die Erde sei eine Kugel.[5] Die Gebrüder Wright wurden als lebensmüde Fanatiker hingestellt. Alle, die bis dahin motorisierte Flugapparate erprobt hatten, waren gescheitert, und viele waren ums Leben gekommen, so daß dies damals eine vernünftige Einschätzung war.[6] Darryl F. Zanuck, der Chef der 20th Century Fox Studios, sagte 1946 voraus, wie die amerikanischen Verbraucher auf das Fernsehen reagieren würden: »Das Fernsehen wird den Markt, den es erobert, spätestens nach sechs Monaten wieder verlieren. Die Zuschauer werden es bald überdrüssig sein, jeden Abend auf einen Furnierholzkasten zu starren.«[7] Im Jahr 1968 antwortete ein Ingenieur im IBM-Geschäftsbereich Fortgeschrittene Rechnersysteme Beschäftigten, die beteuerten, dem Mikroprozessor gehöre die Zukunft: »Wozu soll der gut sein?«[8] Und Art Frys Idee der Haftnotizen wurde mehrfach vom Management von 3M, insbesondere den Marketingverantwortlichen, verworfen.

Im nachhinein wissen wir, daß diese »Autoritätspersonen« diese Ideen zu Unrecht ablehnten. Doch eine evolutionäre Betrachtungsweise legt nahe, daß diejenigen, die neue Ideen verwerfen, angesichts der sehr hohen Mißerfolgsquoten im allgemeinen recht haben. Das Problem besteht also nicht nur darin, daß man Mitarbeiter einstellen und bezahlen muß, die sich meist über ihre verqueren, hirnrissigen, blödsinnigen und abweichenden Ideen täuschen, sondern auch darin, daß Sie nicht wissen, wann diese Mitarbeiter sich *nicht* irren. Unternehmen experimentieren mit allen möglichen Methoden, um ihre Erfolgschancen zu verbessern. Viele Firmen verwenden »Hürden« im Prozeß der Produktentwicklung, an denen »Experten« aus den Bereichen Marketing, Produktion und so weiter neue Ideen kritisch prüfen. Hollywood-Produzenten schauen sich Hunderte von Drehbüchern an, die ihnen alljährlich »zum Verkauf angeboten« werden, um einige wenige zu finden, deren filmische Umsetzung sich lohnen könnte. Wagniskapitalgeber lesen Hunderte von Geschäftsplänen und sprechen alljährlich mit Hunderten von Existenzgründern, um die wenigen vielversprechenden Rosinen herauszupicken. So nimmt Heidi Roizen, die bei Softbank als Wagniskapitalgeberin arbeitet, jedes Jahr etwa 1000 Geschäftspläne unter die Lupe, von denen sie etwa zwölf als förderungswürdig auswählt. Produzenten und Wagniskapitalgeber wissen beide, daß sie um so eher ein paar gute Ideen finden, je mehr schlechte Ideen sie prüfen.

Diese Ausleseverfahren mögen die Mißerfolgsquote ein wenig senken (wenngleich ich für diese Behauptung keine empirischen Belege gefunden habe), aber selbst wenn sie es tun, bleibt diese Quote in Bereichen, in denen innovative Tätigkeiten verrichtet werden, selbst nach sorgfältiger Prüfung hoch. Ein Experte auf dem Gebiet des »organisatorischen Lernens« formulierte es folgendermaßen:

> Wenn sich visionäre Genies leicht identifizieren ließen, würden wir dies, ohne zu zögern, tun. Leider ist der Unterschied zwischen visionären Genies und Größenwahn in Geschichtsbüchern sehr viel deutlicher als im Alltagsleben … Das elementare Dilemma besteht darin, daß unkonventionelle Ideen für Verbesserungen zwar unabdingbar sind, die meisten originellen Ideen sich jedoch als unbrauchbar erweisen … Die exotischen Ideen von politischen Spinnern, religiösen Häretikern, spleenigen Künstlern und romantischen Träumern sind vor allem weltfremd, und nur die wenigsten sind brillant. Nur ein ganz geringer Prozentsatz unserer Häretiker wird jemals kanonisiert werden, und wir können die Heiligen nicht im voraus identifizieren.[9]

Dennoch können Sie die Erfolgsaussichten eines riskanten Projekts mit einem einfachen, bewährten und effizienten Trick steigern. Sobald Sie sich zu etwas entschlossen haben, bedarf es eines tiefgreifenden Einstellungswandels, um dem Projekt die bestmöglichen Erfolgschancen zu sichern. Die Kraft positiven Denkens, die Tatsache, daß der Glaube Berge versetzen kann, ist empirisch eindeutig belegt. Um die Erfolgsaussichten zu verbessern, sollten Sie daher einfach vergessen, daß die Chancen schlecht stehen. Statt dessen sollten Sie sich selbst und alle anderen davon überzeugen, daß die Idee, wenn sie mit der entsprechenden Entschlossenheit und Beharrlichkeit verfolgt wird, auf jeden Fall ein Triumph wird. Henry Ford hat das einmal folgendermaßen ausgedrückt: »Wer an seinen Erfolg glaubt, wird Erfolg haben, wer nicht daran glaubt, wird scheitern.« Der Flugzeugkonstrukteur und frühere Testpilot Burt Rutan schwor sein Team auf eine ähnliche Philosophie ein, als sie die Voyager entwickelten. Die Voyager war das erste Flugzeug, das ohne Zwischenlandung und ohne Auftanken die Erde umrundete. Zahlreiche »Experten« sagten voraus, das Voyager-Projekt sei zum Scheitern verurteilt, so wie sie vorhergesagt hatten, daß andere Experimentalflugzeuge, die von Rutan entwickelt worden waren, nicht funktionieren würden. Um seine Ingenieure für dieses Meisterstück zu begeistern, sagte er ihnen: »Wir müssen an das Unmögliche glauben.«[10]

Die bemerkenswerte Wirkung des bloßen Glaubens an etwas (oder jemanden) wird im umfangreichen medizinischen Schrifttum zu Placebo-Effekten immer wieder bestätigt. Scheinoperationen, Zuckerpillen und wirkstofflose Impfstoffe können genauso wirksam sein wie »echte Behandlungen«, solange die Patienten an die Wirksamkeit der Behandlung glauben. In einer Studie empfanden Patienten, die nur zum Schein einer Knieoperation unterzogen wurden (die Haut wurde an der betreffenden Stelle oberflächlich eingeschnitten, um sie davon zu überzeugen, daß sie tatsächlich operiert worden waren), das gleiche Ausmaß an Schmerzlinderung wie diejenigen, deren Kniegelenke ausgeschabt und gespült worden waren. Bei Arzneimittelstudien hat sich gezeigt, daß sich 35 bis 75 Prozent der Probanden bereits nach der Einnahme von Placebos besser fühlten.[11] Die *New York Times* berichtete:

Letzten Sommer fiel der Aktienkurs des britischen Biotech-Unternehmens Peptide Therapeutics um 33 Prozent, nachdem es bekanntgegeben hatte, daß seine neuen

Allergie-Impfstoffe nicht wirksamer als ein Placebo waren. Nach Auswertung von Studien mit Patienten, die an einer Nahrungsmittelallergie litten, berichtete ein Firmensprecher begeistert, der Zustand von 75 Prozent der Probanden habe sich so weit gebessert, daß sie Nahrungsmittel tolerierten, die bislang für sie tabu gewesen waren. Doch als die Daten der Kontrollgruppe ausgewertet wurden, zeigte sich ärgerlicherweise, daß sich 75 Prozent der Probanden, die lediglich Scheinpräparate eingenommen hatten, ebenfalls besser fühlten.[12]

Zum Phänomen der sich selbst erfüllenden Prophezeiung sind mehr als 500 Studien durchgeführt worden. Diese Forschungen belegen nicht nur, daß positive Erwartungen die Stimmung von Menschen heben können, sondern auch, daß Selbstvertrauen − selbst wenn es unangebracht ist − die Leistungsfähigkeit steigert. Die meisten dieser Forschungsprojekte wurden in Schulen durchgeführt, doch mehrere Dutzend Studien fanden auch in anderen Organisationen statt. Diese Studien ergaben, daß, unabhängig von anderen Faktoren, positive Erwartungen von Führungskräften den Leistungsstand der Mitarbeiter verbesserten.[13] Und das Umgekehrte gilt für Leistungsschwäche. In fast all diesen Studien täuscht der Forschungsleiter den Lehrer beziehungsweise die Führungskraft über das Leistungsverhalten ihrer Schüler beziehungsweise Mitarbeiter. In Wirklichkeit wurden diese »Spitzenleister« zufällig ausgewählt, und ihre Leistungsfähigkeit war durchschnittlich.

Führungskräfte lassen sich sehr leicht davon überzeugen, daß Mitarbeiter besonders leistungsstark sind. Betrachten wir eine Studie in einem Ausbildungslager der israelischen Armee. Den Ausbildern wurde während eines fünfminütigen Gesprächs mitgeteilt, daß man auf der Grundlage von Tests, denen eine neue Gruppe von Rekruten unterzogen worden sei, mit 95prozentiger Treffsicherheit vorhersagen könne, welches Drittel eine »überdurchschnittliche Befähigung zum Truppenführer« habe. Die Befähigung der übrigen Soldaten wurde als durchschnittlich beziehungsweise »unbekannt« angegeben. Wie in den meisten Studien dieser Art logen die Forscher. Die Soldaten wurden in Wirklichkeit nach einer Zufallsverteilung auf die Gruppen mit »überdurchschnittlicher«, »durchschnittlicher« und »unbekannter« Befähigung aufgeteilt. Die Ausbilder erhielten keine weiteren Informationen, und den Soldaten wurde nicht mitgeteilt, welcher Gruppe sie zugeteilt worden waren beziehungsweise daß sie überhaupt an einem Experiment teilnahmen. Dennoch waren die Soldaten in der Gruppe mit »überdurchschnittlicher Führungsbefähigung« im Vergleich zu den Soldaten in der »durchschnittlichen« und »unbekannten« Gruppe nach Abschluß der 15wöchigen Ausbildung erheblich leistungsstärker. Sie erzielten hervorragende Ergebnisse bei Aufgaben wie Gewehrschießen, Orientierung im Gelände und Multiple-Choice-Tests zur Kampftaktik, die alle von Ausbildern bewertet wurden, die nicht über die angebliche »Führungsbefähigung« der Soldaten unterrichtet wurden.[14]

Diese Studie und ähnliche Forschungen zeigen, daß Personen, die als »Leistungsträger« etikettiert werden, besser abschneiden als ihre Kollegen, weil ihre (getäuschten) Vorgesetzten ihnen mehr Ressourcen und Aufmerksamkeit zuwenden und ihnen beibringen, an sich zu glauben. Führungskräfte überzeugen ihre (rein zufällig ausgewählten) Starschüler, daß Rückschläge vorübergehender Natur und nicht ihre Schuld seien. Und bei Erfolgen überzeugen die Führungskräfte ihre Untergebenen, daß dies der Beginn einer Erfolgsserie sei, daß sie für ihren Erfolg allein verantwortlich wären und sich dieser positiv auf viele andere Bereiche auswirken werde.

Diese Forschungen erklären auch, weshalb erfolgreiche Häretiker oft so selbstbewußt und beharrlich sind. Sie glauben felsenfest an das, was sie tun, und sie überzeugen die Personen in ihrem Umfeld mit großem Geschick davon, daß sie recht haben. Apple-Mitgründer Steve Jobs (der heute wieder an der Spitze des Unternehmens steht) tut dies mit seiner weithin angepriesenen »Zone der verzerrten Wirklichkeit«. Insider berichten, daß er einen geradezu magischen Einfluß auf die Menschen in seinem Umfeld ausübt und sie davon überzeugt, daß der Erfolg einer Idee, eines Projekts oder einer Person so gut wie gewiß ist. Und Francis Ford Coppola verdankt seiner Fähigkeit, den Glauben an etwas Wirklichkeit werden zu lassen, grandiose Erfolge wie die Filmreihe *Der Pate* und die Niebaum-Coppola-Weinkellerei, aber auch Fiaskos wie den Aufbau einer Satellitenfernsehen-Zentrale in Belize. Coppolas Überzeugungskraft wird deutlich an dem, was geschah, als der Drehbuchautor John Milius am chaotischen und spannungsgeladenen Set von *Apocalypse Now* mit Coppola zusammentraf. Milius bangte vor dem Treffen mit Coppola, weil »ich mich wie ein General fühlte, der 1944 Hitler aufsuchte, um ihm mitzuteilen, daß die Treibstoffvorräte aufgebraucht sind«. Doch Coppola brach das Eis und versetzte Milius in »helle Begeisterung«, indem er ihm unter anderem sagte, *Apocalypse Now* würde als erster Film mit einem Nobelpreis ausgezeichnet. Coppola berichtete, daß Milius am Ende ihrer Unterredung sagte: »Wir werden den Krieg gewinnen! Wir brauchen keinen Treibstoff!«[15]

Menschen vom Schlage eines Jobs oder Coppola überzeugen selbst die eingefleischtesten Kritiker und Skeptiker, daß sie recht haben und der Erfolg sicher ist. Aber dieselbe mitreißende Begeisterung, der sie ihre Überzeugungskraft verdanken, kann sie auch intolerant, arrogant und sogar gehässig gegen jene machen, die ihnen mißtrauen oder sich ihnen in den Weg stellen. Geoffrey Ballard ist ein perfektes Beispiel für einen solchen Häretiker. Er und andere Mitarbeiter von Ballard Power Systems (BPS) haben 25 Jahre lang beharrlich an einer Brennstoffzelle getüftelt, die von ihrer Energieleistung her sowohl Batterien als auch Verbrennungsmotoren

überlegen sein sollte. Bei der Energieerzeugung in Brennstoffzellen entstehen keine giftigen Nebenprodukte, sondern nur
reines, trinkbares Wasser. Motoren, die mit Brennstoffzellen
arbeiten, müssen nicht langsam wiederaufgeladen werden,
vielmehr genügt ein schnelles »Auftanken« mit flüssigem
Wasserstoff. Schon heute sind über ein Dutzend Busse mit
Brennstoffzellen von Ballard im Einsatz, DaimlerChrysler
und Ford haben unlängst große Beteiligungen an BPS erworben, und DaimlerChrysler hat seine Absicht angekündigt,
ab 2004 Pkws mit Brennstoffzellen auf den Markt zu bringen (die allerdings mit Methanol arbeiten, das zwar nicht
so umweltfreundlich wie Wasserstoff ist, aber wesentlich
umweltschonender als Benzin).[16]

Dank seines Glaubens an die Überlegenheit der Brennstoffzelle gelang es Geoffrey Ballard, ein Team aus kompe-
tenten und engagierten Mitstreitern um sich zu scharen, die
trotz zahlreicher technischer und finanzieller Hürden unbe-
irrbar an ihrer Vision festhielten. Derselbe unerschütterliche
Glaube, der sein Team dazu antrieb, eine funktionstüchtige
Brennstoffzelle zu entwickeln, sorgte dafür, daß er in wissenschaftlichen Fachkreisen als Spinner verspottet wurde. Ballard
erkannte, wie anmaßend und abweisend er sein konnte und
wie intolerant er gegen »Narren« war, die seine Ideen nicht
guthießen. Diese Selbsterkenntnis veranlaßte ihn dazu, neue
Mitarbeiter einzustellen, zu schulen und zu unterstützen, vor
allem David McLeod, der öffentliche Fördermittel in Kanada
für die Brennstoffzelle lockermachen sollte. Ballard wußte,
daß er sich viele Feinde gemacht hatte und er sich noch mehr
machen würde, wenn er selbst die Werbetrommel für diese
Ideen rühren würde.

Die gegenwärtigen Topmanager von BPS ziehen großen
finanziellen Nutzen aus Ballards Ideen. Doch sie beklagen,
Ballard habe das Unternehmen in Schwierigkeiten gebracht,
weil er die Vorzüge der Brennstoffzelle so übertrieben ange-
priesen habe. Mossadiq Umedaly, der zum Finanzvorstand

von BPS berufen wurde (und zu einem der Hauptwidersacher von Ballard wurde), beklagte: »Die Brennstoffzelle ... ist seit langem in der Diskussion. Und eines der Probleme besteht darin, daß sie als Technologie nicht glaubwürdig war. Null glaubwürdig, um offen zu sein! ... Weil all diese Kuckucksuhren seit so langer Zeit die Vorteile von Brennstoffzellen herunterschnurrten. Und Ballard war eine dieser Kuckucksuhren.«[17] Ich würde hinzufügen, daß ohne »Kuckucksuhren« wie Ballard in der Menschheitsgeschichte sehr viel weniger Ideen entwickelt worden wären. Im Fall von Ballard Power Supply hätte das Unternehmen keine Börsenkapitalisierung von mehreren Milliarden Dollar erreicht.

»Swede« Momsen, der bereits erwähnte Erfinder von Rettungsvorrichtungen für den Ausstieg aus gesunkenen U-Booten, war ebenso beharrlich und ebenso unduldsam gegen Kritiker. Sogenannte Experten sagten Momsen von vornherein, seine Ideen seien nicht realisierbar. Doch Momsen, der sich davon nicht abschrecken ließ, überzeugte Leute mit gründlicherem technischen Wissen, mit ihm gemeinsam Ideen für die Momsen-Lunge zu entwickeln und zu testen. Später entwickelte er mit der gleichen Entschlossenheit – und unter Umgehung von Verfahrensvorschriften und Dienstwegen – eine Taucherglocke für die Rettung von Seeleuten aus U-Booten, die so tief gesunken waren, daß ein Ausstieg mit der Momsen-Lunge unmöglich war. Wie Ballard »trat er zu vielen Leuten auf die Zehen und trieb zu vielen Leuten die Röte ins Gesicht«, weil er so dogmatisch und herrisch an die Sache heranging. Zum Dank nannte die Navy die Taucherglocke, die Momsen konzipierte, deren Entwicklung er persönlich leitete und bei deren Erprobung er beinahe ums Leben gekommen wäre, nach einem anderen Mitglied des Projektteams, der eine geringere Rolle gespielt hatte, »McCann-Bergungskammer«. Im Jahr 1939 wurden mit dieser Tauchglocke 33 Seeleute aus der U.S.S. *Squalus* gerettet, die in 83 Meter Tiefe lag; es war die größte U-Boot-Rettungsaktion der

Geschichte. Und die Navy bat Momsen, nicht McCann, die Rettungsoperation zu leiten.[18]

Aus all diesen Studien und Fallgeschichten folgt, daß, sofern keine sichere Auswahl vielversprechender neuer Projekte oder Ideen auf der Basis objektiver Daten möglich ist, jene Projekte ausgewählt werden sollten, die von den engagiertesten und überzeugendsten Häretikern, die Sie finden können, entwickelt werden. Sie sollten sich jedoch auch bewußt sein, daß diese Personen aufgrund ihrer Beharrlichkeit, ihrer Konfliktbereitschaft und ihrer mangelnden Kompromißfähigkeit die Geduld ihrer Vorgesetzten auf eine harte Probe stellen können. Sie werden Sie wahrscheinlich ignorieren oder beschimpfen, wenn Sie ihre Tätigkeiten oder deren Sinn und Zweck in Zweifel ziehen. Und durch ihre Intoleranz gegen Skeptiker und Kritiker werden sie sich vielleicht Feinde machen, die ihre Ideen arglistig attackieren.

Diese schräge Idee ist noch mit weiteren Risiken verbunden. Wenn der Prophet überzeugend ist, kann er Mitarbeiter und ganze Unternehmen dazu beflügeln, gute wie schlechte Ideen mit außerordentlicher Tatkraft zu verfolgen. Nehmen wir Bob Galvin, den früheren CEO und gegenwärtigen Chairman von Motorola, der Motorola zu dem herausragenden Unternehmen gemacht hat, das es heute ist. Er hat vehement darauf gedrungen, daß Motorola aus dem Fernsehgeschäft aussteigt und sich auf Mikroprozessoren und andere Computertechnologien konzentriert, denn dies seien die Wachstumsfelder der Zukunft. Er hatte recht. Galvin vertrat seinen Standpunkt, Motorola solle seinen japanischen Wettbewerbern dadurch Paroli bieten, daß es die Qualität seiner Produkte verbessere, mit eindringlicher Überzeugungskraft. Viele Leute bei Motorola hielten Galvin für »verrückt«, als er verlangte, das Unternehmen solle 1,5 Prozent des Grundgehalts der Beschäftigten für Qualifizierungsmaßnahmen aufwenden. Auch damit hatte er recht. Motorola sparte zwischen 1986 und 1991 über zwei Milliarden Dollar ein und wurde mit dem angesehenen Malcolm Bridge Quality Award ausgezeichnet.

Mitte der neunziger Jahre setzte sich Galvin mit gleichem Nachdruck dafür ein, daß Motorola enorme Summen in das weltweite satellitengestützte Kommunikationssystem Iridium investierte. Dieses System aus zahlreichen kleinen Satelliten sollte es den Nutzern von Mobiltelefonen ermöglichen, von jedem beliebigen Ort der Erde Anrufe zu tätigen beziehungsweise entgegenzunehmen.[19] Die Motorola-Tochtergesellschaft, die die Iridium-Technologie entwickelte, betrieb ihr Netzwerk ganze 474 Tage lang und häufte in dieser Zeit gigantische Verluste an: Bis zum Jahr 2000 waren 1,6 Millionen Nutzer prognostiziert worden, doch die Zahl von 30 000 wurde nie überschritten. Im August 1999 meldete Iridium Konkurs an, und im März 2000 stellte es den Betrieb ein. Das Vertrauen, das Beschäftigte von Motorola in die Entscheidungen von Bob Galvin hatten und bis heute haben, half dem Unternehmen, jahrzehntelang innovativ zu sein. Doch obgleich Motorola und seine Aktionäre insgesamt besser dastehen, seit er vor langer Zeit seinen Dienst dort antrat, hat dieser Optimismus seinen Preis: Motorola schrieb 2,5 Milliarden Dollar auf seine Investitionen in Iridium ab, und die Verluste der gescheiterten Neugründung belaufen sich auf insgesamt 5 Milliarden Dollar. Auch wir übrigen sind einem (wenn auch sehr geringen) Risiko ausgesetzt, da die Leitzentrale des Satellitennetzes, die von Motorola betrieben wird, in den kommenden fünf Jahren die 88 Iridium-Satelliten »aus ihrer Umlaufbahn ablenken« möchte. Experten erwarten, daß ein Teil dieses Weltraummülls auf die Erde fällt und nicht in der Atmosphäre verglüht, weil es sich um relativ große Satelliten handelt.[20]

Immerhin war Motorola so klug, keine weiteren Gelder mehr für das Iridium-Projekt zu verschwenden. Einige Fanatiker bringen es nicht fertig, mit etwas aufzuhören, auch wenn es erdrückende Beweise dafür gibt, daß ihre Idee chancenlos ist. Der Ingenieur Paul Moeller hat in den letzten 32 Jahren sein gesamtes Geld und den größten Teil seiner Freizeit für die Entwicklung des Skycar aufgewendet.[21] Dieser flugfähige Pkw ist »theoretisch imstande, sich senkrecht in die Luft zu erheben und über Berg und Tal und Staus hinwegzusausen«.[22] Moellers unerschütterliche Zuversicht und Passion haben ihm geholfen, Millionen von Dollar bei Investoren locker zu machen. Außerdem hat er Millionen von Dollar aus seiner eigenen Tasche in das Projekt gepumpt. Moeller hatte eine erfolgreiche Firma namens Supertrapp gegründet, die mit nachrüstbaren Schalldämpfern für Motorräder fünf Millionen Dollar pro Jahr umsetzte. Er verkaufte die Firma und investierte den Erlös in Skycar, denn: »Alles, was ich neben der Arbeit an dem flugfähigen Auto noch getan habe, diente dem Zweck, Geld für die Entwicklung des Autos aufzutreiben.«[23]

Während ich diese Zeilen niederschreibe, behauptet Moeller, kurz vor der Fertigstellung eines funktionstüchtigen Prototyps zu sein (obgleich er das Datum für den Jungfernflug ständig hinausschiebt), und er hat von 100 Personen Anzahlungen in Höhe von je 5000 Dollar angenommen. Aber er gibt zu, daß er selbst dann, wenn der Prototyp funktioniert, mindestens weitere 45 Millionen Dollar benötigt, bevor der Skycar in Produktion gehen kann, und daß er gegenwärtig keine Geldgeber hat. Moellers Beharrlichkeit ist beeindruckend, aber der Skycar ist seit 32 Jahren ein Verlustgeschäft, und nichts deutet darauf hin, daß er in absehbarer Zukunft ein erfolgreiches Produkt wird. Das ist das Problem mit überzeugenden und fanatischen Führungskräften und Erfindern: Sie können viele Leute – sich selbst eingeschlossen – dazu überreden, eine Menge Zeit und Geld zu verschwenden, selbst wenn die Erfolgschancen ihrer Ideen gering beziehungsweise praktisch gleich null sind.

Diese verquere Idee ist noch mit einem weiteren unangenehmen Problem behaftet. Sie impliziert, daß heuchlerische, ja unehrliche Maßnahmen innovationsfördernd wirken können. Ich habe gezeigt, daß eine Führungskraft, nachdem sie einen Mitarbeiter oder ein Projekt ausgewählt hat, das vermutlich scheitern wird, das Innovationstempo ihres Unternehmens am besten dadurch steigern kann, daß sie ihre Überzeugung zum Ausdruck bringt, das Projekt werde mit Sicherheit ein Erfolg. Und daß es bei Fehlschlägen am besten ist, den Mitarbeitern zu suggerieren, die Probleme seien nur vorübergehender Natur und der Erfolg sei letztlich sicher, wenn sie am Ball blieben. Diese Art von Optimismus wird im allgemeinen begrüßt und gelobt, etwa wenn John Gardner verkündet: »Die Hauptaufgabe einer Führungskraft besteht darin, die Erfolgserwartung (der Mitarbeiter) aufrechtzuerhalten.« Aber um die Erfolgserwartung aufrechtzuerhalten, kann es nötig sein, sich selbst und anderen etwas vorzumachen, ein paar Optimisten und Fanatiker zu rekrutieren und sie dazu zu bringen, Ihnen auf einem Weg zu folgen, der höchstwahrscheinlich in eine Sackgasse mündet.

Führungskräfte, die Innovation fördern möchten, stecken in einer fiesen Zwickmühle. Sie können Mitarbeitern, die sie für ein riskantes Projekt ausgesucht haben, sagen, daß es vermutlich scheitern wird; doch damit verringern sie seine Erfolgschancen noch weiter, was sowohl für das Unternehmen als auch für die Beteiligten negative Folgen hat. Oder sie überzeugen die Mitarbeiter (und sich selbst) davon, daß es mit Sicherheit ein Erfolg wird, was (die noch immer hohen) Mißerfolgschancen verringert, aber die Kosten, die erst einmal bei jedem Projekt anfallen, in die Höhe treibt. Ich plädiere nicht dafür, daß Führungskräfte ihre Mitarbeiter regelmäßig belügen sollten, um mehr Kreativität freizusetzen. Doch auch wenn es schändlich ist, andere zu belügen, bleibt doch die Tatsache bestehen, daß kreative Tätigkeiten immer mit einem Risiko behaftet sind. Wenn bewußte Irreführung das Risiko vermindert, dann sprechen triftige Gründe dafür, daß dies manchmal genau das Richtige ist. Tatsächlich haben solche

Dilemmas Ethiker und Philosophen zu der Behauptung veranlaßt, vorsätzliche Täuschung sei manchmal ethisch korrekter, als »die Wahrheit, die ganze Wahrheit und nichts als die Wahrheit« zu sagen.[24]

Schräge Idee Nr. 7 erfolgreich umsetzen

Fördern Sie die Innovation, indem Sie riskante Projekte unterstützen und dann alle Beteiligten überzeugen, daß der Erfolg sicher ist

- Unterstützen Sie ein paar Spinner, Häretiker und Träumer, besonders wenn sie von ihren Ideen hell begeistert sind.

- Sobald Sie sich entschließen, ein riskantes Projekt zu unterstützen, sollten Sie sich selbst davon überzeugen, daß es mit Sicherheit erfolgreich ausgehen wird. Andernfalls sollten Sie sich von jemandem vertreten lassen, der optimistischer ist.

- Stellen Sie Personen ein, die unerschütterlich an den Erfolg des Projekts oder des Unternehmens glauben und die Fähigkeit besitzen, diese Zuversicht auch anderen einzuflößen.

- Optimismus bedeutet *nicht*, Rückschläge zu ignorieren oder zu verleugnen, sondern sie als vorübergehende Ereignisse zu betrachten, aus denen sich wichtige Lehren ziehen lassen, die, wenn man sie beherzigt, den Erfolg garantieren.

- Konzentrieren Sie sich darauf, fehlgeschlagene Ideen schneller auszusieben, versuchen Sie nicht, Ihre Mißerfolgsquote zu senken.

KAPITEL II

*Denken Sie sich etwas
Lächerliches oder
Unpraktisches aus, und
planen Sie dann, es
umzusetzen
(schräge Idee Nr. 8)*

Ein Dutzend VERWELKTE & SCHWARZE Langstielrosen. Identisch mit VERWELKTEN Rosen, aber SCHWARZ besprüht, um die Wirkung zu verstärken. Direkt versandt an die Privatadresse des Empfängers oder (empfohlen) an den ARBEITSPLATZ in einer langen rosa Schachtel mit verwelktem Grün und Füllmaterial. Preis: 55 Dollar.

Ein gefragter Artikel von Revenge Unlimited, das potentielle Kunden fragt:»»Hat man Ihnen Unrecht getan, Sie gekränkt, belästigt oder ignoriert? Sind Sie bereit für eine REVANCHE?«

Als Marcy sagte, er halte Ausschau nach anderen Planeten, sahen sich die anderen verdutzt an und fragten sich, ob er wohl einen Witz mache.[1]

Reaktion von Kollegen auf die (letztlich bahnbrechende) Suche des Astronomen Geoffrey Marcy nach Planeten, die ferne Sonnen umlaufen

»Sie sind verrückt.«[2] »Richard, Sie sind größenwahnsinnig.«[3] »Sie brauchen viele [Virgin-]Hits auf Platz eins der Hitparade, wenn Sie diese Fluggesellschaft am Leben erhalten wollen.«[4]

Rat von Freunden, Investoren und Experten an Richard Branson, als er ankündigte, Virgin Atlantic Airways zu gründen

Die Ideen, die Leute für die dümmsten halten, sind am schützenswertesten … Meines Erachtens gilt dies besonders für Geschäftsmodelle. Die Leute sind sehr geneigt, sie für unsinnig abzutun und sie nicht kopieren zu wollen.

Bill Gross, Gründer und CEO des Inkubators idealab!

SICH DUMM ZU STELLEN kann eine sehr intelligente Strategie sein, wenn man ein innovatives Unternehmen aufbauen möchte. Sich abstruse, lächerliche oder unpraktische Dinge auszudenken ist eine sehr effiziente Methode, um den eigenen Annahmen über die Welt auf den Grund zu gehen. Es erleichtert einem, sich seine Überzeugungen bewußt zu machen, weil sie vielleicht so selbstverständlich sind, daß man sich normalerweise keine Rechenschaft darüber ablegt. Es hilft einem auch, sich vorzustellen, was passieren könnte, wenn sich die am meisten liebgewonnenen Überzeugungen als völlig falsch erweisen. Und man erweitert seine Palette an Optionen, wenn man sich einfach lächerliche Dinge ausdenkt – und sich dann überlegt, wie man sie verwirklichen könnte. Diese schräge Idee bewährt sich deshalb, weil sie zwei wesentliche Determinanten kontinuierlicher Innovation fördert, Varianz und *Vu ja de*.

Der Anstoß zu dieser schrägen Idee kam von Justin Kitch, dem CEO und Gründer von Homestead, einem Internet-Unternehmen, das sich mit dem Slogan anpreist: »Der leichteste Weg, eine kostenlose Website aufzubauen.«[5] Nach Abschluß seines Studiums in Stanford ging Justin zu Microsoft, wo er in einer Gruppe arbeitete, die Unterrichtssoftware für Kinder entwickelte. Eines Tages leitete Justin eine Brainstorming-Sitzung zu dem Thema: »Was wäre das schlechteste Produkt, das wir herstellen könnten?« Er wollte »ganz einfach mal den umgekehrten Ansatz ausprobieren. Überlegen wir uns einfach die schlechtesten Merkmale, die das Produkt aufweisen könnte. Welches Produkt hätte den geringsten pädagogischen Wert?« Das Ergebnis war »ein sprechendes Plüschtier, das ›Barney 1,2,3‹ genannt wurde. Es war ein Plüschtier, das einem die Zahlen beibrachte. Ich habe die Zeichnung noch immer. Es war als Scherz gemeint, und ich gab es meinem Chef.«[6]

Zu Justins Bestürzung brachte Microsoft ein paar Jahre später praktisch genau das gleiche Produkt auf den Markt.

Er sagte: »Ich konnte es nicht glauben. Sie bauten genau das, was wir uns als das schlechteste Produkt ausgedacht hatten.« Justin ist überzeugt davon, daß »das heftige Grinsen meines Teams über das Plüschtier nichts mit dem fertigen Produkt zu tun hatte«. Obgleich Justin weder Lob – noch Tadel – für Microsofts interaktives Plüschtier »ActiMates Barney« in Anspruch nehmen möchte, hat er meines Erachtens etwas Wichtiges erkannt, etwas, das mehr Unternehmen tun sollten, wenn sie langfristig innovativ sein möchten.

Die Gefahren, die damit verbunden sind, »stillschweigende« beziehungsweise »selbstverständliche« Annahmen nicht explizit zu machen und zu testen, werden an der Technik deutlich, die sich für die Rettung aus gesunkenen U-Booten letztlich der Momsen-Lunge als überlegen erwiesen hat – der völlige Verzicht auf den Einsatz technischer Hilfsmittel! Obgleich das nach Momsen benannte Rettungsgerät einigen Menschen das Leben rettete, überlebten seit dem Zweiten Weltkrieg nur etwa fünf Prozent der in havarierten U-Booten eingeschlossenen Seeleute, und es gibt nur fünf verbürgte Fälle von U-Boot-Matrosen, die mit der Momsen-Lunge gerettet wurden. Forschungen zeigten, daß der freie Aufstieg – tief einatmen und während des Wegs zur Oberfläche langsam ausatmen – der erfolgversprechendste Weg ist, um bis zu einer Tiefe von 90 Metern aus einem U-Boot auszusteigen. Da sich die Luft in den Lungen mit zunehmendem Druck ausdehnt, geht einem dabei nicht der Sauerstoff aus. Der Druck fällt während des Aufstiegs langsam ab. So wird ein hoher Luftdruck in den Lungen, der zur sogenannten Dekompressions- oder Druckfallkrankheit führen kann, vermieden. Momsen und Tausende von Matrosen, die in gesunkenen U-Booten starben, gingen einfach von der Annahme aus, es sei unmöglich, ohne ein technisches Hilfsmittel aus dem U-Boot auszusteigen. Heute wissen wir, daß viele der Seeleute, die in einer Tiefe von weniger als 90 Metern festsaßen, überlebt hätten, wenn sie, langsam ausatmend, zur

Oberfläche aufgestiegen wären. Somit wäre selbst einer der mutigsten und beharrlichsten Erfinder der amerikanischen Geschichte vielleicht auf bessere Ideen gekommen, wenn er eine Liste lächerlicher und unpraktischer Lösungen für das anstehende Problem erstellt und getestet hätte.[7]

Brainstorming ist zwar nur eine von vielen Methoden zur Erzeugung absurder Ideen, aber sie ist eine der besten. Brainstorming-Sitzungen sind die einzigen Gruppentreffen, bei denen die Teilnehmer förmlich aufgefordert werden, verquere Ideen zu präsentieren. Der Werbefachmann Alex Osborn verhalf dem Brainstorming in den fünfziger Jahren mit seinem Bestseller *Applied Imagination* zum Durchbruch.[8] Osborn war der Meinung, daß »Ideensitzungen relativ unproduktiv sind, sofern nicht alle Teilnehmer gewisse Regeln verstehen und gewissenhaft befolgen«.[9] Die von ihm aufgestellten grundlegenden Brainstorming-Regeln lauten: 1. *Kritik ist verboten*; 2. *freie Assoziation ist erwünscht* (»Je verrückter die Ideen, um so besser; es ist leichter, sich unter Kontrolle zu halten, als seiner Phantasie freien Lauf zu lassen«);[10] 3. *es kommt auf Quantität an*; und 4. *Kombinationen und Verbesserungen sind gefragt.*

Brainstorming ist kein Allheilmittel, doch wenn sich Gruppen an diese Regeln halten, erzeugen sie mehr neuartige Ideen als Gruppen, die lediglich aufgefordert werden, »Ideen auszuhecken«, besonders wenn ein geschulter Moderator die Sitzung leitet.[11] Diese Technik wird in vielen Unternehmen zur Ideenfindung eingesetzt: Apple Computers und Xerox PARC haben damit Produktideen entwickelt, Reactivity hat mit dieser Methode erfolgreiche Internet-Firmen aufgebaut, McCann-Ericson und eBay haben auf diese Weise Werbekampagnen konzipiert, und Anwaltssozietäten wie Pillsbury Winthrop haben durch Brainstorming neue Geschäftsstrategien ermittelt.

Doch obgleich Brainstorming eine so effiziente Methode zur Erzeugung neuer Ideen ist, zögern viele, wirklich kuriose

Vorschläge zu machen oder Ideen zu äußern, die zu den festverwurzelten Gepflogenheiten oder Überzeugungen ihres Unternehmens in Widerspruch stehen. Der Grund liegt darin, daß, wie ich in Kapitel 1 darlegte, Menschen unwillkürlich auf Dinge, die ihnen nicht vertraut sind oder ihren Überzeugungen zuwiderlaufen, ablehnend reagieren. Außerdem zensieren wir uns selbst, denn obwohl eine Regel ausdrücklich verlangt, keine Werturteile abzugeben, werden manche Vorschläge mit Schweigen quittiert und andere mit begeisterten Kommentaren wie »eine klasse Idee« aufgenommen. Und wenn sich andere auf eine Idee beziehen, gilt dies als ein untrügliches Zeichen dafür, daß die betreffende Person eine besonders »intelligente« Idee hatte. Dies führt dazu, daß Brainstorming-Sitzungen von vielen Mitarbeitern als Statuswettkämpfe erlebt werden. Die Sitzungen mögen, vordergründig betrachtet, in einer unbekümmerten, ja ausgelassenen Atmosphäre stattfinden, aber es sind auch Veranstaltungen, bei denen »Gewinnern« Anerkennung gezollt wird, während Verlierer leer ausgehen. In Unternehmen, die Brainstorming-Sitzungen routinemäßig einsetzen, befürchten Teilnehmer zu Recht, daß es ihrem Ruf schaden könnte, wenn sie etwas Dummes (oder gar nichts) sagen.[12]

Peter Skillman, Direktor für Produktdesign bei Handspring, ist ein außergewöhnlich fähiger Brainstorming-Leiter. Handspring produziert den Visor, einen Personal Digital Assistant, der das Betriebssystem von Palm benutzt. Skillman bemüht sich, der Tendenz zur Selbstzensur dadurch entgegenzuwirken, daß er die Teilnehmer auffordert, lächerliche Ideen zu äußern. Skillman sagt ihnen: »Es genügt nicht, keine Werturteile abzugeben. Meines Erachtens ist es sehr wichtig, sich mit Begeisterung einfältig und dumm zu stellen.« Justin Kitchs Methode ist noch direkter: Er fordert die Teilnehmer von Ideensitzungen auf, die schlechtesten Ideen vorzubringen, die ihnen in den Sinn kommen.

Gleich, wie man es bewerkstelligt, entscheidend ist, die Teilnehmer von Brainstorming-Sitzungen dazu zu bringen, jene Produkte, Dienstleistungen, Geschäftsmodelle oder Geschäftsmethoden anzuführen, die ihres Erachtens destruktiv, fehlerhaft, töricht oder unzweckmäßig sind. Es ist für Unternehmen, die Brutstätten der Innovation sein möchten, aus drei Gründen sinnvoll, über »dumme« Ideen zu sprechen.

Klären Sie die Erwartungshaltungen

Mit dieser Methode läßt sich in Erfahrung bringen, was das Unternehmen tun *sollte* beziehungsweise was es wenigstens *nach Einschätzung* seiner Mitarbeiter tun sollte. Wenn Mitarbeiter Ideen auflisten, die sie für falsch oder unzweckmäßig erachten, und diese dann ins Gegenteil verkehren, folgen sie einem anderen Denkweg als gewöhnlich, um Überzeugungen, Theorien und Indizien darüber in Erfahrung zu bringen, was das Unternehmen tun sollte. Diese andersgelagerte Perspektive kann dazu beitragen, weitverbreitete gemeinsame Überzeugungen herauszukristallisieren, die bis dahin noch nie artikuliert wurden. Dabei stellen die beteiligten Personen möglicherweise Diskrepanzen zwischen dem fest, was sie für richtig halten, und dem, was sie tun. Aus diesem Grund setzte Justin Kitch dieses Verfahren bei dem »Barney-Brainstorming« ein. Er glaubte, wenn die Teilnehmer einer Brainstorming-Sitzung zunächst sämtliche Merkmale des am wenigsten wünschenswerten Produkts auflisteten und anschließend in ihr Gegenteil verkehrten, käme ein vollständigeres und leistungsfähigeres Repertoire an Gestaltungsprinzipien heraus, als wenn man sie bloß, wie üblicherweise, auffordere, gute Ideen zu erzeugen.

Ich verwendete bei meiner Arbeit als Berater eine ähnliche Methode. Ich arbeitete vor ein paar Jahren mit einer neu gegründeten Dienstleistungsfirma zusammen. Um den Verantwortlichen zu helfen, sich Klarheit darüber zu verschaffen, was für ein Unternehmen sie eigentlich sein wollten, erstellten wir eine Liste mit den ihres Erachtens negativsten Merkmalen einiger Hauptwettbewerber. Zu diesen unerwünschten – aber gängigen – Attributen gehörten unter anderem, Kunden lediglich PowerPoint-Präsentationen zu verkaufen, statt ihnen bei der Umsetzung von Ideen zu helfen, der hauptsächliche Einsatz junger, unerfahrener Berater, die Pflicht zu Überstunden und zu umfassender Reisetätigkeit und die Entwicklung eines »Starsystems«, bei dem ein sehr kleiner Prozentsatz der Berater einen Löwenanteil der Gewinne einstreicht. Diese Übung machte ihnen bewußt, daß sich in ihrem Unternehmen bereits einige dieser Praktiken eingeschlichen hatten (vor allem die umfangreiche Reisetätigkeit und die Überstunden) und daß einige Praktiken, die sie loswerden wollten, wichtig für ihren Erfolg waren (so hatten sie beispielsweise ein Vergütungssystem, das keine Superstars förderte). Nach Ansicht eines Topmanagers hatten sie durch diese Übung erkannt, daß sich ihr Erfolg der Tatsache verdankte, daß sie anders als ihre Wettbewerber waren und sie – unabsichtlich – kurz davor standen, Praktiken einzuführen, die sie ihren Wettbewerbern angleichen würden. Sie erkannten, daß sie diese Unterschiede verstärken, nicht verringern mußten.

Man kann diese schräge Idee noch weiter treiben und Mitarbeiter dazu bringen, die schlechten Ideen eine Zeitlang auszuprobieren. Auf ganz ähnliche Weise bringen einige Dozenten, die Schreibwerkstätten anbieten, ihren Schülern die Unterschiede zwischen einem guten und einem schlechten Stil bei und ermöglichen ihnen so, ihren sprachlichen Ausdruck zu verbessern. John Vorhaus hat in 17 Ländern die Kunst des guten Schreibens unterrichtet, und zu seinen Klienten gehörten Romanschriftsteller ebenso wie Autoren, die Drehbücher für TV-Sitcoms schreiben.[13] Er fordert seine Schüler beispielsweise auf, »einen fortlaufenden Satz niederzuschreiben«, wobei es einfach darum geht, »den Punkt so weit wie möglich hinauszuschieben«.[14] Manchmal fordert er sie auch auf, »Unsinn zu schreiben«, »sich in hinkenden Vergleichen zu suhlen« und »sich ständig zu wiederholen«.[15] Vorhaus sagt, durch solche »Dehnübungen« lernten die Lehrgangsteilnehmer, sich sprachlich besser auszudrücken, weil ihnen der Unterschied zwischen gutem und schlechtem Stil deutlich würde und sie außerdem die Erfahrung machten, daß sie mehr lernen könnten, wenn sie schlecht schreiben, als wenn sie überhaupt nicht schreiben.

Ich gehe in meinen Lehrveranstaltungen zur Unternehmensführung ähnlich vor. Ich fordere Freiwillige auf, nach vorn zu kommen und bei einem nachgestellten Vorstellungsgespräch, einer simulierten Verhandlung oder Brainstorming-Sitzung eine möglichst schlechte Figur zu machen. Bei einer Fortbildungsveranstaltung für Führungskräfte reagierte ein Manager auf jede Idee, die in einer nachgestellten Brainstorming-Sitzung vorgebracht wurde, mit der Bemerkung: »Das ist zu teuer«, »Das wird nicht funktionieren« oder »Wir haben das bereits ausprobiert, und es ging völlig in die Hosen«. Anschließend erörterten wir, was an dieser fortwährenden Kritik kontraproduktiv – und was konstruktiv – sei und weshalb das so sei. Auch wenn diese Übungen einen künstlichen Charakter haben, sind sie doch lehrreich, nicht zuletzt deshalb, weil die Teilnehmer schlechte Praktiken nachahmen, die in ihren Unternehmen üblich sind. Bei der destruktiven Brainstorming-Übung, die ich gerade beschrieben habe, sagte beispielsweise der Manager den übrigen Teilnehmern: »Ich habe mir das nicht ausgedacht, vielmehr verhält sich mein Chef in Brainstorming-Sitzungen genauso.« Bei diesen Übungen spiegeln sich die Teilnehmer ihr Verhalten gegenseitig, und sie beginnen tiefschürfender darüber nachzudenken, was in ihrem Unternehmen getan (und nicht getan) werden sollte.

Viele Unternehmen sind deshalb nicht innovativ, weil sie ihr Wissen nicht richtig umsetzen, und nicht etwa deshalb, weil ihre Führungskräfte nicht wüßten, wie sich die Innovationskraft ankurbeln läßt. Wie Jeffrey Pfeffer und ich in *The Knowing-Doing Gap* zeigen, tun Manager, Teams und Unternehmen oftmals Dinge, die zu ihrem Wissen über die geeigneten Arbeitspraktiken oder Geschäftsmodelle in Widerspruch stehen beziehungsweise diese untergraben.[16] Diese schräge Idee eröffnet einen neuen Blickwinkel, von dem aus Mitarbeiter besser beurteilen können, was sie richtig, was sie (unabsichtlich) falsch und was sie anders machen sollten.

Stellen Sie Erwartungshaltungen in Frage

Man kann diese Technik auch noch zu einem zweiten Zweck einsetzen, der praktisch das Gegenteil des ersten ist: nicht um das Wissen und die Praktiken eines Unternehmens herauszukristallisieren, sondern um beides zu hinterfragen. Als erstes müssen Sie die lächerlichste, törichtste oder unpraktischste Sache ermitteln, die Ihr Unternehmen tun könnte. Dann müssen Sie so tun, als wären dies glänzende und profitable Tätigkeiten, und sich gute Gründe dafür einfallen lassen, weshalb ihre inbrünstigsten Überzeugungen hundertprozentig falsch sein könnten. Dies entspricht *fast* der Herangehensweise von Justin Kitch beim »Barney-Brainstorming« bei Microsoft. Sein Team hätte nur noch einen Schritt weitergehen und so tun müssen, als ob das, was sie für *falsch* hielten, in Wirklichkeit *richtig* wäre.

Vielleicht geschah dies in anderen Bereichen von Microsoft. Jedenfalls war das interaktive Plüschtier ActiMate Barney genau das richtige Projekt für Microsoft. Das »Eingabe-Ausgabe-Dingsbums, das man umarmen konnte«, war ein mittlerer kommerzieller Erfolg: Mehrere hunderttausend Exemplare wurden davon verkauft. Microsoft behauptete, die Absatzzahlen würden um 20 Prozent über den Prognosen liegen. Das Spielzeug wurde von verschiedenen Verbraucher-

publikationen beifällig aufgenommen. Eine Kinder-Juroren-
gruppe wählte das ActiMate Barney zum Spielzeug des Jahres
im *Disney's Family Fun*-Magazin, in *Consumer Reports*
wurde es als der »Überraschungserfolg« des Jahres 1997
bezeichnet, und die Zeitschrift *Parents* erkor es zum besten
Spielzeug des Jahres 1997.[17] Selbst Forscher am angesehenen,
von der Wirtschaft finanzierten Media Lab des MIT bewun-
derten das sprechende Plüschtier. Professor Bruce Blumberg
sagte: »Meines Erachtens ist das interaktive Plüschtier Barney
ein interessanter erster Schritt.« Er sagte weiter, es sei »völlig
richtig« von Microsoft gewesen, die Technologie zu entwik-
keln, denn »es lohnt sich, heute Geld auszugeben, um den
Standard zu setzen«. Obgleich Microsoft das ActiMate Barney
wieder vom Markt nahm, hat die Software-Schmiede, wie
von Blumberg vorhergesagt, zwei neue sprechende Plüsch-
tiere eingeführt, Arthur und Teletubby.[18] Unabhängig davon,
ob sich diese kreative Idee Kitschs Technik verdankt oder
nicht, deutet der Erfolg des von ihm geringgeschätzten Bar-
ney-Plüschtiers darauf hin, daß dieses Verfahren, gezielt
angewandt, kommerziell erfolgreiche Ideen hervorbringen
kann, die im Widerspruch zu herrschenden Überzeugungen
stehen.

Ein Beitrag im Magazin *Forbes* mit dem Titel »Dumb and
Dumber« (dumm und dümmer) über die »schwachsinnigsten
Geschäftsideen des Jahres 1999« deutet ebenfalls darauf hin,
daß diese Technik erfolgreich sein kann.[19] Zu den Ideen, die
in dem Artikel angeführt wurden, gehörten Musik für allein-
gelassene Schoßtiere, der »magische Schoner Netwanga«, der
Computer durch haitianischen Wodu davor schützt kaputt-
zugehen, ein Internet-Service namens Finalthoughts.com,
der letzte Botschaften von Sterbenden an ihnen eng verbundene Menschen schickt, und die Firma Revenge Unlimited, die einem hilft, sich an mißliebigen Personen zu rächen,
indem sie verwelkte Rosen, verfaulten Fisch und geschmol-
zene Schokolade an diese verschickt. Diese »schwachsinnigen

Ideen« sind besonders interessant, weil sich mehrere davon als profitabel erwiesen. Der Autor Rob Wherry berichtet:

> Offenbar durchleben 40 Prozent aller Hunde nach einem Aufenthalt im Tierheim eine Phase intensiver Trennungsangst. Kein Grund zur Sorge: Sie können Vorkehrungen treffen, um Ihren Hund bei Ihrer Rückkehr zu beruhigen – und Ihr Mobiliar davor zu bewahren, zum Gegenstand der aufgestauten Angst Ihres Schoßhunds zu werden –, indem sie ihm eine Auswahl aus einem CD-Dreierpack namens Pet Music vorspielen, unter anderem mit den Titeln »Sunday in the Park«, »Natural Rhythms« und »Peaceful Playground«. Das mag uns komisch anmuten, aber wer lacht zuletzt? Nach Aussage von Incentive-Gesellschafter Andrew Borislow hat sich die Sammlung seit dem Sommer 50000mal verkauft.[20]

Was könnte dümmer sein, als Pet-Rock-Aufnahmen zu verkaufen? Vielleicht keinen Pet Rock zu verkaufen, da Pet Rock zu einem der erfolgreichsten Modetrends aller Zeiten wurde. Zu den Kassetten gab es ein *Pet Rock Training Manual*, »einen Leitfaden für den Aufbau einer glücklichen Beziehung zu ihrem Haustier«. Binnen weniger Monate wurden über eine Million Pet Rocks verkauft, zu je 3,95 Dollar.[21]

Psychologische Forschungen deuten darauf hin, daß die Generierung törichter und unpraktischer Ideen – und ihre anschließende Umdeutung zu intelligenten Ideen – aus zwei Gründen sinnvoll ist: um Menschen dazu zu veranlassen, vorhandene Überzeugungen in Frage zu stellen, und um kontraintuitive Ideen zu erhalten. Wie bereits erwähnt, handeln wir größtenteils »unbedacht bzw. unachtsam«, das heißt, ohne daß wir uns bewußt machen, was wir tun.[22] Studien der Psychologin Ellen Langer zeigen, daß »der einzelne unbewußt von Kategorien beherrscht wird, die ursprünglich ausgebildet wurden, als die Person sich in einem Zustand mentaler Achtsamkeit befand«.[23] Wenn wir unbedacht handeln, können wir nicht einmal erwägen, ob unser Verhalten konstruktiv oder destruktiv ist. Wenn wir uns unsere Annahmen und Überzeugungen bewußt machen und sie anschließend ins Gegenteil verkehren, sind wir gezwungen, auf Gedanken zu achten, die für gewöhnlich im kollektiven Unbewußten unseres Unternehmens begraben liegen, und über die Nachteile dieser unbedachten Verhaltensweisen nachzudenken.

Diese Technik ist auch deshalb vielversprechend, weil sie uns hilft, unsere tiefsitzende Neigung, das Unbekannte abzulehnen, zu überwinden. Sobald wir etwas bewußt wahrnehmen, bewerten wir es zwangsläufig und reagieren entweder emotional positiv oder negativ darauf. Diese schnellen Urteile können die Kreativität hemmen, weil die meisten von uns mit negativen Gefühlen auf Neues reagieren. Wie ich in Kapitel 1 zeigte, belegen zahlreiche Studien über den »Effekt der bloßen Darbietung von Reizen« *(mere exposure effect)*, daß Menschen auf »ungewohnte Reize« durchweg negativ reagieren, auch wenn sie sich dessen in der Regel nicht bewußt sind.[24] Die meisten Kreativitätsexperten raten uns eindringlich, während der Ideenfindungsphase keine Werturteile abzugeben, um neue, unverbrauchte Konzepte nicht zu lädieren. Aber es hat sich gezeigt, daß uns dies überfordert. Diese schräge Idee bewährt sich nicht zuletzt deshalb, weil sie Menschen dazu zwingt, Ideen aufzulisten, die ihnen ungewohnt und sonderbar vorkommen. Und diese Ideen bleiben gewissermaßen »im Spiel«, so daß sie – vielleicht von anderen, die sie nicht als so merkwürdig oder abstoßend empfinden – benutzt werden können.

Die eingewurzelten Überzeugungen einer Gruppe lassen sich auch noch auf zwei weitere Arten ans Tageslicht bringen und in Frage stellen. Man kann, erstens, einem oder zwei Mitgliedern die Rolle eines Advocatus Diaboli zuweisen und ihnen den Auftrag erteilen, Fehler in den Annahmen,

Überzeugungen, Fakten und Entscheidungen der Gruppe aufzudecken. Das zweite Verfahren heißt »dialektische Untersuchung«, und es geht einen Schritt weiter (und kommt dem
näher, was ich hier empfehle). Bei einer dialektischen Untersuchung stellen ernannte Kritiker nicht nur die Überzeugungen und Annahmen der Gruppe in Frage, sie entwickeln
darüber hinaus (plausible) Annahmen, welche die Überzeugungen der Gruppe ins Gegenteil verkehren. Dann erarbeiten
sie auf der Grundlage dieser neuen Annahmen andersartige,
ja konträre Empfehlungen.[25]

Gruppen, die diese Methoden benutzen, treffen bessere
Entscheidungen, auch kreative Entscheidungen, etwa bei der
Erarbeitung der Unternehmensstrategie. Gruppen können
»Advocatus Diaboli« und »dialektische Untersuchungen« insbesondere dazu verwenden, »Gruppendenken« zu verhindern; bei diesem Syndrom, das erstmals von Irving Janis
beschrieben wurde, setzen sich die Gruppenmitglieder gegenseitig unter Druck, die gleichen Meinungen zu bekunden
und »Warnungen oder sonstige Informationen zu entwerten,
die Mitglieder dazu veranlassen könnten, ihre Annahmen zu
überdenken«.[26] Janis behauptet auch, daß diese Verfahren die
besten Erfolge bringen, wenn man mindestens zwei Teammitgliedern gleichzeitig diese Rollen von »Gegenspielern«
zuweist und die Rollen turnusmäßig neu besetzt. Andernfalls wird die von diesen »Neinsagern« wahrgenommene
Aufgabe als ein Persönlichkeitsmerkmal betrachtet werden,
als etwas, das sie tun, weil sie »schwierig« sind und immer
nach den Schattenseiten der Dinge suchen. Diese Kritikaster
werden dann, obgleich sie nur ihre Arbeit erledigen, das übliche Schicksal von Abweichlern in den meisten Gesellschaften
erleiden und als »Strafe« dafür, daß sie die herrschende Meinung in Frage stellen, herabgewürdigt, gemieden und ignoriert.

Eine verwandte Technik besteht darin, Annahmen,
Geschäftspraktiken, Geschäftsmodelle oder Produkte zu iden-

tifizieren, die in Ihrer Branche – nicht in Ihrem Unternehmen – als besonders unsinnig gelten. Dies empfinden Kollegen vielleicht als weniger bedrohlich, da ihre teuersten Überzeugungen und Annahmen nicht direkt attackiert werden; dennoch profitiert das Unternehmen vom *Vu ja de*, also der Fähigkeit, dieselben altbekannten Sachverhalte aus einer neuen, ungewohnten Perspektive zu betrachten. Der Erfolg von Southwest Airlines verdankt sich teilweise der Erkenntnis, daß sich andere Fluggesellschaften auf die falschen Wettbewerber konzentrierten: Southwest betrachtet den Transport zu Land, nicht andere Fluggesellschaften, als den Hauptwettbewerber in vielen Märkten.[27]

Entwickeln Sie Ideen, die andere – zumindest für eine Weile – nicht kopieren

Fehlender Wettbewerbsdruck ist vielleicht der größte Vorteil, der sich aus dem Einsatz dieser Technik ergibt. Wie aus der am Anfang des Kapitels zitierten Äußerung von Bill Gross hervorgeht, kann Ihnen eine gute Idee, die im Widerspruch zur herrschenden Meinung in Ihrer Branche steht, einen deutlichen Vorsprung vor Ihren Wettbewerbern verschaffen, weil diese es für Selbstmord halten werden, Sie zu kopieren. Der Palm Pilot ist ein gutes Beispiel für diesen Vorteil in der Computerindustrie. Die Palm-Handgeräte gehören unter anderem deshalb zu den meistverkauften Elektronikgeräten aller Zeiten, weil diese Produktkategorie, als das erste Modell auf den Markt kam, gemeinhin als hundertprozentiger Flop angesehen wurde. Schließlich war es einigen der bekanntesten Unternehmen, darunter Apple und Microsoft, und scharfsinnigsten Ingenieuren der Welt nicht gelungen, einen erfolgreichen Hand-Held-Computer zu entwickeln. Als der CEO Jeff Hawkins und die Präsidentin Donna Dubinsky Kapital für das Unternehmen beschaffen wollten, erhielten sie daher von jedem Wagniskapitalgeber, an den sie sich wandten, einen Korb, weil diese nicht noch mehr Geld mit dieser hirnrissigen Idee verlieren wollten. Sie sagten: »Bitte keine weiteren Computer, die mit einem Stift bedient werden. Wir haben mit diesem fehlgeschlagenen Konzept bereits genügend Geld unserer Investoren verloren.« Doch gerade die Skepsis und die fehlende Konkurrenz erwiesen sich letztlich als ein gewaltiger Vorteil, da wichtige Wettbewerber zunächst nicht glaubten, daß der Palm Pilot erfolgreich sein würde, und als sie sich schließlich eines anderen besannen, waren der Palm Pilot und sein Betriebssystem bereits als Branchenstandard etabliert.

Ein weiteres Beispiel für diesen Vorteil sind Geoffrey Marcys bahnbrechende Forschungsarbeiten über die mögliche Existenz von Planeten, die ferne Sonnen umlaufen.[28] Andere Astronomen hielten es für einen Scherz, als er ihnen von seiner Forschungsarbeit erzählte. Marcys Hoffnungen, Planeten zu finden, die ferne Sonnen umlaufen, fußten auf zwei Annahmen, welche die meisten Astronomen für absurd hielten. Zum einen, daß es möglich sei, eine kaum merkliche »Taumelbewegung« ferner Sonnen zu erfassen, die durch die Massenanziehung eines großen Planeten auf die Sonne verursacht wird. Diese Taumelbewegung ist so schwach, daß ein Planet von der Größe Jupiters die Lichtwellen der Sonne, die er umläuft, periodisch in einer Größenordnung von einem Zehnmillionstel verlängern und verdichten würde. Die zweite Annahme, die gelten mußte (zumindest zu Beginn seiner Forschungen), war die Existenz riesiger Planeten, die mindestens fünfmal so groß waren wie Jupiter. Die Planeten mußten so groß sein, damit er mit seinen Fernrohren die geringfügigen Taumelbewegungen der Sonnen registrieren konnten. Diese Annahmen – und die ganze Idee, daß Planeten von der Erde aus aufgespürt werden können – galten als so absurd (besonders in den Vereinigten Staaten), daß er in dem Antrag auf Gewährung von Fördermitteln (in Höhe von nur 20 000 bis

30 000 Dollar) nicht einmal erwähnen durfte, daß er nach Planeten Ausschau hielt. Also beantragte er Mittel, um nach »Braunen Zwergen zu suchen, Sternen, die nicht groß genug sind, um zu echten Sternen zu werden, aber zu groß, um Planeten zu werden«.[29]

Die Tatsache, daß Marcys Forschungen nicht ernst genommen und seine Annahmen als absurd abgetan wurden, verschaffte ihm letztlich einen enormen Vorteil. Er hatte in den Vereinigten Staaten praktisch keine Konkurrenten, zumal in den ersten Jahren seiner Forschungen. Nachdem er (und europäische) Astronomen empirische Belege für die Existenz dieser riesigen Planeten zusammengetragen hatten, machte er sich rasch einen Namen auf diesem Gebiet. Seine Arbeit machte ihn zu einem Medienstar und trug ihm eine prestigeträchtige Position an der Universität von Kalifornien in Berkeley ein. Sie hat auch dazu beigetragen, daß die NASA grundlegende Änderungen an ihren Raumsonden vornahm, und sie führte zu der Vorhersage, daß der erste »blaue«, erdähnliche Planet innerhalb von zehn Jahren aufgespürt werden wird. Marcy war auch noch aus anderen Gründen so erfolgreich, unter anderem weil er wenig Kontakt zu anderen Wissenschaftlern hatte und mit jungen Leuten arbeitete, die nicht wußten, daß sie an einer unmöglichen Aufgabe arbeiteten. Doch die Tatsache, daß er kaum Konkurrenten hatte, erwies sich für Marcy und sein Team als gewaltiger Vorteil, als sich zeigte, daß sie recht hatten.

Schützen Sie »Querdenker«

Eine Annahme zieht sich wie ein roter Faden durch dieses Kapitel und den größten Teil dieses Buches: Viele neue Ideen stammen von Menschen, die innerhalb ihrer Unternehmen, Branchen und sozialen Gruppen als Außenseiter gelten. Der einfache Slogan von Apple Computers – »Think Different«

(Anders denken) – bringt diese Einstellung prägnant auf den Punkt. Leider bekennen sich die meisten Unternehmen nur vordergründig zu diesem »anders denken und handeln«, und sobald ein Mitarbeiter diesen Slogan ernst nimmt, wird er ignoriert, schikaniert oder entlassen. Wenn Sie Ihre Mitarbeiter wirklich dazu ermuntern möchten, hirnrissige und unzweckmäßige Ideen zu entwickeln, dann rate ich Ihnen, selbst leichten Spott und herabsetzende Bemerkungen zu verbieten, wenn jemand mit verschrobenen Ideen aufwartet.

Humor und Gelächter können, wie ich gezeigt habe, Wunderbares bewirken, aber sie haben eine Schattenseite. Studien über Humor belegen, daß Scherze und Sticheleien oftmals als gehässig und kränkend erlebt werden.[30] Der Spott und die herabsetzenden Bemerkungen, die viele Menschen über sich ergehen lassen müssen, weil sie »anders« sind, sind ein gutes Beispiel; sie können nicht nur verletzend sein, sondern hemmen und lähmen auch viele Menschen, die den Mut haben, etwas Neues auszuprobieren oder überhaupt etwas zu tun.

Der Schaden, den scheinbar heiterer Spott und nicht ernst gemeinte Sticheleien anrichten können, wird durch eine Anekdote verdeutlicht, die Gordon MacKenzie berichtet, der Workshops zur Förderung der Kreativität in Großunternehmen abhält und während seiner Jahre bei Hallmark Cards den Beinamen »Kreatives Paradox« hatte.[31] MacKenzie veranstaltete einen Workshop bei Hallmark, auf dem eine Frau »mit schüchternem Eifer« in einer Skizze darstellte, was sie von sich, ihrer Gruppe »Management of Information Systems« und Hallmark hielt. Ihre Kollegen reagierten mit »rüpelhaftem Hohn« auf ihre mangelnde zeichnerische Geschicklichkeit; dies schien sie schwer zu kränken, und »nach einer kleinlauten Erklärung ihrer Zeichnung hastete sie mit niedergeschlagenem Blick zurück an ihren Platz«. MacKenzie konfrontierte die Gruppe mit ihrem Verhalten:

> Sticheln ist eine verschleierte Form, jemanden zu beschämen ... Ich vermute, daß Sie diese Frau, gegen die Sie stichelten, unbewußt aus der Fassung bringen wollten – um sie davon abzuhalten, etwas zu riskieren, wozu sie ganz offensichtlich bereit war. Weshalb wollten Sie dies tun? ... Da wir gegenüber anderen oder uns selbst nicht zugeben möchten, daß wir Entwicklung zu verhindern trachten, verschleiern wir unsere beschämende Absicht als Necken – »alles, um viel Spaß zu haben«.[32]

MacKenzie hat recht. Auch wenn spöttische und herabsetzende Bemerkungen im Gewand harmloser Neckereien daherkommen, halten sie uns oftmals davon ab, anders zu denken und zu handeln, auch wenn die Peiniger sich nur selten bewußt sind, welchen Schaden ihre Worte angerichtet haben. Wenn Sie möchten, daß Ihre Mitarbeiter abstruse und unzweckmäßige Ideen vorbringen, die Ihrem Unternehmen vielleicht später einmal viel Freude und Geld einbringen, sollten Sie sie loben und sich bemühen, selbst mit noch absurderen Ideen aufzuwarten. Wenn Sie hören, daß Mitarbeiter, die unerhörte oder verrückte Ideen vorschlagen, verhöhnt werden, sollten Sie alles daransetzen, dies zu unterbinden. Und bedenken Sie: Wenn Sie und andere in Ihrem Unternehmen die Urheber verquerer Ideen verhöhnen, und sei es auch in spaßiger Weise, dann werden kreative Menschen wahrscheinlich in Zukunft mit ihren Ideen hinterm Berg halten. Sie werden einfach mit der Masse gehen, zumindest eine Zeitlang, bis sie zu einem Ihrer Wettbewerber wechseln oder ihr eigenes Unternehmen gründen.

Schräge Idee Nr. 8 erfolgreich umsetzen

Setzen Sie innovative Potentiale frei, indem Sie lächerliche und unpraktische Konzepte ersinnen und verwirklichen

- Stellen Sie – durch Brainstorming – eine Liste mit absurden Konzepten zusammen, verkehren Sie diese Ideen ins Gegenteil, und diskutieren Sie darüber, was für beziehungsweise gegen die Umsetzung dieser Vorschläge spricht.

- Stellen Sie eine Liste lächerlicher und unpraktischer Ideen zusammen, und sammeln Sie dann die besten Argumente, die dafür sprechen, daß es sich eigentlich um intelligente Vorschläge handelt.

- Um Mitarbeitern die Gefahren für selbstverständlich erachteter Annahmen zu verdeutlichen, sollten Sie eine Bestandsaufnahme der Ideen durchführen, die früher einmal in Ihrem Unternehmen und andernorts vorgeschlagen und zunächst für absurd gehalten wurden, mittlerweile aber gang und gäbe sind.

- Entwerfen Sie unter Berücksichtigung des gegenwärtigen Kenntnisstandes mehrere verschiedene Zukunftsszenarien für Ihr Unternehmen.

- Identifizieren Sie die absurdesten Dinge, die Ihre Wettbewerber tun (oder getan haben), und stellen Sie Argumente zusammen, die dafür sprechen, daß Ihr Unternehmen diese *nicht* tun sollte.

- Ermitteln Sie die absurdesten Dinge, die Unternehmen in anderen Branchen tun (oder getan haben), und stellen Sie Argumente zusammen, die dafür sprechen, daß Ihr Unternehmen diese ebenfalls *tun* sollte.

- Arbeiten Sie mit den Techniken des Advocatus Diaboli und dialektischer Untersuchungen: Weisen Sie Mitarbeitern die Aufgabe zu, die Annahmen und Entscheidungen Ihrer Gruppe in Frage zu stellen und Argumente dafür zu sammeln, daß die gegenteiligen Annahmen und Entscheidungen überlegen sind.

- Verbieten Sie (auch scheinbar spaßig gemeinte) spöttische und herabsetzende Bemerkungen, wenn jemand lächerliche oder unzweckmäßige Ideen vorschlägt.

KAPITEL 12

Meiden, verwirren und langweilen Sie Kunden, Kritiker und alle, die nur über Geld sprechen wollen (schräge Idee Nr. 9)

Ich kann meine Kunden nicht nach ihren Wünschen fragen. Sie sind noch gar nicht auf der Welt.[1]
Ein Ingenieur von Xerox PARC

Nachdem man einen Samen ausgesät hat, sollte man ihn nicht jede Woche ausgraben, um nachzusehen, wie er sich entwickelt.[2]
William Coyne, ehemaliger Executive Vice President für Forschung und Entwicklung bei 3M

Ich wußte genau, daß in der Sony-Hauptverwaltung kein gutes Haar an seinen Ideen gelassen würde ... Daher versetzte ich Kutaragi und neun Mitglieder seines Teams zu Sony Music, räumte das frühere Büro von Epic Sony in Aoyama und schuf ein Umfeld, in dem Kutaragis Team zusammen mit Software-Ingenieuren die CD-ROM entwickkeln konnte. Obgleich diese Entscheidung viel Unmut bei Sony auslöste, habe ich sie durchgezogen. Ich kann mit Sicherheit sagen, daß es wesentlich zum Erfolg der Sony-Playstation beitrug, daß ich das Genie Kutaragi aus dem Sony-Umfeld entfernte.[3]
Norio Ohga, ehemaliger President (und gegenwärtig Chairman) von Sony

SHAKESPEARE SAGTE, die Welt sei eine Bühne. Aber wenn Sie ein Unternehmen möchten, das überwältigende Vorstellungen vor entzückten Zuschauern aufführt, dann müssen Ihre

Mitarbeiter auch eine Zeitlang hinter den Kulissen, außerhalb des Rampenlichts, wirken, um Neues zu schaffen. Dieses Kapitel zeigt, auf welche Weise und weshalb sich Unternehmen manchmal seltsam verhalten, um zu verhindern, daß andere – vor allem die falschen Kunden, Kritiker und »Erbsenzähler« – Einblick in innovative Tätigkeiten erhalten und sich zur Unzeit darin einmischen.

Die Empfehlung, daß Innovatoren sich von Außenstehenden nicht in die Karten schauen lassen sollten, geht auf einen Befund zurück, der in gleicher Weise auf Menschen, Ameisen, Schaben, Hühner, Grünfinken, Mäuse, Ratten und Affen zutrifft: In Gegenwart von Artgenossen gehen uns altgewohnte Tätigkeiten leichter von der Hand, während wir neue Verhaltensweisen schlechter erlernen. Die Anwesenheit von Artgenossen läßt uns vertraute Handlungen schneller und besser ausführen, wohingegen wir neue Reaktionsmuster langsamer erlernen und schlechter ausführen. Es gibt Parallelen im Tierreich: So zeigte sich in einem Experiment mit Schaben, daß einzelne Kerbtiere nach drei »Lerneinheiten« ein E-förmiges Labyrinth in durchschnittlich zwei Minuten durchliefen, während Schabenpaare sechs Minuten und Dreiergruppen sogar neun Minuten brauchten.[4] Dieser »Effekt der Präsenz von Artgenossen«* *(audience effect)* beziehungsweise »soziale Leistungsförderungseffekt« *(social facilitation effect)* ist unter anderem darauf zurückzuführen, daß sowohl bei Menschen als auch bei Tieren die Gegenwart von Artgenossen das physiologische Aktivierungsniveau des Nervensystems erhöht. Dies steigert zwar das Energieniveau, führt jedoch zu einer engen Fokussierung auf eingewurzelte Verhaltensweisen und zum Meiden neuer, nicht so gut eingeübter Verhaltensweisen.

Beim Menschen bedeutet dies, daß die visuellen und aku-

---

* Auch »Effekt des Beobachtetwerdens« genannt; A.d.Ü.

stischen Stimuli, die von anderen Menschen ausgehen, eine Art »Tunnelsehen« auslösen können, wobei das Mehr an verfügbarer Energie auf Tätigkeiten verteilt wird, die ohnehin schon routiniert ausgeführt werden. Zumal in Gegenwart von »bewertenden Personen« wie Kritikern und Vorgesetzten scheuen wir davor zurück, Neues auszuprobieren, weil wir unseren Ruf wahren möchten. Der Wunsch, einen guten Eindruck zu machen, veranlaßt uns, an gewohnten und bewährten Verhaltensweisen festzuhalten, die mit höherer Wahrscheinlichkeit erfolgreich sein werden als neue, unerprobte Verhaltensweisen. Selbst wenn eine altbewährte Vorgehensweise scheitert, läßt sie sich als »Standardverfahren, das bislang immer funktioniert hat«, rechtfertigen. Schließlich wird der Arbeitsablauf auch dann gebremst, wenn man immer wieder von neugierigen Kunden, Vorgesetzten, Kollegen oder Reportern unterbrochen wird, die den aktuellen Leistungsstand abfragen möchten, zusätzlichen Erklärungsbedarf sehen oder auch einfach nur neugierig sind. Wer ständig von Störenfrieden geplagt wird, konzentriert sich vielleicht auf Routinetätigkeiten, einfach weil er für (zeitaufwendigere) innovative Aufgaben weniger Zeit hat.

Die meisten Studien zum »Effekt der Präsenz von Artgenossen« konzentrieren sich auf Individuen, doch Experimente mit Brainstorming-Gruppen und Fallstudien zeigen, daß sowohl willkommene Gäste als auch unerwünschte Eindringlinge die Innovationskraft von Gruppen und Unternehmen hemmen können, besonders wenn sie neugierig und wertend sind, oder einen ständig von der Arbeit ablenken.[5] Wohlbekannte Fälle belegen, daß Menschen, die innovative Tätigkeiten verrichten, produktiver sind, wenn sie für sich allein arbeiten. Tracy Kidders Buch *The Soul of a New Machine* (für das sie den Pulitzer-Preis erhielt) beschreibt ein Team von Ingenieuren, das, abgesondert von den übrigen Beschäftigten, in spartanisch eingerichteten Büros im Kellergeschoß eines Gebäudes arbeitete. Kidder schildert, wie der damit verbundene Mangel an Aufmerksamkeit den »Micro-kids« in diesem »Eagle Team« half, effizienter (und schneller) einen neuen Mikrocomputer für Data General zu entwik-keln.[6] Im Jahr 1978 befürchtete der damalige Honda-Präsi-dent Kiyoshi Kawashima, Honda verliere seine Vitalität, weil obere Führungskräfte nicht mehr wüßten, welche Autos sich junge Menschen wünschten. Kawashima brachte die jüng-sten Mitglieder seines Stabes (Durchschnittsalter 27 Jahre) zusammen und erteilte ihnen den Auftrag, ein neues Pkw-Modell speziell für jüngere Kunden zu entwickeln. Er sicherte ihnen zu, daß die Führungsspitze sich nicht in die Arbeit des Teams einmischen werde. Das Ergebnis war der »Honda City«, der reißenden Absatz fand.[7]

Das Team, das den ersten Macintosh-Computer entwik-kelte, arbeitete räumlich getrennt von den übrigen Apple-Mitarbeitern in einem eigenen Gebäude. Doch dieses Gebäude war alles andere als ein spartanisches Kellergeschoß: In der Lobby stand ein großes Klavier, und die Mitglieder des Teams konnten sich zweimal pro Woche in ihrem Büro mas-sieren lassen. Der Leiter des Teams, Apple-Mitgründer Steve Jobs, schirmte sie gegen Störungen und Bewertungen ab, vor allem seitens anderer Apple-Ingenieure und -Manager.[8] Schließlich sind die Wissenschaftler, die die erste funktions-tüchtige Atombombe entwickelten, die vielleicht berühmteste Gruppe, die kreative Arbeit in Abgeschiedenheit verrichtete. Das »Manhattan-Projekt« wurde im entlegenen Los Alamos, New Mexico, durchgeführt, offensichtlich »um eine geschwät-zige und unberechenbare Gemeinschaft von Wissenschaftlern unter Quarantäne zu stellen«.[9] Diese Isolation half nicht nur, die Geheimhaltung zu wahren, das Fehlen von Einmischun-gen und Ablenkungen wird oftmals als Erklärung dafür ange-führt, daß das Team die Bombe trotz der großen technischen Herausforderungen so schnell zu bauen vermochte.

Die Gefahren, die damit verbunden sind, Betriebsfremde (und seien sie noch so wohlmeinend) in innovative Arbeiten einzubeziehen, werden an dem Schicksal der Wallace Pipe Company deutlich. Wallace entwickelte und implementierte Ende der achtziger Jahre zahlreiche Innovationen in seinem Fertigungs- und Vertriebsprozeß. Diese Neuerungen waren so erfolgreich, daß Wallace im Jahr 1990 das erste kleine Fertigungsunternehmen war, das mit dem prestigeträchtigen Malcolm-Baldridge-Preis für Spitzenqualität ausgezeichnet wurde. Nach der Preisverleihung besuchten Manager anderer Unternehmen Wallace, um »am Modell zu lernen«. Die Führungskräfte von Wallace hielten zahlreiche Vorträge auf Konferenzen und in anderen Firmen, und sie gaben zahllose Interviews. Diese schmeichelhaften Zerstreuungen trugen mit dazu bei, das Unternehmen in den Konkurs zu treiben.[10] Ein leitender Angestellter des Unternehmens, das Wallace übernahm, meinte dazu:

> Wenn man den Baldridge Award gewinnt, gibt es eine unausgesprochene Pflicht, wenn nicht gar eine zwingende Verpflichtung, das Erfolgsrezept anderen mitzuteilen. Es ist für die Entscheidungsträger sehr zeitraubend, Vorträge zu halten und das Erfolgsrezept zu verbreiten. Außerdem muß man das Unternehmen für Fremde öffnen, die seine Systeme und Abläufe kennenlernen wollen. Das ist gut, aber wenn man ums Überleben kämpft, kann es zu einem finanziellen Problem werden und den ursprünglichen Zweck, die Zukunftsfähigkeit zu sichern, vereiteln.[11]

Diese Befunde belegen, daß Individuen, Teams und Unternehmen, die innovativ sein möchten, manchmal neugierige, rechthaberische und aufdringliche Außenstehende – beziehungsweise jeden, der so interessant ist, daß er sie von ihrer Arbeit ablenken kann – meiden sollten. Das Problem liegt zum Teil darin, daß wohlmeinende Manager oder Investoren, die auf engmaschiger Kontrolle und ständigen Erklärungen bestehen, unabsichtlich Innovationen den Garaus machen können, weil die betreffenden Mitarbeiter das tun werden, was kurzfristig *am besten erscheint*, statt das zu tun, was ihres Erachtens langfristig *am besten ist*. Ein weiterer Aspekt des Problems liegt darin, daß unsachliche Ablenkungen, ob sie angenehm oder lästig sind, wertvolle Zeit und kostbare Ressourcen in Beschlag nehmen, die für innovative Tätigkeiten benötigt werden.

Ich möchte jedoch nicht den Eindruck bei Ihnen hinterlassen, daß alle Aspekte innovativer Arbeit am besten in sozialer Isolation durchgeführt würden. Das ist nicht nur eine grobe Vereinfachung, sondern schlichtweg falsch. Wie ich in diesem Buch immer wieder betone, gibt es zahlreiche kritische Zeitpunkte im Innovationsprozeß, zu denen einzelne und Teams dringend die Unterstützung von Außenstehenden brauchen. Um nur einige zu nennen: Sie müssen bunt gemischte Bewerber einstellen, um sich neue Ideen zu verschaffen. Sie müssen einen ständigen Meinungsaustausch mit Außenstehenden führen, um von neuen Technologien, Dienstleistungen und Geschäftsmodellen Kenntnis zu erlangen. Sie brauchen Außenstehende, um die Fesseln der Vergangenheit abzustreifen. Und schließlich sind die meisten Projekte zum Scheitern verurteilt, wenn sie nicht von Topmanagern, mächtigen Kritikern und Kunden unterstützt werden. Dies ändert freilich nichts an der Tatsache, daß die Einbeziehung von Außenstehenden kontraproduktiv ist, wenn einzelne oder Teams etwas Neues lernen möchten und, vor allem, wenn sie unausgereifte, aber vielversprechende Ideen ersinnen, entwickeln und ersten Tests unterziehen wollen. Wenn Sie verhindern wollen, daß eine vielversprechende Idee im Keim erstickt oder zu einem kümmerlichen Abbild des Originals zurechtgestutzt wird, sollten Sie sich insbesondere davor hüten, drei Kategorien von Personen in innovative Projekte einzuweihen: die falschen Kunden, Manager und »Erbsenzähler«.

AUSSENSTEHENDE, DIE (UNABSICHTLICH) INNO-VATIONEN UNTERDRÜCKEN, UND WAS SIE TUN KÖNNEN, WENN SIE EINER DAVON SIND

Die falschen Kunden oder die richtigen Kunden zur falschen Zeit

Hüten Sie sich vor den Meinungen von Klienten oder Kunden, welche die gegenwärtigen Produkte oder Dienstleistungen Ihres Unternehmens nutzen, sowie vor den Einschätzungen von Kollegen aus Marketing und Vertrieb, die deren Ansichten wiedergeben. Besondere Vorsicht ist im Umgang mit Marktforschern geboten, die die Kundenreaktionen auf ein neues Konzept in jedem kritischen Moment seiner Entwicklung testen wollen. Aus Studien über die Wirkung der »bloßen Darbietung von Reizen«, die ich in Kapitel 1 beschrieb, wissen wir, daß sich Menschen von Vertrautem angezogen und von Unbekanntem abgestoßen fühlen. Fragt man Kunden nach ihren Wünschen, so konzentrieren sie sich in gleicher Weise auf ihre gegenwärtigen Bedürfnisse, nicht auf die künftigen Wünsche und Bedürfnisse. Die meisten Nutzer von Großrechnern, die IBM in den siebziger Jahren befragte, konnten sich nicht vorstellen, jemals Verwendung für einen kleinen Rechner auf ihrem Schreibtisch zu haben. Und viele der Verbraucher, die von Marketingfachleuten von 3M befragt wurden, konnten sich nicht vorstellen, daß sie jemals statt Büro- oder Heftklammern den Klebstoff auf der Rückseite von Haftnotizen verwenden wollten.

Die hemmende Wirkung einer allzu starken Orientierung an den Kundenwünschen wird durch ein kurzfristiges Absatz- und Ertragsdenken noch verstärkt, weil es immer am sichersten ist, ein Produkt oder eine Dienstleistung nachzuahmen oder leicht zu verbessern, die *jetzt* in der Branche, in der man tätig ist, Erfolg haben. Dies geschieht in der Filmindustrie, wenn »Kreativteams von der Marketingabteilung ›gefügig gemacht werden‹«.[12] Der Filmemacher Cameron Crowe, der an Kassenschlagern wie *Ich glaub', ich steh' im Wald, Jerry Maguire* und *Almost Famous* mitarbeitete, erklärt, wie in Hollywood die Zusammenarbeit mit Marketingkräften, vor allem jenen, die primär an der Maximierung der kurzfristigen Erträge interessiert sind, phantasievolle Ideen unterdrückt.

Es gibt immer mehr Leute, die bei den Kreativleuten mitmischen: die Marketingkräfte, die Konzepttester und die Werbeleute. Den höchsten Zuspruch erhalten dabei die zugkräftigsten Themen: eine sexy Puppe, ein schlüpfriger Witz, ein spannender Plot. Alles wird getestet. Dies soll das Risiko senken, doch tatsächlich untergräbt es das Selbstvertrauen und die Kreativität eines Drehbuchautors, wenn so viele Leute mitmischen dürfen.[13]

Disney-Chef Michael Eisner äußert eine ähnliche Klage: »Der größte Teil der Publikums- beziehungsweise Kundenforschung ist nutzlos.«[14] Eisner räumt ein, die Reaktionen von Kunden auf laufende Filmprojekte seien hilfreich, um die Marketingbotschaften zu optimieren, aber er sagt auch, daß sie einem die Entscheidung über die nächsten Projekte nicht erleichterten. Er behauptet, nur weil *Titanic* ein so großer Erfolg gewesen sei, würde ein weiterer Film »über eine Liebesgeschichte auf einem sinkenden Schiff« nicht unbedingt zu einem Kassenschlager. Diese Unfähigkeit, aus aktuellen auf künftige Präferenzen zu schließen, ist der Grund, weshalb der Ingenieur von Xerox PARC halb im Scherz meinte, er könne die Kunden nicht fragen, was sie wollten, weil sie noch nicht geboren seien. Und aus dem gleichen Grund behauptet Bob Metcalfe, der Gründer von 3Com, der finanzielle Erfolg von 3Coms Etherlink, einer Hochgeschwindigkeitstechnologie zur Vernetzung von Rechnern, verdanke sich der Tatsache, daß er Berichte von Außendienstmitarbeitern von 3Com *ignoriert* habe, wonach Kunden dringend nach einer geringfügigen Verbesserung bei einem Verkaufsschlager verlangten.[15] Einige Vertreter kündigten sogar frustriert, nachdem das Management beschlossen hatte, keine verbesserte Version des bestehenden Produkts zu entwickeln, weil 3Com »nicht auf unsere Kunden hörte«. Metcalfe sagte, 3Com habe die Rückmeldungen dieser Außendienstmitarbeiter ignorieren müssen, weil das Produkt, das ihre Kunden wünschten, schon bald aufgrund von Etherlink veraltet gewesen wäre:

> Die eigentliche Lehre lautet, daß man die Kunden, auf die man hört, sehr sorgfältig auswählen muß. Und selbst dann kann man ihnen nicht unbedingt geben, was sie wollen. Man muß Produkte entwickeln, welche die Kunden zu dem Zeitpunkt brauchen werden, zu dem sie auf dem Markt eingeführt werden. Andernfalls wird man nach Abschluß des Entwicklungsprozesses und dem Beginn der Serienfertigung etwas anbieten, was der Kunde letztes Jahr wollte.[16]

Dies bedeutet nicht, daß sich Mitarbeiter aus Marketing und Vertrieb sowie Produkttester immer heraushalten sollten. Metcalfe ignorierte zwar seine Vertreter in dem vorausgehenden Beispiel, er sagt jedoch neidischen Ingenieuren, er sei deshalb reich, weil jemand die Technologien, die er entwikkelte, verkaufe: »Nicht wegen eines genialen Geistesblitzes in einem akademischen Elfenbeinturm.« Zudem können Marketingkräfte dadurch Innovationen fördern, daß sie Ideen von Kunden melden, welche die Produkte des Unternehmens bislang nicht kaufen, entweder weil sie noch nicht alt genug sind, sich die Produkte nicht leisten können oder sie nicht ansprechend finden. Als Marketingfachleute in der Europa-Zentrale von Ford Ratschläge von »markenbewußten Teenagern, sogenannten Echo-Boomern [unter 19jährige]«, haben wollten, versuchten sie die Wünsche dieser künftigen Kunden nicht mit Hilfe von Fokusgruppen zu ermitteln. Vielmehr beobachteten und sprachen sie mit diesen »Echo-Boomern« an ihren Treffpunkten wie einem Londoner Friseursalon, in dem experimenteller Techno-Pop gespielt wurde, und den heißesten Diskos von London. Der für Europa zuständige Marktforschungsleiter, der 27jährige Andrew Grant, sagte: »Wir entschieden uns absichtlich für eine Schocktaktik … Plötzlich waren unsere Kunden keine statistischen Daten auf einem Blatt Papier mehr und auch kein intelligentes Profil einer Werbeagentur. Sie waren Wesen aus Fleisch und Blut, die vor uns standen.« Mitarbeiter von Ford fragten die Echo-Boomer nicht nur nach ihren Wünschen, sondern sie benutzten auch CAD-Tools, um die Reaktionen von »Echo-Boomern« auf Designkonzepte zu prüfen, und setzten Vorschläge dieser Teenager sofort um. »Die Jugendlichen machten hier und da Veränderungsvorschläge und erarbeiteten zusammen mit den Designern eine Skizze eines Autos, das einfach und relativ preiswert ist.«[17]

Noch erfolgversprechender ist es, künftigen Kunden die Hauptverantwortung für die Entwicklung von Produkten zu übertragen, die sie kaufen werden. Die Entwicklung des Palm V ist ein hervorragendes Beispiel dafür. IDEO hat einen Großteil der Arbeit an diesem Produkt ausgeführt. Frühere Hand-Held-Computer von Palm waren richtige Renner, aber 95 Prozent der Benutzer waren Männer. Projektleiter Dennis Boyle hielt nicht nur Diskussionsrunden mit 15 IDEO-Mitarbeiterinnen ab, bei denen das Produkt kritisiert werden sollte, er ernannte auch zwei Entwicklungsingenieurinnen – Amy Han und Trae Niest – zu Projektleiterinnen. Diese Ingenieurinnen halfen bei der Bewältigung konstruktiver Probleme wie der Anbringung der Schreibnadel, der Versorgung mit genügend Energie und dem Entwerfen eines stabilen und doch dünnen Gehäuses. Und die von allen IDEO-Mitarbeiterinnen geäußerten Kritikpunkte wirkten sich nachhaltig auf die Gestaltung des Produkts aus. Seine endgültige Formgebung verdankte sich Fragen wie: »Warum muß es rechteckig sein? Warum darf es nicht geschwungen, spitz zulaufend und ästhetisch ansprechend sein?«, und Einwänden wie etwa, warum es in »Männerdomänen« wie Elektronikläden statt in Supermarktketten verkauft werden mußte. Das schnittige, elegante Produkt, das schließlich herauskam, fand viel Anklang, und sowohl Männer als auch Frauen kauften Millionen davon. Das Supermodel Claudia Schiffer schloß sogar eine Partnerschaft mit Palm, um ihre eigene Auflage des Palm V in glänzend metallischem Blaugrün zu verkaufen.[18]

Die falschen Manager

Ein neugieriger Chef kann die Innovationskraft dadurch hemmen, daß er Mitarbeiter oder Teams ständig um Fortschrittsberichte bittet. Dies sind, frei nach William Coyne von 3M, jene Manager, die jede Woche den Samen ausgraben, um nachzusehen, wie gut er sich entwickelt hat. Ein Fertigungsunternehmen, mit dem ich vor ein paar Jahren zusammenarbeitete, liefert ein anschauliches Beispiel für dieses Syndrom. Die Unternehmensleitung übte mit ihrer Forderung nach »qualitativ hochwertigen« Produktdemonstrationen mit phantasievollen Prototypen, wohldurchdachten PowerPoint-Präsentationen und gekonnten Videos während des Entwicklungsprozesses einen so starken Druck aus, daß ein frustrierter Ingenieur sagte: »Wir verschwenden so viel Zeit mit der Vorbereitung auf diese aufwendigen Produktdarbietungen, daß uns wenig Zeit für die eigentliche Produktentwicklung bleibt.«

Dieses Problem wird noch verschärft, wenn die Arbeit von Führungskräften, die viel Macht besitzen, *aber nur wenig oder gar nichts von der Technologie, dem Produkt oder dem Markt verstehen*, minutiös geprüft wird. Solche Manager liefern den unerschöpflichen Stoff zu den Dilbert-Cartoons von Scott Adams. Anmaßende Manager, die ihr Wissen und ihre Geschmackssicherheit überschätzen, vergeuden nicht nur die kostbare Zeit der Mitarbeiter, sie können auch gute Ideen im Keim ersticken oder ruinieren und einen destruktiven Zynismus um sich verbreiten. Vor ein paar Jahren sagte eine Teilnehmerin an einem meiner Seminare in Stanford, sie habe einen solchen Vorgesetzten bei Hewlett-Packard: »Er steckte seine Nase überall rein und gab uns unmögliche Ratschläge. Er sagte uns, er befolge die HP-Philosophie und betreibe FDHW [›Führung durch Herumwandern‹]. Aber er hätte in seinem Büro bleiben sollen.« Diese Geschichte hatte allerdings ein Happy-End, denn nachdem der Führungsspitze Beschwerden zu Ohren gekommen waren, wurde dieser Manager auf eine Position versetzt, die seinen Fähigkeiten besser entsprach.

Ein nützliches Leitprinzip für alle Führungskräfte lautet demnach, wie schon erwähnt: »Vor allem keinen Schaden zufügen.« Wenn Sie sich in einer Sache nicht besonders gut auskennen, sollten Sie sich heraushalten und darauf vertrauen, daß sachkundigere Mitarbeiter weniger Fehler machen werden als Sie. Ein Kennzeichen der Weisheit besteht darin, genügend Demut zu besitzen, sich sachkundigeren Personen zu beugen, statt überheblich davon auszugehen, daß man im Recht ist, nur weil man hierarchisch übergeordnet ist oder höheres Ansehen genießt. Dennis Bakke liefert ein Extrembeispiel für diese praktizierte Weisheit. Bakke ist Chef und Mitgründer von AES, einem äußerst erfolgreichen Unternehmen, das über 110 Kraftwerke in 16 Ländern geplant und gebaut hat und managt. Bakke redet nicht nur darüber, daß jene Mitarbeiter, die einen Markt am besten kennen, die Entscheidungen vor Ort treffen sollen. Am 3. November 2000 gaben die regionalen AES-Manager überraschend ein Übernahmeangebot im Wert von einer Milliarde Dollar für einen großen chilenischen Stromerzeuger ab. Dies war nicht nur eine Überraschung für die Wettbewerber von AES, es war auch eine Überraschung für Bakke. Das *Wall Street Journal* berichtete:

> Doch der Mann an der Spitze hatte keine einzige schlaflose Minute wegen des milliardenschweren Übernahmeangebots, das wenig später zu heftigen Kursausschlägen der Aktien beider Unternehmen führte. »Ich hab es erst im nachhinein erfahren«, sagt CEO Dennis Bakke, der von einem der regionalen AES-Manager davon unterrichtet wurde, daß man sich zur Abgabe des Übernahmeangebots entschlossen habe. »Er rief mich an und sagte: Wir haben's gemacht.«[19]

Bakke wurde vor dieser Entscheidung konsultiert, aber er delegierte die Kompetenz und Zuständigkeit für die Entscheidung an Führungskräfte in Südamerika. Dies ist bei AES, wo sich die Manager eher als Coachs und weniger als Entscheidungsträger verstehen, gängige Praxis. Nur wenige Topmanager vertrauen ihren Mitarbeitern in solchem Maße, und einige würden vielleicht sogar behaupten, daß AES zuviel delegiert. Aber der Erfolg gibt ihnen recht. AES reagiert immer schneller als seine Wettbewerber, und dies ist ein Grund dafür, daß der Wert der Aktie des Unternehmens zwischen 1995 und 2000 um fast 1000 Prozent gestiegen ist, was mehr als dem Zehnfachen des Branchendurchschnitts entspricht.

Die falschen Erbsenzähler zur falschen Zeit

Ohne Geld keine Innovation. Projekte, denen es an Ressourcen mangelt, weil sie nicht die erforderliche Zeit, das Personal und die Materialien haben, um vielfältige Ideen zu sammeln, sie in neuen Kombinationen zu erproben, eine Vielzahl davon auszusondern und gute Ideen auszufeilen und zu optimieren, werden dadurch in Mitleidenschaft gezogen. Eine gründliche Studie über die Kreativität von 26 Produktentwicklungsteams zeigt, daß ein wesentlicher Unterschied zwischen den besten und den schlechtesten sechs Teams darin bestand, daß nicht so kreative Teams viel mehr über Geld und sonstige Ressourcen sprachen, und zwar hauptsächlich deshalb, weil sie nicht genügend hatten, um ihre Arbeit angemessen durchzuführen.[20]

Das ständige Nachdenken und Sprechen über Geld kann die Innovation hemmen, selbst wenn genügend Geld zur Verfügung steht, um die Arbeit ordnungsgemäß zu verrichten. Zahlreiche Studien zeigen, daß die Qualität und die Kreativität der Arbeit in Mitleidenschaft gezogen werden, wenn sich einzelne oder Teams allzusehr auf Geld (und Anerkennung) statt auf die Arbeit selbst konzentrieren. Dies hängt damit zusammen, daß Menschen, die sich auf »extrinsische Belohnungen« konzentrieren – und nicht auf die »intrinsischen« Aspekte der Arbeit selbst –, ihre Aufmerksamkeit von den Freuden und Problemen der Arbeit an sich hin zu dem Geld und Lob verschieben, das die Arbeit ihnen bringen wird (oder nicht). Teresa Amabile, eine führende Kreativitätsforscherin, nennt dies das *intrinsische Motivationsprinzip der Kreativität*: »Menschen sind dann am kreativsten, wenn sie sich hauptsächlich durch die Arbeit an sich – ihren Reiz, ihre Befriedigung und die Herausforderungen, die sie bereithält – motiviert fühlen und nicht durch externe Faktoren unter Druck gesetzt werden.«[21]

Amabiles intrinsisches Motivationsprinzip ist empirisch bestens belegt, aber es läßt sich in der Praxis nur schwer nutzbar machen, weil so viele Kräfte in Organisationen, selbst gemeinnützigen Organisationen und Hochschulen, deren Mitglieder immer wieder mit Geld konfrontieren. Es ist leichter, in manchen Situationen die Ausrichtung auf extrinsische Belohnungen zu verringern, indem man etwa Eltern überzeugende Belege dafür vorlegt, daß es letztlich die Lernbereitschaft und das schulische Leistungsniveau ihrer Kinder untergräbt, wenn sie diese für gute Noten mit Geld belohnen. Am Arbeitsplatz ist dies jedoch viel schwieriger. Schließlich ist die Vergütung einer der Hauptgründe, vielleicht *der* Hauptgrund dafür, daß die meisten Menschen überhaupt arbeiten. Der soziale Status in Organisationen und Gesellschaften ist eng mit der Höhe der Einkünfte verknüpft. Das Grundgehalt, Zusatzleistungen und Aktienoptionen gehören zu den wichtigsten Anreizen, mit denen Unternehmen neue Mitarbeiter ködern. Daher sollte man nicht erwarten, Mitarbeiter dazu bewegen zu können, nicht mehr an Geld und nur noch an ihre Arbeit zu denken.

Selbst in den wenigen Unternehmen, in denen das Vergütungssystem als fair angesehen wird und die meisten Beschäftigten interessante Arbeiten haben, kann es der Führungsspitze schwerfallen, sich von finanziellen Angelegenheiten zu lösen, weil die Topmanager, wenn das Unternehmen eine Publikumsgesellschaft ist, von Analysten nach seinen kurzfristigen Ertragsaussichten bewertet wird. Wenn Mitarbeiter Aktien besitzen, werden sie in ähnlicher Weise von ihrer Arbeit abgelenkt. Ich erinnere mich an einen Besuch in der Niederlassung von British Petroleum in Cleveland, Ohio, vor ein paar Jahren: Über einen Fernsehbildschirm in der schmucklosen Lobby lief ständig der aktuelle Aktienkurs von BP. Das gleiche geschieht bei Unternehmen wie Intel und Microsoft, wo der Aktienkurs auf den Computerbildschirmschonern angezeigt wird, die von vielen Mitarbeitern benutzt werden, und die Beschäftigten ständig darüber sprechen.

Die Konzentration auf extrinsische Aspekte der Arbeit läßt sich nur schwer verringern, besonders bei Berufsgruppen, die sich auf finanzielle Fragen spezialisiert haben, wie Buchprüfer, Controller, Analysten und Investoren. Doch diese Personen sollten erkennen, daß eine allzu einseitige Ausrichtung auf finanzielle Gesichtspunkte, besonders auf die kurzfristigen Ertragsaussichten, Innovation ersticken kann. Die übermäßige Betonung finanzieller Aspekte der Arbeit läßt sich auch durch bestimmte Personalanwerbungs- und Einstellungspraktiken verringern. Anfang 1999 beispielsweise lockten viele Internet-Start-ups neue Mitarbeiter mit hohen Vergütungen, insbesondere Aktienoptionen. Homestead-Chef Justin Kitch wollte sicherstellen, daß potentielle Mitarbeiter nicht nur deshalb ins Unternehmen eintraten, um reich zu werden, sondern wirklich an dem Unternehmen und der Arbeit interessiert waren. Homestead siebte arrogante Bewerber aus, die es auf eine schnelle Mark abgesehen hatten. Obgleich die Firma es sich hätten leisten können, marktübliche Gehälter zu zahlen, bezahlte sie nur etwa 85 Prozent des Marktüblichen. Kitch sagte: »Wenn Leute wegen des Geldes kommen, gehen sie auch deswegen. Der Typus von Mitarbeiter, den wir suchen, läßt sich nicht von oberflächlichen Belohnungen anlocken.«[22]

Spitzenmanager, die sich auf die Arbeit selbst – und nicht auf ihre extrinsischen Aspekte – konzentrieren, können ihre Mitarbeiter dazu motivieren, ihnen nachzueifern. Die meisten Spitzenführungskräfte von börsennotierten Publikumsgesellschaften beispielsweise konzentrieren sich darauf, den Analysten zu gefallen, die erheblichen Einfluß auf die Bewertung eines Unternehmens haben. Ein mir bekannter Unternehmensberater zum Beispiel sagte mir, der Chef eines großen Chemiekonzerns, den er berate, sei »deprimiert, wenn er Prügel von den Analysten einstecke, und überschwenglich, wenn sie ihm positives Feedback geben, was den Mitarbeitern des Unternehmens die falsche Botschaft vermittelt«. Wenn der Unternehmensleiter den Mitarbeitern dagegen deutlich macht, daß die kurzfristige Ausrichtung auf den Aktienkurs nicht besonders klug ist und er die Meinung von Analysten nicht allzu ernst nimmt, dann verbessert dies die Qualität und Originalität der Arbeit des Führungsteams und anderer Mitarbeiter, weil nunmehr das zählt, was langfristig richtig ist, und nicht mehr das, was kurzfristig richtig zu sein *scheint.* Genau dies hat auch AES-Chef Dennis Bakke getan. Er führt den langfristigen Erfolg des Unternehmens teilweise darauf zurück, daß es ihm darum gegangen sei, ein großartiges Unternehmen aufzubauen, und nicht darum, kurzfristig den Ertrag zu maximieren oder andere Maßnahmen zu ergreifen, die Analysten gefallen.

Auch die Art und Weise, wie Spitzenmanager über ihre Vergütung sprechen, kann erhebliche Auswirkungen haben. Yahoo!-Chef Tim Koogle war, einigen Schätzungen zufolge, 1999 der bestbezahlte Topmanager der Welt. Vor allem deshalb, weil der Kurs der Yahoo!-Aktie rasant in die Höhe schoß, beliefen sich seine Gesamtbezüge auf weit über 100 Millionen Dollar. Koogle spricht nicht gern über Geld, und wenn er danach gefragt wird, weist er darauf hin, daß er in einem bescheidenen Haus mit zwei Schlafzimmern lebt. Er betont auch, daß Yahoo! nicht zuletzt deshalb ein so erfolgreiches Unternehmen geworden sei, weil es ihm gemeinsam mit den Gründern Jerry Yang und Jeff Filo darum gegangen sei, ein großartiges Unternehmen aufzubauen, und nicht darum, reich zu werden. Koogle betont, daß ihm der Aufbau und die Erhaltung eines großartigen Unternehmens viel mehr Freude bereiteten als die Ansammlung eines riesigen Vermögens.[23] Koogles Philosophie erinnert an Eugen Herrigels Klassiker *Zen und die Kunst des Bogenschießens*: Wenn man sich auf die Freude konzentriert, die damit verbunden ist, die Sehne zu spannen, den Pfeil aufzulegen, zurückzuziehen und loszulassen, statt auf das Treffen des Ziels selbst, wird man doppelt belohnt: Das Üben macht einem mehr Spaß, und gleichzeitig erhöht sich auch die Wahrscheinlichkeit, daß man das Ziel trifft.[24]

**Taktiken, um die falsche Art von Aufmerksamkeit
zu vermeiden und zu verringern**

Innovative Tätigkeiten können beeinträchtigt werden, wenn
sie gleichsam in einem Goldfischglas stattfinden, wo jedermann Einblick in alles hat, was sich Mitarbeiter ausdenken,
sagen und tun. Es genügt nicht, darauf zu hoffen, daß
Kunden, Kritiker und Erbsenzähler schon wissen werden,
wann sie sich am besten heraushalten. Der *Fortune*-Kolum-
nist Michael Schrage schreibt, daß Unternehmen bei richti-
gem Innovationsmanagement keine eigenen F&E-Gruppen
und andere Methoden zur Isolation ausgewiesener Innovatoren bräuchten.[25] Schrage schreibt auch, daß eine solche
»Innovationsapartheid« Unmut unter denjenigen auslöse, die
sich ausgeschlossen fühlen. Ich stimme Schrage darin zu, daß
man die Bildung elitärer, abgesonderter Gruppen möglichst
vermeiden sollte und Unternehmen innovativer sein können,
wenn alle Mitarbeiter Ideen beisteuern. Schrages Sichtweise
ist richtig, aber offenbar gibt es nur wenige innovationsstarke
Unternehmen, die ohne Teams auskommen, die von den übrigen Bereichen abgeschottet sind. In den meisten Unternehmen können einfach zu viele Kräfte innovative Tätigkeiten
beeinträchtigen und untergraben, angefangen von Managern,
die innovative Tätigkeiten nach Führungsgrundsätzen für
Routinearbeiten lenken, über politische Gegner, die ein Interesse daran haben, die Arbeit eines Teams zu untergraben,
bis hin zu wohlmeinenden Kunden, die jetzt die Entwicklung
von Produkten verlangen, die sie später nicht mehr wollen.

Um die Innovationskraft zu fördern, müssen versierte
Manager daher Innovatoren vor Außenstehenden schützen –
und sie manchmal sogar regelrecht hermetisch abschotten.
Ich empfehle ein Menü von sechs Verhaltensrichtlinien, die
eng zusammengehören und die Sie auf Ihre Bedürfnisse
zuschneiden können. Es ist kein Zufall, daß diese Verhaltensrichtlinien hauptsächlich für Teamleiter und obere Füh-

rungskräfte gedacht sind. Jeder, der innovativ tätig ist, kann diese Verhaltensrichtlinien umsetzen, aber der Umgang mit Außenstehenden obliegt im allgemeinen der Unternehmensleitung. Henry Mintzberg hat es folgendermaßen ausgedrückt: »Jemand definierte einmal den Manager, nur halb im Scherz, als die Person, die sich mit Besuchern trifft, damit alle anderen ungestört ihrer Arbeit nachgehen können.«[26]

Sagen Sie Neugierigen, sie sollen sich heraushalten

Wenn Sie die Macht und den Mut dazu haben, können Sie unerwünschte Aufmerksamkeit wirkungsvoll dadurch ausschalten, daß Sie neugierigen Personen mitteilen, Sie wünschten keinen weiteren Kontakt, da Ihnen die Zeit, das Interesse oder die Energie fehlten, sich mit ihnen zu befassen. So fühlen sich Nobelpreisträger, die bis zu ihrer Auszeichnung relativ ungestört arbeiten konnten, oftmals unter Druck gesetzt, öffentlichkeitswirksame Aktivitäten zu beginnen, die sie von ihren wissenschaftlichen Arbeiten abhalten. Einige Nobelpreisträger kämpfen gegen diese Ablenkungen und Unterbrechungen. Der Nobelpreisträger Francis Crick verwendet den folgenden Formbrief, um die vielen Anfragen zu beantworten, die ihn erreichen:[27]

> Dr. Crick dankt Ihnen für Ihren Brief, doch bedauert er, daß er Ihrer freundlichen Bitte,
>> ein Autogramm zu senden
>> ein Foto zur Verfügung zu stellen
>> Ihre Krankheit zu heilen
>> ein Interview zu geben
>> im Rundfunk aufzutreten
>> im Fernsehen aufzutreten
>> nach dem Abendessen eine Ansprache zu halten
>> ein Empfehlungsschreiben zu verfassen

Ihnen bei Ihrem Projekt zu helfen
Ihr Manuskript zu lesen
einen Vortrag zu halten
eine Konferenz zu besuchen
den Vorsitz zu übernehmen
Herausgeber zu werden
ein Buch zu schreiben
einen akademischen Ehrentitel anzunehmen,
nicht nachkommen kann.

Diese Taktik erfordert natürlich eine gehörige Portion Durchsetzungsvermögen. Sie funktionierte beim Apple-Gründer Steve Jobs, als er das Macintosh-Entwicklungsteam abschirmte, und er war sogar hocherfreut, als sie eine Piratenflagge über ihrem Gebäude aufzogen, um ihre trotzige Herausforderung des übrigen Unternehmens zu signalisieren. Und auch wenn Sony-Präsident Norio Ohga nicht zu solchen dramatischen Symbolen griff, hat er die Mitarbeiter von Sony doch unmißverständlich angewiesen, das Team, das die Sony-Playstation entwickelte, nicht zu behindern.

Lernen Sie, Außenstehende zu ignorieren

Wenn Sie nicht die Macht besitzen, Außenstehende zu verjagen, oder es vorziehen, diese Macht nicht einzusetzen, können Sie sich selbst ein wenig betrügen und so tun, als würde man Sie nicht beobachten oder über Sie sprechen. Wenn Sie dies in einer höflichen Weise tun, hilft Ihnen diese Strategie, Aufmerksamkeit, Kritik oder Ratschläge zu vermeiden, die Ihr Team von den wichtigeren Aufgaben abhalten oder, schlimmer noch, alle Teammitglieder verstimmen, wenn sie herausfinden, daß das, was über sie behauptet wird, unzutreffend, unfair oder auch ausgesprochen gehässig ist. Wie das Schicksal von Wallace Pipe zeigt, müssen Sie die Aufmerksamkeit selbst dann, wenn sie schmeichelhaft ist und von wohlmeinenden Menschen ausgeht, ignorieren, sofern diese Aufmerksamkeit Sie dazu veranlaßt, wichtige Dinge zu vernachlässigen. Der Psychologe Richard Lazarus weist darauf hin, daß die Verleugnung der Wirklichkeit manchmal das Wohlbefinden und die Entscheidungsfindung erleichtert. Allerdings ist es manchmal auch kontraproduktiv, Tatsachen zu verleugnen, etwa wenn ein Krebskranker die Behandlung aufschiebt. Aber Lazarus zeigt, daß Verleugnung förderlich ist, wenn sie die Aufmerksamkeit von einer Quelle von Sorgen ablenkt, an denen eine Person nichts ändern kann; die Aufmerksamkeit und der damit verbundene Ärger untergraben nur unsere Fähigkeit, Dinge zu bewältigen, die wir ändern können.[28] Dies bedeutet, daß Abwehrmechanismen wie die Verleugnung Managern dabei helfen können, nicht ständig an nebensächliche oder nicht beeinflußbare Risiken zu denken oder auch an hilfreiche Personen und angenehme Dinge, die sie von ihrer Arbeit ablenken.

John Reed war über 15 Jahre lang Chef der Citibank (heute Citigroup), und während seiner umstrittenen Amtszeit führte er innovative Veränderungen bei der Bank ein, wie etwa das landesweite Marketing von Kreditkarten, die Aufstellung von Geldausgabeautomaten auf der ganzen Welt und die Expansion der Citibank in asiatische und lateinamerikanische Schwellenländer. Als er an der Spitze der Bank stand, sagte er mir, daß er Medienberichte über seine Person oder die Bank weder lese noch sich anhöre oder ansehe. Reed meinte, daß Unternehmensleiter, die sich von Presseberichten beeinflussen ließen, über die falschen Dinge nachdächten und daß man mit wichtigen Bezugsgruppen besser direkt als über die Massenmedien in Kontakt trete. Reed beteuerte, er könne aus den Medien keine nützlichen neuen Informationen über die Bank erfahren, weil die Themen, auf die sich die Medien konzentrierten, nichts mit dem zu tun hätten, woran er arbeiten müsse, und weil solche Berichte sehr viele sach-

liche Unstimmigkeiten enthielten. Daher würden ihn solche
Berichte – ob sie nun einen positiven oder negativen Tenor
hätten – für gewöhnlich nur von seinen Pflichten ablenken.

Eine ähnliche Methode benutzt Herbert Simon, Professor
für Psychologie an der Carnegie-Melon-Universität. Simon
wurde mit dem Nobelpreis für Wirtschaftswissenschaften
ausgezeichnet, ist einer der Begründer des Gebiets der Künstlichen Intelligenz und gilt weithin als einer der originellsten
und produktivsten Verhaltensforscher aller Zeiten. Simon
liest weder Zeitungen, noch schaut er Fernsehen, um sich
über aktuelle Ereignisse zu informieren. Er sagt, über wichtige Geschehnisse würde er immer von anderen unterrichtet,
daher sei es Zeitverschwendung. Simon äußerte dieses Argument sogar in einer Rede, die er vor dem US-Bundesverband
der Zeitungsverleger hielt, die dies nicht so lustig fanden.
»Ich habe seit 1934, als ich zum ersten Mal zur Wahl ging,
sehr viel Zeit gewonnen«, berichtet Simon, so daß er mehr
Zeit hatte, sich seinen vielfältigen wissenschaftlichen Inter-
essen zu widmen.[29]

Meiden Sie Außenstehende. Wenn Sie dies nicht können, sollten Sie sich mit ihnen nicht über Ihre Arbeit unterhalten

Eine ähnliche Strategie besteht darin, Außenstehende zu
meiden. Menschen lassen sich leicht ignorieren, wenn man sie
nie zu Gesicht bekommt. Fremden aus dem Weg zu gehen ist
höflicher und für potentielle Eindringlinge nicht so kränkend,
wie ihnen zu sagen, sie sollten sich verziehen. Dies ist einer
der Hauptgründe, warum die »Microkids« bei Data General
abgeschottet von den übrigen Mitarbeitern am Eagle-Projekt
arbeiteten, und in der gleichen sozialen Isolation arbeiteten
auch die Wissenschaftler des Manhattan-Projekts und die
Ingenieure, welche die Sony-Playstation entwickelten. Ähn-

lich abgeschottet arbeiteten auch die Teams von Lockheed, die von Kelly Johnson geleitet wurden, der angeblich den Begriff *skunk works* prägte, der ursprünglich die abgeschotteten Teams bezeichnete, welche die Spionageflugzeuge U-2 und SR-71 Blackbird entwickelten. Wenn Sie den Kontakt nicht völlig vermeiden können, ist es am besten, wenn Sie nicht erwähnen, woran Sie arbeiten. Den »Microkids« schärfte man ein: »Sie dürfen den Namen Eagle außerhalb der Gruppe nicht einmal erwähnen.« »Sprechen Sie nur mit Mitgliedern des Teams.«[30] Selbstverständlich muß man nicht alle Gruppenfremden meiden, sondern nur diejenigen, die mehr Schaden als Nutzen stiften. Ich bin für einen selektiven Kontakt mit Außenstehenden, nicht für eine völlige Abschottung. Michael Schrage beschreibt in seinem Buch *Serious Play*, wie dieser selektive Kontakt in einem High-Tech-Unternehmen verwirklicht wird:

> Die Mitarbeiter präsentieren ihre Prototypen gern – bis das Publikum die Ebene der Vice-Presidents erreicht. Dann kommt die unausgesprochene, aber weithin anerkannte Verhaltensmaxime »Zeig Inkompetenten kein unfertiges Produkt« zum Tragen. Die Führungsspitze hat große Mühe, in dem groben Prototyp die Umrisse des endgültigen Produkts zu erkennen, und gute Ideen werden oftmals wegen einer vermeintlich unzulänglichen Ausführung des Prototyps verworfen. Daher verstecken viele Ingenieure ihre kühneren Prototypen vor Spitzenmanagern, bis sie ihnen den nötigen Feinschliff verpaßt haben.[31]

Folgt man Schrages Rat, liegt die Herausforderung darin zu ermitteln, wer in jedem beliebigen Augenblick des Innovationsprozesses die »Inkompetenten« sind. Man bedenke aber auch, daß es ohne die Unfähigen, denen man heute ausweichen muß, vielleicht morgen keinen Erfolg geben wird. In

Schrages Beispiel kann ohne Unterstützung der Unternehmensleitung für Prototypen »mit dem nötigen Feinschliff« kein Produkt in dem Unternehmen Erfolg haben.

Lenken Sie Außenstehende mit fesselnden Zerstreuungen ab

Zu dieser Taktik gehört es etwa, interessante Gesprächsthemen aufzuwerfen oder auch spannende Ereignisse zu organisieren, die Außenstehende von innovativen Arbeiten ablenken. Gewiefte Politiker hindern mit dieser Taktik Reporter daran, heikle Fragen aufzuwerfen. Präsident Ronald Reagan erzählte manchmal Witze oder interessante Anekdoten aus seiner Zeit als Schauspieler beziehungsweise Sportmoderator in dem offenkundigen Bestreben, Reporter davon abzuhalten, delikate oder aufdringliche Fragen zu stellen oder zu vertiefen.[32] Manager, die innovative Projekte vor der Führungsspitze oder Reportern verschleiern möchten, tun manchmal das gleiche.

Charles Galunic, Professor an der INSEAD-Wirtschaftshochschule im französischen Fontainebleau, interviewte einen F&E-Manager, der besorgt war, daß die Aufmerksamkeit von Spitzenführungskräften ein ihm unterstelltes Team, das ein Computer-Peripheriegerät entwickelte, ablenken und hemmen könnte. Nach Ansicht dieses Managers würde die Führungsspitze, sobald sie sich einmal für das Projekt interessierte, zusätzliche Berichte anfordern, Demonstrationen und Prototypen sehen wollen und (verfehlte) Ratschläge erteilen, die die Geschwindigkeit, die Kreativität und die Qualität des Entwicklungsprozesses für dieses wichtige Produkt unterhöhlen würden. Dies war in der Vergangenheit sowohl ihm als auch anderen F&E-Leitern mehrfach widerfahren. Er schirmte das Team ab, indem er die oberen Führungskräfte mit sichtbareren, aber nebensächlicheren Projekten ablenkte.

Um den »Rummel« um das Schlüsselprojekt zu verringern, begann er Präsentationen, an denen Topmanager teilnahmen, immer mit der Vorstellung anderer Projekte, so daß nicht viel Zeit übrigblieb, um über das seines Erachtens zentrale Projekt zu sprechen. Er sagte Galunic, zu dem Zeitpunkt, zu dem sich die Diskussion dem unbekannteren Produkt zugewandt habe, hätten die Topmanager in der Regel nicht mehr viel Zeit gehabt, und sie seien zu unkonzentriert und erschöpft für eine gründliche Bewertung gewesen. Sie hätten für gewöhnlich nur ihre verhaltene Skepsis gegenüber dem (letztlich sehr erfolgreichen) Produkt zum Ausdruck gebracht und sich dann anderen Angelegenheiten zugewandt.[33]

Seien Sie vage

Der Nutzen offener, eindeutiger Kommunikation in Unternehmen wird überschätzt, zumindest nach Ansicht einiger Forscher.[34] Ihres Erachtens ist Mehrdeutigkeit ein nützlicher Kompromiß zwischen völligem Schweigen, das als Zeichen dafür interpretiert wird, daß es etwas zu verstecken gibt, und völliger Transparenz, die dazu führen kann, daß sich Mitarbeiter, die nicht mit der Entscheidung einverstanden sind oder dadurch ihrer Freiräume beraubt werden, ausgeschlossen fühlen. Eindeutige und spezifische Informationen über die nächsten Maßnahmen hemmen auch die Flexibilität und den Veränderungswillen, weil sie eine feste Richtschnur für das Handeln vorgeben. Diese Forscher weisen darauf hin, daß strategische Mehrdeutigkeit Flexibilität ermöglicht. Politiker sind berüchtigt für ihre unerträglich offenkundige Vagheit, die ihnen später reichlich »Manövrierraum« läßt. Obgleich sie von der Presse für ihre mangelnde Bereitschaft, klar Position zu beziehen, heruntergeputzt werden, kann Vagheit tatsächlich der Allgemeinheit (und ihnen selbst) dienen, wenn es notwendig wird, den politischen Kurs zu ändern. Bei allzu großer Eindeutigkeit hingegen werden Kursänderungen schwieriger und schaden möglicherweise dem Ansehen des betreffenden Politikers. Nehmen wir die Steuererhöhungen des früheren US-Präsidenten George Bush sen., nicht lange vor den Präsidentschaftswahlen 1992. Diese Maßnahmen wurden durch rückläufige Staatseinnahmen im Gefolge der Rezession 1989–93 und den Wunsch, die Zunahme der Staatsverschuldung einzudämmen, notwendig. Obgleich Steuererhöhungen sachlich gerechtfertigt waren, erschwerte Bushs vorangehende unzweideutige Festlegung (»Ich versichere Ihnen: Mit mir wird es keine neuen Steuern geben!«) nicht nur diese Entscheidung und ihre Umsetzung, sondern sie beschädigte auch die Glaubwürdigkeit des Präsidenten, als er 1992 in den Präsidentschaftswahlkampf zog. Strategische Mehrdeutigkeit ist eines der Instrumente, mit denen Manager innovative Tätigkeiten abschirmen können. Sie vermindert vielleicht soziale Leistungsförderungseffekte, weil die Aufpasser, wenn sie nicht genau wissen, was die Mitarbeiter des Unternehmens denken, planen und tun, nicht viel mehr anbieten können als allgemeine und unbedachte Ratschläge, die sich leicht ignorieren lassen.

Langweilen Sie lästige Eindringlinge

Unternehmen, Teams und Individuen ziehen oft deshalb die Aufmerksamkeit auf sich, weil Menschen sie faszinierend finden. Daraus folgt, daß Führungskräfte das Rampenlicht der Öffentlichkeit dadurch dämpfen können, daß sie für andere uninteressanter werden. Andere werden dann einer langweiligen Führungskraft oder einem langweiligen Unternehmen weniger Beachtung schenken und weniger Energie darauf verwenden, die Leistung zu überwachen, nach kleinsten Einzelheiten zu fragen und einen (vielleicht unzweckmäßigen) Vorschlag nach dem anderen zu machen. Obgleich ein starkes Kommunikationstalent weithin als eine Kernkompetenz einer guten Führungskraft gilt, ist es manchmal am besten, wenn ein Unternehmen oder ein Team möglichst fade wirkt. Sie wissen genau, wie man das anstellt. Denken Sie an die langweiligsten Lehrer, die Sie hatten. Drücken Sie sich vage aus. Sprechen Sie langsam und monoton. Gebrauchen Sie lange, gewundene Sätze. Meiden Sie Blickkontakt mit Ihrem Gegenüber. Sprechen Sie über nebensächlichste Einzelheiten. Benutzen Sie eine farblose Sprache. Sprechen Sie über langweilige Themen, und verdeutlichen Sie Ihre Argumente an komplizierten Beispielen.

Dies kann dazu führen, daß Leute den Sinn Ihrer Worte nicht verstehen, auch wenn sie Ihnen aufmerksam zuhören. Und wenn sie die Gelegenheit haben, sich mit Ihnen zu unterhalten – beziehungsweise mit den Leuten, die Sie vor ihnen abschirmen möchten –, dann ziehen sie vielleicht einfach davon und belästigen jemanden, der einnehmender ist. Vermutlich gibt es einige Leute und Teams, die diesen Vorteil erkennen, aber nicht umsetzen. Einige der produktivsten und originellsten Forscher, die ich kenne, sind als Personen sehr langweilig: Ich vermute, daß sie unter anderem deshalb so produktiv sind, weil sie nicht von Besuchern belagert und mit Vortragsanfragen überschüttet werden. Obgleich einige Personen und Teams von Führungskräften profitieren, die unabsichtlich dröge sind, hat mich der Chef eines *Fortune*-50-Unternehmens, der *absichtlich* einen langweiligen Vortrag hielt, um zu verhindern, daß sein Unternehmen allzu genau unter die Lupe genommen wird, auf diese Idee gebracht. Die Klugheit und Bescheidenheit seines Verhaltens haben mir klargemacht, daß die Fähigkeit, langweilig zu sein, eine wichtige, bislang übersehene Qualifikation für gute Innovationsmanager ist.

Dieser Unternehmensleiter sagte mir, er sei kurz nach seiner Ernennung gebeten worden, eine Rede vor einer Versammlung honoriger Vertreter der nationalen Presse zu halten. Zunächst wollte er die Anfrage ablehnen, weil sich seine Firma in einer schweren finanziellen Schieflage befand und Produkte vertrieb, die nach Ansicht des Chefs erhebliche Schwächen aufwiesen. Doch nachdem er und der PR-Leiter die Anfrage eingehend erörtert hatten, gelangten sie zu der Überzeugung, dies sei eine gute Gelegenheit, das starke Interesse der Presse an diesem Unternehmen und an ihm abzukühlen. Ihres Erachtens waren frühere Unternehmensleiter von der Presse allzu genau unter die Lupe genommen worden. Sie wollten, daß die Presse das Unternehmen etwa ein Jahr lang möglichst wenig beachtete, bis einige spannende neue Produkte, die sich in der Entwicklung befanden, am Markt eingeführt würden. Daher beschlossen sie, daß es am sinnvollsten sei, statt das Ersuchen rundweg abzulehnen, eine langweilige Rede über ein langweiliges Thema zu halten (in einer trockenen Vortragsweise, voller Fakten und Zahlen und mit passiven Satzkonstruktionen). Der Unternehmensführer erzählte uns, daß die nationale Presse, nachdem er diese langweilige Rede gehalten hatte, offenbar das Interesse an ihm und seinem Unternehmen verlor; dies habe ihm und anderen Topmanagern geholfen, sich auf die Entwicklung von Produkten zu konzentrieren, statt wie früher ständig mit Reportern zu streiten.

Ein gesundes Gleichgewicht zwischen Offenheit und Geschlossenheit

Ich behauptete zu Beginn dieses Kapitels, daß innovative Arbeit, nur weil sie gelegentlich vor gewissen Leuten abgeschirmt werden muß, nicht in völliger Isolation ausgeführt werden sollte. Tatsächlich gilt die allgemeine Regel, daß Offenheit Innovation fördert, während Geschlossenheit Innovation hemmt. Ich kann Ihnen keine systematische Übersicht offerieren, die genau angibt, wann und gegenüber welchen

TABELLE 3 *Wann es sinnvoll ist, Innovationsprozesse gegen Außenstehende abzuschotten bzw. zu öffnen*

Außenstehende sollten gemieden werden:	Außenstehende sollen einbezogen werden:
• wenn Teammitglieder etwas völlig Neues lernen; • wenn Außenstehende so sehr stören, daß dies die Arbeit verzögert; • wenn Außenstehende denselben Rat in einem fort wiederholen; • wenn Mitarbeiter zuviel Zeit auf die Präsentation innovativer Ideen verwenden und nicht genug Zeit auf die Entwicklung von Ideen; • wenn es Außenstehenden nur um die Maximierung des kurzfristigen Ertrags geht; • wenn Teammitglieder zuviel über das Geld und die Anerkennung sprechen, die ihre Ideen einbringen werden, und nicht genug über die Ideen; • wenn das Team ein Produkt, eine Lösung oder eine Dienstleistung entwickelt, die brandneu ist, und keine geringfügigen Verbesserungen an bestehenden Produkten vornimmt; • wenn Außenstehende verlangen, daß altbewährte Praktiken beibehalten werden; • wenn die Begeisterung von Außenstehenden über eine oder mehrere Ideen des Teams zu einem vorzeitigen Stillstand der Ideenfindung und -erprobung führt; • wenn Urheber- bzw. Patentrechte geschützt werden müssen.	• wenn ein Team seinen Wissensschatz erweitern will, um neue Methoden und Kombinationen zu erproben; • wenn ein Team mehr Ressourcen benötigt, um die Arbeit zu beginnen oder abzuschließen – um Leute davon zu überzeugen, die Arbeit zu unterstützen; • wenn ein Team ein Problem nicht lösen kann und Tips braucht, um aus der Sackgasse herauszukommen; • wenn Mitglieder Ihres Teams immer wieder über dieselben Dinge sprechen – vor allem wenn sie jedes neue Problem mit denselben alten Lösungen bewältigen wollen; • wenn das Team geringfügige Verbesserungen an einem Produkt vornimmt, das von vielen Kunden benutzt wird; • wenn ein Produkt oder eine Dienstleistung auf die unmittelbaren Bedürfnisse einer spezifischen Kundengruppe maßgeschneidert werden muß; • wenn ein Team vertraute, tiefverwurzelte Arbeitsmethoden verwendet, um innovative Ergebnisse zu erzielen; • wenn es Zeit ist, die fertigen Ideen des Teams zu »verkaufen«.

Personen der Innovationsprozeß offen beziehungsweise abgeschottet sein sollte. Dieser Prozeß ist dafür zu vertrackt. Man kann jedoch Zeitabschnitte beziehungsweise Anlässe festlegen, wann Außenstehende sinnvollerweise Zugang zu innovativer Arbeit haben sollten und wann nicht. Ich habe diese Zeitabschnitte in der obigen Tabelle zusammengefaßt. Eine dieser Phasen erfordert jedoch eine weitergehende Erklärung: meine Empfehlung, daß Teams verstärkt Außenstehende zu Rate ziehen sollten, wenn sie gängige, besonders fest eingewurzelte Arbeitsmethoden benutzen, um innovative Ergebnisse zu erzielen.

Diese Empfehlung steht scheinbar in Widerspruch zu Forschungen über den »Effekt der Präsenz von Artgenossen«, über die ich am Anfang dieses Kapitels berichtete. Doch das Arbeiten in Gegenwart anderer beeinträchtigt nur das Erlernen und die Ausführung ungewohnter Verhaltensweisen. Wenn eine Person oder ein Team gängige, altbewährte Innovationsmethoden benutzt, dann wirkt die Zunahme der Energie und der Konzentration eher innovationsfördernd als -hemmend. Genau dies geschieht bei IDEO, wo erfahrene Entwickler Varianten derselben Arbeitsmethoden benutzen – etwa Beobachtung von Anwendern, Brainstorming und Schnellmusterentwicklung –, um originelle Gestaltungsentwürfe zu erzeugen. Die Äußerung eines Ingenieurs: »Brainstorming ist unsere Kultur, und Schnellmusterentwicklung ist unsere Religion« belegt, daß diese Arbeitsmethoden immer wieder benutzt werden. Daher sollten erfahrene IDEO-Entwickler sie vor einem »Publikum« von Fremden – und sei es auch ein urteilendes Publikum – mindestens genauso gut ausführen wie bei ihren individuellen Arbeiten. Aus diesem Grund konnte IDEO auch ABC *Nightline* einladen, eine ganze Woche lang den Entwicklern eines neuen Einkaufswagens mit der Kamera über die Schulter zu schauen, aus diesem Grund konnten sie eigens für einen Reporter des *San Jose Mercury* den Prototyp eines Becherhalters für Fahrräder entwickeln, und aus diesem Grund laden sie regelmäßig Kunden hinter die Kulissen zu Brainstorming-Sitzungen ein. Die These, daß die Anwesenheit »bewertender Fremder« die Innovativität hemme, ist eine grobe Vereinfachung; sie gilt nur, wenn man Neues lernen muß.

Die Bereitschaft von IDEO, Außenstehende hinter die Kulissen einzuladen, ist nicht nur deshalb von Belang, weil sie zeigt, daß Teams bei ihrer innovativen Arbeit nicht von Außenstehenden abgeschottet werden müssen, sie deutet auch darauf hin, daß manche Teams und Unternehmen sich selbst und ihre Ideen allzu paranoid vor Fremden abschotten und sie manchmal mehr lernen, sich mehr Ressourcen verschaffen und mehr politische Unterstützung erhalten können, wenn sie offener sind. Ein gutes Beispiel ist jenes Team bei Sun Microsystems, das Java entwickelte (ursprünglich »Oak« genannt). Als das Produkt erstmals eingeschränkt freigegeben wurde, befürchteten die Teammitglieder, daß die Führungsspitze dem Produkt ihre Zustimmung verweigern würde, »alle Teammitglieder erwarteten ein Weltuntergangsszenario à la Dilbert«. Doch »nichts dergleichen geschah«.[35]

Versuchen Sie nichts von Leuten zu lernen, die behaupten, sie hätten eine Lösung für die Probleme gefunden, mit denen Sie konfrontiert sind (schräge Idee Nr. 10)

Ich hätte meine Theorie nie entwickelt, geschweige denn mir große Mühe gegeben, sie zu beweisen, wenn ich mit den wichtigsten Entwicklungen, die in der Physik stattfanden, vertraut gewesen wäre. Zudem verhinderte meine anfängliche Unkenntnis gewichtiger, aber falscher Einwände, die gegen meine Ideen erhoben wurden, daß diese Ideen im Keim erstickt wurden.[1]

Michael Polyani über die Entwicklung seiner Theorie der molekularen Adsorption, die zunächst abgelehnt wurde, aber schließlich zu einem weithin anerkannten wissenschaftlichen Axiom wurde

Als Daniel Ng, ein in Amerika ausgebildeter Ingenieur, 1975 die erste McDonald's-Filiale in Hongkong eröffnete, höhnten seine örtlichen Konkurrenten aus dem Gaststättengewerbe, das Vorhaben sei zum Scheitern verurteilt: »Hamburger an Kantonesen verkaufen? Das soll wohl ein Witz sein!« Ng führt seinen Wagemut darauf zurück, daß er weder Betriebswirtschaftslehre studiert noch jemals einen kaufmännischen Lehrgang besucht hatte.[2]

James Watson, Professor für Sinologie, der berichtet, daß MacDonald's mittlerweile 158 florierende Filialen in Hongkong betreibt

Wir schotten uns ab, um uns von landläufigen Anschauungen
oder dem gegenwärtigen Stand der Technik *fernzuhalten.*[3]
Jim Jannard, zurückgezogen lebender Gründer und Chef
von Oakley, dem Hersteller exklusiver und futuristischer
Sonnenbrillen

IM KREATIVEN PROZESS ist Unkenntnis ein Segen, vor allem
in den Frühphasen. Menschen, die nicht wissen, wie die Dinge
»sein sollen«, werden nicht von bestehenden Überzeugungen verblendet. Sie sehen manchmal Dinge, die anderen ent-
gangen sind, und ersinnen neue Ideen und Perspektiven, die
Menschen mit vertieften, aber eingeschränkten Sachkennt-
nissen auf einem Gebiet niemals in den Sinn kämen. Unkun-
dige Personen wissen nicht, was sie sehen oder ignorieren
sollten, und daher können sie Altbekanntes aus neuen Perspektiven betrachten, die sogenannte Experten verworfen
oder an die sie nie gedacht haben.

Ich kam auf diese Idee, als ich von den außergewöhnlich
kreativen Leistungen von Nobelpreisträgern las. Wie nützlich Unwissenheit und Distanz sein können, zeigt sich an den
wissenschaftlichen Leistungen vieler Nobelpreisträger, etwa
der Aufklärung der Struktur der DNA durch James Watson
und Francis Crick, der Erfindung der Polymerasekettenreaktion durch Cary Mullis und den Arbeiten von Richard Feynman im Bereich der Physik. Diese Wissenschaftler und viele
andere schreiben ihre bedeutenden Durchbrüche der Tatsache
zu, daß sie die Arbeiten anderer Wissenschaftler auf ihrem
Gebiet weitgehend ignorierten. Sie wußten nicht, wie man in
der Vergangenheit üblicherweise vorgegangen war, wie man
vorgehen sollte und was als unmöglich oder absurd betrachtet wurde. Folglich taten sie das, was sie für logisch und richtig hielten.

Richard Feynman »weigerte sich … beharrlich, die aktuelle
Fachliteratur zu lesen, und er tadelte Doktoranden, die ihre
Arbeit damit begannen, daß sie, wie allgemein üblich, einen

Forschungsüberblick gaben und berichteten, was bereits über das Thema bekannt war. Auf diese Weise würden sie sich der Chance berauben, etwas Originelles zu entdecken, so sagte er.«[4] Zu einem bestimmten Zeitpunkt in seinem Leben fühlte sich Feynman niedergeschlagen, weil er das Gefühl hatte, nicht mehr so kreativ zu sein wie in den Jahren zuvor. Im Fakultätsklub der Universität Chicago begegnete er zufällig dem Nobelpreisträger James Watson, der ihm ein Manuskript in die Hand drückte (das später unter dem Titel *The Double Helix* veröffentlicht wurde), das die Methode beschrieb, mit der Watson und Crick die Struktur der DNA aufklärten. Als Feynman Watsons Manuskript einem Kollegen zu lesen gab, meinte dieser: »Es ist erstaunlich, daß Watson seine große Entdeckung gelang, obwohl er gar keine Verbindung zu dem hatte, was alle anderen in diesem Bereich taten.« Daraufhin notierte Feynman: »NICHT BEACHTEN. Das ist es, was ich vergessen habe.«[5]

Es gibt im wesentlichen zwei Wege, um sich Unkenntnis zunutze zu machen. Erstens, man findet Neulinge, junge oder unverbildete Personen, denen es nicht nur an Sachkunde in bezug auf das konkrete Problem oder die konkrete Fragestellung fehlt, sondern die sich auf verwandten Gebieten ebenfalls nicht auskennen. Jane Goodalls bahnbrechende Forschungen über Schimpansen sind ein gutes Beispiel. Alles begann damit, daß der Anthropologe Louis Leakey Goodall anbot, diese Menschenaffen in Afrika im Rahmen einer Langzeit-studie zu beobachten. Goodall zögerte, dieses Angebot anzu-nehmen, weil sie keine wissenschaftliche Ausbildung hatte. Leakey beharrte darauf, daß ein Universitätsabschluß nicht nur überflüssig sei, sondern sogar gravierende Nachteile habe. Goodall erkannte: »Er [Leakey] brauchte jemanden, dessen Verstand nicht von Theorien verwirrt und voreingenommen war, jemand, der die Aufgabe einzig und allein aus einem echten Wissensdrang heraus anging.«[6] Goodall und Leakey waren letztlich davon überzeugt, daß sie niemals so viele neue

Verhaltensweisen von Schimpansen beobachtet und erklärt hätte, wenn sie die gängigen Theorien besser gekannt hätte.

Eine Variante dieses Ansatzes besteht darin, Personen einzustellen, die zwar über eine formale Ausbildung auf einem Gebiet verfügen, aber nicht durch die historischen gewachsenen und vielleicht willkürlichen und überholten Gepflogenheiten ihres Faches abgestumpft sind. So verfährt man etwa bei dem Unternehmen Dyson Appliances, das den meistverkauften Staubsauger in Großbritannien herstellt. Der »Dual Cyclone« basiert auf einer äußerst leistungsfähigen, bahnbrechenden Saugtechnologie und kommt ohne Beutel aus. Das Gerät hat knallbunte Farben und eine durchsichtige Kammer, in der man den Luftwirbel beobachten kann, der eine Geschwindigkeit von fast 1600 Kilometern pro Stunde erreicht. Der Gründer und Firmenchef James Dyson ist der Ansicht, das Unternehmen erfinde nicht zuletzt deshalb so erfolgreiche Produkte, weil »wir frischgebackene Hochschulabsolventen einstellen«. »Wir tun dies vor allem, weil sie gewissermaßen unverdorben sind. Sie wurden noch nicht von einem Unternehmen zurechtgestutzt und darauf abgerichtet, nur an kurzfristige Gewinnmaximierung und Vorruhestand zu denken. Wir versuchen andere Wege zu gehen als die übrigen Unternehmen ... Rebecca Trentham hat direkt im Anschluß an ihr Sprachstudium in Oxford die Leitung unseres Marketings übernommen, und all unsere Produkte wurden von frischgebackenen Hochschulabsolventen entwickelt und konstruiert«, erklärt Dyson.[7] In ähnlicher Weise verdankt sich der Erfolg der ersten Playstation von Sony zum Teil der Tatsache, daß die Ingenieure, die sie entwickelten, neu in der Videospielbranche waren. »Wir hatten Glück, weil wir uns mit Spielen nicht auskannten und wir gänzlich unbedarft an die Sache herangingen, in der Gewißheit, daß es schon funktionieren würde ... Die branchenüblichen Praktiken interessierten uns nicht – wir begannen auf Feld eins und ließen die Ideen frei und vorbehaltlos sprudeln«, sagt Shigeo

Maruyama, Vice-Chairman von Sony Computer Entertainment Incorporated.[8]

Die zweite Möglichkeit, von Unkenntnis zu profitieren, besteht darin, Personen einzustellen, die nicht in derselben Branche oder im selben Beruf tätig sind, aber sich auf einem anderen Gebiet auskennen, so daß sie Ihre Probleme aus einer neuen Perspektive betrachten und möglicherweise lösen können. Menschen mit anderen Fachkenntnissen und anderem Bildungshintergrund erweitern nicht nur das Spektrum möglicher Lösungen für ein Problem, sie haben auch nicht die gleichen »Scheuklappen« wie diejenigen, die seit langer Zeit an einem Problem arbeiten. Ein weiterer Vorteil liegt darin, daß Personen, die in anderen Fachgebieten gründlich beschlagen sind, produktiv sein können, da sie lediglich Kenntnisse und Fertigkeiten, die sie gut beherrschen, auf ein andersartiges Problem anwenden. So arbeiten Ingenieure beispielsweise seit Jahren daran, die Lebensdauer von Batterien für Laptops zu verlängern; dabei konzentrieren sie sich auf die Entwicklung langlebigerer Batterien und verschiedener Software-Lösungen, um stromzehrende Bildschirme abzublenden und vorübergehend auszuschalten. Das Microreplication Technology Center von 3M betrachtete das Problem aus einer anderen Perspektive und entwickelte einen Bildschirm, der weniger Strom verbrauchte. Mikroreplikation ist eine dreidimensionale Fläche aus mikroskopisch kleinen Pyramiden, die bereits in den fünfziger Jahren von 3M entwickelt worden war, um Lichtstrahlen zu bündeln und die Helligkeit von Overhead-Projektoren zu erhöhen. Die 3M-Wissenschaftler Rick Dryer und Sandy Cobb übernahmen die Mikroreplikations-Technologie, um Brightness Enhancement Film (eine lichtverstärkende Folie) zu entwickeln, die die Helligkeit von Backlit-Flachbildschirmen verstärkt und die Lebensdauer von Batterien erheblich verlängert; diese Technologie wird mittlerweile von zahlreichen Laptop-Herstellern benutzt.[9]

Ballard Power Supply (BPS) verfuhr in seiner Frühzeit nach einem ähnlichen Muster. Im Jahr 1974 engagierte der Gründer und Firmenchef Geoffrey Ballard den jungen Chemieprofessor Keith Prater als Berater. Damals arbeitete Ballard hauptsächlich an der Entwicklung langlebigerer Batterien. Prater wies Ballard darauf hin, daß er keine Erfahrung mit Batterien habe. »Das ist gut«, sagte Ballard, »ich möchte niemanden, der etwas von Batterien versteht. Der würde wissen, was nicht funktionieren wird. Ich möchte jemanden, der gescheit und kreativ ist und Dinge ausprobieren möchte, vor denen andere zurückschrecken. Auf diese Weise kommt es zu grundlegenden Innovationen.«[10] Und tatsächlich spielte Prater eine Schlüsselrolle bei der Entwicklung innovativer Batterien in der Anfangszeit des Unternehmens und später bei bahnbrechenden Neuerungen, die dazu beitrugen, Brennstoffzellen als Energiequellen für Kraftfahrzeuge weiterzuentwickeln, mit möglicherweise revolutionären Folgen für die Automobilwirtschaft.

Keith Prater verstand eine Menge von chemischen Theorien. Er wußte jedoch nicht, welche Annahmen und Überzeugungen von den Technikern, die Batterien und Brennstoffzellen entwickelten, als selbstverständlich erachtet wurden, so daß er nicht durch die gängigen Anschauungen in der Branche eingeschränkt wurde. Es empfiehlt sich oftmals, Rat bei Personen zu suchen, die an Problemen arbeiten, welche zwar nicht auf den ersten Blick, aber bei genauerem Hinsehen große Ähnlichkeit mit den Problemen haben, mit denen Sie beziehungsweise Ihr Unternehmen konfrontiert sind. Indem man solche Fachkräfte einstellt, verschafft man sich frische Lösungen für alte Probleme. So haben etwa die kleinen Stents, die von der Guidant Corporation entwickelt wurden, um verengte Herzgefäße zu erweitern, auf den ersten Blick nichts mit den Flugzeugen und Raketen gemein, die von Rüstungsfirmen hergestellt werden. Dennoch berichtet Ginger Graham, der Chairman des Konzerns, daß die Forschungs- und Entwicklungsarbeit an Stents durch Anwerbung von Ingenieuren aus der Rüstungsindustrie vorangebracht worden sei. Ingenieure, die für Unternehmen wie NASA, Hughes, Lockheed, Ford Aerospace, Raychem und General Dynamics arbeiteten, brachten Materialien und konstruktive Lösungen ein, die für das Unternehmen und die Branche neu waren und Guidant halfen, bessere Stents und andere medizinische Produkte zu entwickeln. Frühere Raychem-Ingenieure nutzten ihre umfassenden Kenntnisse über Polymerwerkstoffe dazu, verbesserte Katheter zu entwickeln, mit denen Chirurgen Stents in Herzgefäße einführen und plazieren.

Eine weniger radikale Variante dieser Praxis besteht darin, Teams von Personen zusammenzustellen, die in verschiedenen Gruppen, Wirtschaftszweigen oder Firmen am selben Problem gearbeitet haben. Genau dies tat Ray Evernham, als er ein Team zusammenstellte, das den Stock-Car-Rennfahrer Jeff Gordon unterstützten sollte, der ab Mitte der neunziger Jahre in der Winston Cup Series beispiellose Erfolge feierte. Evernham sagt:

> Wir sind mit dem Rainbow-Warrior-Team, das wir vor fünf Jahren aufgebaut haben, unter anderem deshalb so schnell durchgestartet, weil wir von Anfang an den Mut hatten, anders zu sein. Ich habe niemanden in das Team aufgenommen, der Winston-Cup-Erfahrung hatte ... Wir waren auch das erste Team, das einen Coach eigens zur Schulung der Boxenstaffel einstellte. Die Leute lachten uns wegen unserer Trainingsmethoden aus: Seilklettern, Sprints und Huckepacktragen. Die Leute sagten: »Was um Himmels willen macht ihr denn da?« Ich bin sicher, daß es komisch aussah, aber es funktionierte. Ein Boxenstopp dauerte bei uns in der Regel allerhöchstens 17 Sekunden – womit wir etwa eine Sekunde schneller sind als andere Teams. In einer Sekunde legt ein Rennwagen, der 320 km/h fährt,

100 Meter zurück. Also holen wir bei einem Boxenstopp einen Vorsprung von 100 Metern heraus.[11]

Eine andere Variante sieht folgendermaßen aus: Wenn Mitarbeiter mit den »richtigen« Kompetenzen und Erfahrungen immer wieder an einer Aufgabe scheitern, sollten Sie ausprobieren, ob Mitarbeiter mit den »falschen Kompetenzen« das Problem lösen können. Ihre andersartige Herangehensweise läßt sie vielleicht Lösungen erkennen, für die Experten mit Scheuklappen blind sind, oder sie steuern »sachfremde« Erkenntnisse bei, die letztlich zur Lösung des Problems führen. Als es den Erfindern in Thomas Alva Edisons Labor trotz mehrerer Anläufe nicht gelang, eine geeignete chemische Substanz zur Isolation von Drähten zu finden, übertrug er diese Aufgabe einem Elektriker, Reginald Fessenden. Fessenden gab zu bedenken, daß er nichts von Chemie verstehe. Edison erwiderte: »Dann möchte ich, daß Sie ein Chemiker werden. Ich habe eine Menge Chemiker mit der Aufgabe betraut ..., aber keiner von ihnen hat es geschafft.«[12] Edison war von Fessendens Arbeit so beeindruckt, daß er ihn schließlich zum Leiter des Isolierstoffprojekts ernannte. Nach Abschluß des Projekts schrieb Edison ein Empfehlungsschreiben für Fessenden, in dem er seine Fähigkeiten als Experimentalchemiker (nicht als Elektriker) überschwenglich lobte.

Die Kenntnis effizienter Lösungsansätze kann die Kreativität hemmen. Manchmal ist es besser, unwissend, aber neugierig, verspielt und beharrlich zu sein, als die gängigen Vorgehensweisen und die Methoden, die andere angewandt haben, zu kennen. Die allgemeine Faustregel lautet: Wenn man sich in einem Sachgebiet gut auskennt, sollte man Rat bei Menschen suchen, die unbefangen sind, entweder weil sie nicht voreingenommen sind oder weil sie Experten mit Präferenzen sind, die sich grundlegend von den Voreingenommenheiten der Personen in Ihrer Branche oder Ihrem Unternehmen unterscheiden. Und wenn Sie sich auf einem

Gebiet nicht auskennen, sollten Sie natürlich jemanden zu Rate ziehen, der sachkundig ist. Die Beziehung zwischen dem berühmten Anthropologen Louis Leakey und der jungen und unverbildeten Jane Goodall ist ein ausgezeichnetes Beispiel; Leakey brauchte Goodalls Unkenntnis, und Goodall brauchte Leakeys Beschlagenheit.

Schräge Idee Nr. 10 erfolgreich umsetzen

Sorgen Sie für Innovationen, indem Sie vorhandene Lösungsansätze für das gleiche Problem oder die gleiche Aufgabe ignorieren

- In den Frühphasen eines Projekts sollten Sie sich nicht darüber informieren, wie das Problem in dem Unternehmen, der Branche, dem Fachgebiet oder der Region, in der Sie tätig sind, angegangen wurde.

- Wenn Sie viel über ein Problem wissen und darüber, wie es in der Vergangenheit gelöst wurde, sollten Sie Personen, die nichts davon verstehen, bitten, das Problem zu beackern und bei seiner Lösung zu helfen. Junge Menschen einschließlich Kindern können bei dieser Aufgabe besonders hilfreich sein.

- Bitten Sie neu eingestellte Mitarbeiter (vor allem Berufsanfänger), Probleme zu lösen oder Aufgaben auszuführen, deren Lösung sie »kennen« *oder* die Sie nicht lösen können. Halten Sie sich eine Zeitlang heraus, um zu sehen, ob sie ein paar gute Ideen hervorbringen.

- Suchen Sie analoge Probleme in anderen Branchen, und informieren Sie sich über die dortigen Lösungsansätze.

- Finden Sie Personen, die in anderen Unternehmen, Fachgebieten, Regionen und Branchen an ähnlichen Problemen arbeiten, und fragen Sie diese, wie sie das Problem lösen oder die Aufgabe erledigen würden.

- Wenn Mitarbeiter mit den *»richtigen«* Kompetenzen mehrfach an einem Problem scheitern, sollten Sie einige Mitarbeiter mit den *»falschen«* Kompetenzen anweisen, nach einer Lösung zu suchen.

- Wenn Sie ein Neuling sind, sollten Sie Experten konsultieren, aber gehen Sie nicht davon aus, daß sie recht haben, *besonders dann nicht, wenn diese Ihnen sagen, daß sie recht haben.*

KAPITEL 14

Vergessen Sie die
Vergangenheit,
insbesondere die
Erfolge Ihres
Unternehmens
(schräge Idee Nr. 11)

Auf der Universität sagte man Venter, in der Biologie gebe es keine ungelösten Fragen mehr; es sei schwer, ein Dissertationsthema zu finden, über das zu schreiben sich lohne.[1]

Ein schlechter Ratschlag, der Craig Venter erteilt wurde, dessen bahnbrechende Mitarbeit am »Schrotschußverfahren« zur Genomsequenzierung einen entscheidenden Beitrag zur Entzifferung des genetischen Codes leistete

Ich fragte: »Wenn man uns feuern würde und wenn der Verwaltungsrat einen neuen CEO berufen würde, was würde der deiner Einschätzung nach tun?« Gordon antwortete, ohne zu zögern: »Er würde die Erinnerung an uns auslöschen.« Ich starrte ihn wie betäubt an und sagte dann: »Warum gehen du und ich nicht einfach zur Tür raus, kommen wieder rein und machen es selbst.«[2]

Andrew Groves Bericht darüber, wie er und der damalige CEO von Intel, Gordon Moore, 1985 beschlossen, aus dem verlustbringenden Speicherchip-Geschäft auszusteigen und sich auf Mikroprozessoren zu konzentrieren

Wenn man morgens zu St. Luke's zur Arbeit kommt, weiß man nie, wo man sitzen wird. Wir haben hier einen vollkommen freien Raum. Es verunsichert die Mitarbeiter sehr, wenn sie keinen eigenen Schreibtisch oder Raum haben, wo sie ihre Fotos aufstellen können … Aber wir haben dies gemeinsam so beschlossen, weil wir nicht wollten, daß sich Gewohnheiten festsetzen. Das Wesen der Kreativität liegt darin, die

Entstehung von Gewohnheiten durch Originalität und beständigen Wandel zu vereiteln.[3]

Andy Law, Mitgründer der Werbeagentur St. Luke's Communications, die 1998 in Großbritannien zur Werbeagentur des Jahres gekürt wurde

GEORGE SANTAYANAS BERÜHMTER AUSSPRUCH, daß »diejenigen, die sich nicht an die Vergangenheit erinnern wollen, dazu verdammt sind, sie zu wiederholen«, ist ein schlechter Rat, wenn man einen beständigen Fluß an Innovationen möchte. Zumindest ist es ein schlechter Rat, soweit es um die Rückbesinnung auf die historischen Erfahrungen *Ihres Unternehmens* geht. Menschen und Organisationen lernen, indem sie sich eingehend mit den Erfolgen und Mißerfolgen von *anderen* befassen. Auch wenn es nicht immer leicht ist, solche Erkenntnisse praktisch umzusetzen, kann die eingehende Analyse anderer Unternehmen Managern dabei helfen zu lernen, welche neuen Praktiken sie übernehmen und welche sie meiden sollten. So hat etwa das »Committee of 99«, das das (damals) revolutionäre neue Saturn-Werk von General Motors in Springhill, Tennessee, konzipierte, die ganze Welt bereist, um sich über die besten Praktiken für Entwicklung, Montage und Vertrieb neuer Pkw-Modelle zu informieren, von denen viele von der neuen GM-Sparte übernommen wurden. Dagegen ist es sehr viel problematischer, *aus der eigenen Vergangenheit* lernen zu wollen. Zumindest für Unternehmen wäre Santayanas Ausspruch treffender, wenn er folgendermaßen lautete: »Diejenigen, die sich an die Vergangenheit ihres Unternehmens erinnern *können*, sind dazu verdammt, sie zu wiederholen.«

Wie bereits erwähnt, belegen Studien von Psychologen, wie etwa der an Harvard lehrenden Ellen Langer, daß wir aufgrund der Funktionsweise des menschlichen Gehirns dazu neigen, frühere Verhaltensweisen zu wiederholen, vor allem wenn sie sich bewährt haben. Kontrollierte Experimente zeigen, daß eine Person, wenn sie auch nur einmal etwas Bestimmtes tut und keinen Grund dazu hat, die Handlung oder ihre Motivation zu hinterfragen, diese Handlung unwillkürlich beziehungsweise »unbedacht« ständig wiederholt. Diese Fähigkeit, eine Verhaltensweise zu einem »Automatismus« zu machen, ist einer der Hauptgründe für das breitgefächerte Verhaltensrepertoire des Menschen. Das Problem liegt allerdings darin, daß ein solches »unbedachtes Verhalten« auch dann anhält, wenn es die Leistungsfähigkeit untergräbt. Wenn eine Person nicht von Anfang an die richtige Methode erlernte oder sich die Umstände ändern, muß sie eine aktive beziehungsweise »bedachte« Analyse durchführen, um gute Leistungen zu erbringen: Es ist unmöglich, neue Anwendungen für alte Ideen und neue Kombinationen alter Ideen zu ersinnen, wenn man die kognitive Gangschaltung nicht von automatisch auf handgesteuert umstellt.[4]

Unternehmen stützen sich auch deshalb oft auf veraltete Methoden und Technologien, weil ihre Befürworter und Anwender einflußreicher sind als die Fürsprecher neuer, überlegener Methoden. Die früheren Erfolge der alten Garde helfen ihnen dabei, mächtige Positionen zu erlangen und kostbare Ressourcen zu kontrollieren, die sie dazu benutzen, die Glaubwürdigkeit von Personen zu untergraben, die mit besseren Ansätzen aufwarten, aber die Dominanz der ersteren bedrohen. Dies widerfuhr Ken Kutaragi, dem Vater der Sony-Playstation. Seine Arbeit an den digitalen Technologien, die (schließlich) in der Playstation zum Einsatz kamen, wurde blockiert und torpediert, weil so viele mächtige Manager und Ingenieure die tiefverwurzelte (und erfolgreiche) analoge Tradition von Sony verteidigten und davon profitierten. Er kämpfte um das Personal und die Ressourcen, die er brauchte, doch seine Arbeit wurde von mächtigen Rivalen bei Sony verzögert und manchmal gänzlich zum Stillstand gebracht. Ein hochrangiger Manager von Sony warnte Kuta-

ragi: »Mir ist zu Ohren gekommen, daß Sie digitale Technologien entwickeln möchten. Das dürfen Sie bei Sony nicht
sagen. Sie werden sonst sofort versetzt ... Das kommt gar
nicht in Frage. Das ist bei Sony tabu.«[5]

Veraltete Methoden werden auch deshalb beibehalten, weil
Mitarbeiter diese so gut beherrschen. Ihre große Fertigkeit
in alten Praktiken und ihre fehlende Fertigkeit in neuen Vorgehensweisen kann bedeuten, daß sie schlechter abschneiden,
wenn sie neue (aber letztlich überlegene) Konzepte, Methoden und Technologien erproben. James March nennt dies eine
»Erfolgs-« beziehungsweise »Kompetenzfalle«:

> Aufgrund des Erfolgs wiederholt es [ein Unternehmen]
> die Handlung, die scheinbar erfolgreich war. Aufgrund
> der wiederholten Ausführung beherrscht es die betref-
> fende Technologie immer besser ... Dieser Prozeß führt
> zu einer Endlosschleife aus Erfolg, Kompetenzsteige-
> rung und Verwertung. Neue Ideen werden nicht aus-
> probiert, und wenn sie ausprobiert werden, dann liefern
> sie keine so guten Ergebnisse wie die bewährten Tech-
> nologien (aufgrund der unterschiedlichen Fertigkeit in
> beiden).[6]

Dieses »Erfolgsparadox«, wonach sich »Kernkompetenzen
oftmals in Kernrigiditäten« verwandeln, wurde gründlich
untersucht, vor allem von Michael Tushman und Charles
O'Reilly in *Winning Through Innovation* und von Clayton
Christensen in seinem Bestseller *The Innovator's Dilemma*.[7]
Diese Untersuchungen zeigen, wie Erfolgsfallen die Leistungsfähigkeit einstmals erfolgreicher Unternehmen und sogar
ganzer Branchen untergraben, die es nicht verstanden, sich
von veralteten Technologien und Geschäftsmodellen auf überlegene »disruptive Innovationen« umzustellen. Diese Forscher
zeigten anhand von Beispielen wie Kodaks Erfolg im Geschäft
mit chemischen Filmen, Smith-Coronas Schreibmaschinen-

geschäft, der Dominanz des schweizerischen Uhrenherstellers
SSIH bei mechanischen Uhren und der Diskettenlauf-
werk-Industrie, wie einstmals erfolgreiche technologische
Neuerungen Unternehmen oftmals dazu veranlassen, Aus-
rüstungsgüter zu kaufen, Firmenkulturen zu entwickeln,
Mitarbeiter einzustellen und zu schulen und Praktiken umzusetzen, die »ineffizient« und »innovationshemmend« sind
und zu »kontinuierlichen marginalen Verbesserungen führen,
die das Unternehmen zu einem Gefangenen seiner gloriosen
Vergangenheit machen«.[8]

Gängige Strategien, um frühere Erfolge zu vergessen

Diese Studien legen zahlreiche Strategien nahe, mit denen
Unternehmen solche Erfolgsfallen vermeiden können. Ich
werde zunächst auf die bewährten und häufig angewandten
Abhilfestrategien für Erfolgsfallen eingehen, die in diesen
Schriften erwähnt werden. Anschließend werde ich, dem
Geist dieses Buches gemäß, einige ungewohnte Abhilfen vor-
stellen.

Für gewöhnlich wird denjenigen, die mit der erfolgreichen Vergangenheit eines Unternehmens brechen möchten,
der Rat erteilt (dem sich auch Christensen in seinem Buch
The Innovator's Dilemma anschließt), ein neues Unternehmen oder wenigstens einen neuen Geschäftsbereich zu gründen. Tatsächlich haben sich viele Unternehmen dadurch von
etablierten Technologien, Geschäftspraktiken und Geschäftsmodellen befreit, daß sie neue Sparten, unabhängige Unternehmen und Joint-ventures in einer Weise und an Orten
gründeten, an denen sie nicht die Geisel ihrer früheren
Erfolge waren. Aus diesem Grund wurde Wal-mart.com im
Januar 2000 gemeinsam mit der Wagniskapitalfirma Accel
Partners im kalifornischen Palo Alto gegründet. Wal-Mart

hatte den Internet-Vertrieb seiner Produkte zunächst von seiner Firmenzentrale in Benton, Arkansas, aus organisiert. Nachdem es gegenüber reinen Online-Vertriebsfirmen wie Amazon.com ins Hintertreffen geriet und einen geplanten Termin zur Aktualisierung seiner Website für das Weihnachtsgeschäft 1999 platzen ließ, gründete Wal-Mart ein neues Unternehmen. Der Einzelhändler wollte auf diese Weise die kulturellen und finanziellen Konflikte abwenden, die auftraten, als Wal-Mart trotz der »heiligen« und erfolgreichen Traditionen im »Filialvertrieb« ein Internet-Geschäft aufbauen wollte, und um näher an Fachkräften im Silicon Valley zu sein.

Eine verwandte Strategie besteht darin, einen neuen Geschäftsbereich zu gründen und alles daran zu setzen, daß die Personen, die darin arbeiten, den Firmenkodex ignorieren, mißachten und dagegen aufbegehren. Dies läßt sich leichter erreichen, wenn ein Geschäftsbereich fern vom Machtzentrum des Unternehmens gebildet wird, damit Verteidiger des Firmenkodex dem neuen Bereich nicht so leicht alte Praktiken aufzwingen können. Dies war ein Grund, weshalb General Motors seine erste Produktionsstätte für den Saturn in Springhill, Tennessee, errichtete, über 1600 Kilometer von der GM-Zentrale in Detroit entfernt. Teils aufgrund der Entfernung und teils aufgrund der beispiellosen Zusammenarbeit zwischen CEO Roger Smith und dem Gewerkschaftsführer Donald Ephlin blieb das neue Werk von den traditionell angespannten Beziehungen zwischen GM und der Automobilarbeiter-Gewerkschaft verschont.[9] Tatsächlich wurde der Saturn für viele Jahre zum Modell der Kooperation zwischen Gewerkschaften und Unternehmensleitung in der amerikanischen Autoindustrie. Um nur ein Beispiel zu geben: Gary High, der Direktor für Personalentwicklung bei Saturn, berichtet, er habe Vorstellungsgespräche mit vier Personen geführt, zwei GM-Managern und zwei GM-Arbeitern, die der Gewerkschaft UAW angehörten. Er habe nicht unterscheiden können, wer dem »Managementlager« und wer dem »Gewerkschaftslager« angehört habe, weil alle vier nur am Erfolg des Saturn-Werks insgesamt interessiert gewesen seien.[10]

Richard Hackborn von Hewlett-Packard leitete das Projekt, Drucker für Personalcomputer fernab der HP-Zentrale im kalifornischen Palo Alto zu entwickeln und zu vertreiben. Als Hackborn erstmals HP-Traditionalisten dazu bringen wollte, Drucker zu verkaufen, waren sie wegen der niedrigen Gewinnspannen bei Konsumprodukten dagegen. Einmal bestanden mehrere hochrangige Führungskräfte darauf, daß nur solche Drucker angeboten werden sollten, die mit Personalcomputern von HP kompatibel seien, obgleich HP nur einen sehr kleinen Anteil am PC-Markt hatte. Also ließen sich Hackborn und ein »Dicks Cowboys« genannter Trupp von Managern fernab der Konzernzentrale, in Boise, Idaho, nieder. Sie brachen mit zahlreichen langjährigen HP-Gepflogenheiten. »Dick hatte Erfolg, weil er aus dem System ausgestiegen ist. Er hat nie um Erlaubnis gefragt, vielmehr bat er im nachhinein um Entschuldigung«, sagt der Chef von Network Appliances Inc., Dan Warmenhoven, der in den achtziger Jahren fünf Jahre lang mit Hackborn zusammenarbeitete.[11] Gegenwärtig steuern diese Drucker (und vor allem die austauschbaren Tintenpatronen) ungefähr 50 Prozent zum Umsatz und 75 Prozent zum Gewinn von HP bei.

Man sollte ein Unternehmen oder einen Geschäftsbereich deshalb fernab der Zentrale ansiedeln, weil die räumliche Entfernung zu Verfechtern des Firmenkodex und die Nähe zu Personen und Firmen, welche Technologien, Geschäftsmodelle und Geschäftspraktiken benutzen, die dem traditionellen Kodex zuwiderlaufen, es dem neuen Unternehmen/Bereich erleichtern, mit der Vergangenheit zu brechen. Diese Praktiken können für Unternehmen zweierlei Vorteile haben: erstens den Aufbau einer neuen Zukunft und zweitens den Ausschluß eines Rückfalls in die Vergangenheit. Dieses »zwei

Fliegen mit einer Klappe schlagen« wird dadurch erleichtert, daß man den Mitarbeitern, die in das neue Unternehmen oder den neuen Geschäftsbereich eintreten, nur »Hinfahrkarten« gibt, das heißt, daß sie nach ihrem Eintritt in den neuen Geschäftsbereich oder das neue Unternehmen nicht mehr in das alte zurückkehren dürfen. So verfuhr beispielsweise GM bei der Gründung des Saturn-Werks. Sowohl gewerkschaftlich organisierten als auch nicht organisierten Beschäftigten von General Motors wurde mitgeteilt, daß sie ihre alten Stellen nicht zurückerhalten würden, wenn es bei Saturn nicht klappte. Genauso wurde verfahren, als Procter & Gamble und mehrere Risikokapitalfirmen aus dem Silicon Valley Reflect.com gründeten, eine neue Internet-Firma für anspruchsvolle Kosmetikartikel. Mitarbeiter von Procter & Gamble bekamen keinen Arbeitsplatz für den Fall zugesichert, daß sie zur Muttergesellschaft zurückkehren wollten. »Hinfahrkarten« sind ein probates Mittel, um sicherzustellen, daß Mitarbeiter, die sich dem neuen Unternehmen anschließen, wirklich mit der Vergangenheit brechen möchten und genügend Wagemut besitzen, um in ein neues Unternehmen einzutreten. Wie Saturn und Wal-mart.com hat auch Reflect.com seinen Sitz in San Francisco, weit entfernt von der Zentrale von Procter & Gamble in Cincinnati, Ohio.

Die Gründung eines neuen Unternehmens fernab der Zentrale gewährleistet jedoch noch lange nicht, daß tatsächlich innovative Konzepte entdeckt und entwickelt werden. Wenn die Bindung an die Zentrale zu eng oder die Kontrolle durch die Unternehmensleitung zu straff bleibt, kann dies dazu führen, daß das Schlimmste aus beiden Welten eintritt: Mitarbeiter in entlegenen Außenposten halten sich eng an den Kodex des Unternehmens, aber gleichzeitig müssen sie sich damit abfinden, daß sie oftmals weitgehend machtlos sind. Dies geschah, als Daimler-Benz (mittlerweile DaimlerChrysler) 1995 ein Forschungs- und Technologiezentrum im Silicon

Valley eröffnete. Das Zentrum sollte Ideen für neue Technologien und Dienstleistungen im Silicon Valley abschöpfen und so Daimler-Benz helfen, innovativere Produkte herzustellen. Eine Studie von Studenten der Universität Stanford enthüllte, daß das Zentrum erstaunlich geringe Kontakte zu Menschen und Firmen im Silicon Valley pflegte und den Forschern von Vorgesetzten in Deutschland gesagt wurde, woran sie arbeiten sollten. Außerdem wurde eine gute neue Idee eines Mitarbeiters des Forschungszentrums nur selten umgesetzt, weil das Zentrum im Vergleich zu den Forschungseinrichtungen in Deutschland praktisch keine Mitspracherechte hatte. Meine jüngsten Gespräche mit Managern des Forschungs- und Technologiezentrums deuten darauf hin, daß viele dieser Probleme gelöst worden sind, aber sie räumen ein, daß das Zentrum in seiner Anfangszeit darum kämpfen mußte, autonom und innovativ zu sein.

Den Gründern eines neuen Unternehmens oder Geschäftsbereichs wird auch oftmals geraten, eine Revolution anzuzetteln. Der Managementguru Gary Hamel hat Leitlinien für Revolutionäre aufgestellt, die Rebellionen anstacheln wollen, um alte, überholte Praktiken auszumerzen und sie durch überlegene Geschäftsabläufe, Geschäftsmodelle und Technologien zu ersetzen.[12] Hamels Konzeption erinnert an Leitfäden zur Gründung politischer Bewegungen, wie etwa Saul Alinskys berühmtes Handbuch *Rules for Radicals*.[13] Sowohl betriebliche als auch politische Revolutionen werden von Menschen oder Gruppen initiiert, die fest davon überzeugt sind, daß sich bestimmte Dinge ändern müssen. Erfolgreiche Revolutionäre artikulieren ihre Ziele in einer prägnanten, mitreißenden Weise, schmieden eine Koalition aus mächtigen Verbündeten und studieren gründlich das Verhalten der alten Garde, die sie stürzen wollen. Außerdem überreden sie ehemalige Feinde dazu, sich ihnen anzuschließen; gelingt ihnen dies nicht, stellen sie sie kalt. Schließlich inszenieren sie kleine Siege, um zu zeigen, daß ihre neuen Methoden alten, tiefverwurzelten Denk- und Verhaltensweisen überlegen sind. Hamels überzeugende Fallstudie über IBM zeigt, daß David Grossman und John Patrick, die bei IBM mit als erste die Bedeutung des Internets erkannten, viele dieser Taktiken benutzten – und mit Hilfe des Internets umsetzten –, um eine »Rebellion« anzuzetteln, die trotz großen Widerstands der Führungsspitze IBM letztlich in ein »E-Business-Powerhouse« verwandelte.[14] Hamel formulierte es folgendermaßen: »Wie Dissidenten in der ehemaligen Sowjetunion, die einen gestohlenen Vervielfältigungsapparat verwendeten, haben Patrick und Grossman das Web zum Aufbau einer eingeschworenen Gemeinde von Web-Fans benutzt, die zu guter Letzt IBM von Grund auf verändern sollte.«[15]

Erfolgreiche Revolutionen in Unternehmen müssen nicht immer in so großem Maßstab stattfinden. Im Mittelpunkt meines Lieblingsbeispiels einer Revolution im kleinen steht Annette Kyle, die die 55 Beschäftigten im Bayport Terminal in Seabrook, Texas, aufwiegelte. Die Umschlaganlage gehörte zum Chemiekonzern Hoechst-Celanese.[16] Dort wurden fast 1,5 Milliarden Kilogramm Chemikalien pro Jahr von Zügen auf Lkws, Leichter und Schiffe umgeladen. Als Kyle 1994 die Leitung der Umschlaganlage übernahm, stellte sie fest, daß die meisten Abläufe sich seit der Eröffnung im Jahr 1974 nicht verändert hatten, obgleich sich die Umschlagmenge verdreifacht hatte. Infolgedessen arbeitete die Verladestation völlig ineffizient. Wenn etwa ein Schiff zur Beladung eintraf und warten mußte, weil die Maschinenbediener Verspätung hatten, mußte Celanese »Überliegegebühren« genannte Wartegelder bezahlen, die sich oft auf 10 000 Dollar pro Stunde beliefen. Im Jahr 1994 bezahlte die Umschlaganlage über 2,5 Millionen Dollar an Überliegegebühren. Die Maschinenbediener brauchten für die Beladung eines Lkws im Schnitt drei Stunden, obgleich der Branchendurchschnitt bei weniger als einer Stunde lag. Die Umschlaganlage hatte eine traditionelle Leitungsstruktur, und die Bediener, die die Chemikalien entluden, wurden scharf von den Vorarbeitern überwacht. Die Vorarbeiter hielten an alten Abläufen fest, obgleich dies die Schnelligkeit und Qualität der Arbeit beeinträchtigte.

Kyle brachte über ein Jahr damit zu, neue Werkzeuge zu beschaffen, Vorarbeitern und Maschinenbedienern bessere Arbeitsmethoden beizubringen und Dutzende geringfügiger Verbesserungen umzusetzen. Ende 1995 erkannten Kyle und ihr Führungsstab, daß es mit evolutionären Veränderungen nicht getan war. Inspiriert von einen »WOW«-Seminar des Managementgurus Tom Peters, an dem Kyle und ihre engsten Mitarbeiter teilgenommen hatten, planten sie die Revolution. Am Morgen des 3. Januar 1996 wurde die Umschlaganlage geschlossen, und alle Mitarbeiter wurden zu einer Versammlung einberufen. Kyle kündigte radikale Veränderungen an und setzte sie sogleich um. Die Maschinenbediener arbeiteten ab sofort eigenverantwortlich und ohne unmittelbare Vorgesetzte; die Vorarbeiter wurden zu »Kargo-Planern«, die für den reibungslosen Ablauf des Materialflusses verantwortlich waren; und Terminpläne und Angaben über die Zieleinhaltung wurden auf einer großen Tafel angezeigt, die jedermann jederzeit einsehen konnte. Kyle hatte einen Sarg mitgebracht, in den sie zahlreiche Gegenstände legte, um sinnbildlich darzustellen, daß die Vergangenheit tot sei, wie etwa ein Schild mit der Aufschrift »Ships Happen« [in Anlehnung an »Shit Happens«] aus dem Büro der Vorarbeiter, das die destruktive alte Einstellung zum Ausdruck brachte, es sei nicht immer möglich, sich auf die Entladung eines Schiffes vorzubereiten.

Die positiven Effekte der Revolution von Kyle zeigten sich umgehend. Die Überliegegebühren fielen von über 1 Million Dollar in der ersten Hälfte 1995 auf weniger als 10 000 Dollar in der ersten Hälfte 1996. Über 90 Prozent der Lkws waren innerhalb von einer Stunde nach ihrer Ankunft entladen.

Vorarbeiter und Maschinenbediener waren zunächst empört, aber sie reagierten schon bald positiv auf die neuen Arbeitsabläufe. Ein Gutachten unabhängiger Forscher der Universität von Südkalifornien ergab, daß die Beschäftigten mit den Veränderungen zufrieden waren und sich dadurch angespornt fühlten. Kyle setzte bei diesen Veränderungen vor allem auf ihre Autorität (und ihren Mut) und nicht, wie die Revolutionäre bei IBM, auf das Schmieden einer Koalition, aber auch sie benutzte viele bewährte Taktiken erfolgreicher Revolutionäre. Sie hatte entschiedene Ansichten darüber, was verändert werden sollte und weshalb, und sie artikulierte ihre Ziele in eindeutiger und mitreißender Weise. Kyle arbeitete auch ein Jahr lang Seite an Seite mit den Vorarbeitern und den Maschinenbedienern, bevor sie ihre Stellen neu zuschnitt. Sie wußten, daß die Chefin ihre Arbeit verstand, so daß sie rasch zu engen Verbündeten wurden. Kyle neutralisierte auch den Einfluß hochrangiger Führungskräfte, die sich möglicherweise der Revolution in den Weg gestellt hätten, indem sie ihnen nichts von den geplanten Veränderungen mitteilte – nur ihr unmittelbarer Vorgesetzter war eingeweiht. Und mit Hinweis auf die sich schon bald einstellenden Erfolge überzeugte sie Personen im gesamten Unternehmen, daß die neuen Abläufe den festverwurzelten alten Gewohnheiten in Bayport überlegen waren.

Während die Revolutionen bei IBM und Bayport radikale Brüche mit der Vergangenheit darstellen, können sich Unternehmen auch auf weniger einschneidende, evolutionäre Weise verändern. Firmen benutzen viele bekannte und effiziente Techniken, um Mitarbeitern bewußt zu machen, daß festverwurzelte, unwillkürliche Praktiken Innovation behindern, und um ihre Mitarbeiter für bessere Methoden zu gewinnen. In einigen Unternehmen beispielsweise spüren Mitarbeiter gezielt »heilige Kühe« auf – also ineffiziente Denk- und Verhaltensmuster, die nicht mehr nützlich sind, aber über die niemand mehr groß nachdenkt und die sich niemand zu verändern oder zu unterbinden traut –, die sie anschließend »schlachten«. Ein mir bekanntes Unternehmen benutzt ein amüsantes und preiswertes Programm, um seine heiligen Kühe zu schlachten. Der Firmenchef kaufte allen Mitarbeitern Stofftiere, insbesondere »Daisy, die schwarzweiße Kuh«, und forderte sie auf, »sie auf Leute zu werfen, die heilige Kühe verteidigten«. Ein Manager der Firma sagte mir: »Wir haben zunächst über die Stofftiere sehr gelacht, aber sie haben uns geholfen, einige wirklich ineffiziente Abläufe loszuwerden.«

Pillsbury, Madison & Sutro LLP (heute: Pillsbury Winthrop LLP) benutzten ein ernsthafteres und durchgreifenderes Programm, um heilige Kühe aufzudecken und zu eliminieren. Diese 125 Jahre alte Anwaltssozietät mit Sitz in San Francisco hielt an alten Praktiken und Geschäftsmodellen fest, die aufgrund der Revolution in der Informationstechnologie überholt waren. Im Rahmen ihrer Bemühungen, mit der Vergangenheit zu brechen, gründeten Firmenchefin Mary Cranston und Partnerin Marina Park Anfang 1999 eine »Arbeitsgruppe gegen heilige Kühe«, die den Auftrag hatte, festverwurzelte Gewohnheiten, die den Wandel hemmten und Ressourcen vergeudeten, zu identifizieren und zu eliminieren. Die Mitglieder der Arbeitsgruppe spürten über 100 heilige Kühe auf, und Sonderbevollmächtigte erhielten den Auftrag, sie auszumerzen und über Fortschritte im Hinblick auf spezifische Daten zu berichten. Die Bedeutung dieses fortlaufenden Programms wurde durch ein externes Seminar unterstrichen, bei dem unter anderem Robert Kriegel eine Rede hielt, der Autor von *Sacred Cows make the Best Burgers*.

Viele heilige Kühe wurden in den komplexen und uneinheitlichen Verfahrensweisen aufgedeckt, nach denen örtliche Büros Rechnungen für Klienten ausstellten und überfällige Forderungen eintrieben. Mehrere Senior Partner behaupteten, die örtliche Selbständigkeit sei von zentraler Bedeutung, weil Klienten, die unpersönliche Rechnungen erhielten, vor den Kopf gestoßen wären. Trotz dieser Einwände entwickelte und implementierte die Arbeitsgruppe ein einfacheres, zentralisierteres System zur Erledigung dieser Routinearbeiten. Dennoch wurde die persönliche Note gewahrt, weil jede Rechnung nach wie vor mit einem persönlichen Begleitschreiben des zuständigen Partners verschickt wurde, wie es immer der Fall gewesen war. Das neue System verringerte die Zeitspanne zwischen Rechnungsstellung und Bezahlung von 4,5 auf 3,2 Monate und senkte die damit verbundenen Arbeitskosten um über 25 Prozent (was den Jahresüberschuß um mehrere Millionen Dollar erhöhte). Einige der Partner, die energischen Widerstand ankündigten, haben mittlerweile eingesehen, daß das neue System überlegen ist, weil Rechnungsreklamationen von Klienten schneller bearbeitet und überfällige Forderungen effizienter eingetrieben werden. Ganz zu schweigen davon, daß die Partner von der Ertragsverbesserung persönlich profitieren. Ähnlich wie das Brainstorming im Toyota-Produktionssystem erzeugte diese Arbeitsgruppe vielfältige neue Ideen und betrachtete alte Probleme in neuer Weise, um Routineabläufe zu verbessern. Aufgrund der Veränderungen im Fakturierungssystem und Dutzenden weiterer geringfügiger Modifikationen stieg der Ertrag je Partner 1999 um 44,2 Prozent, wie aus der Rangfolge der 100 größten Anwaltssozietäten hervorgeht, die jährlich in der Zeitschrift *American Lawyer* veröffentlicht wird; das ist die viertgrößte prozentuale Steigerung unter den 100 Sozietäten in der Umfrage.

Schräge Idee Nr. 11 erfolgreich umsetzen

Gängige Strategien, um Erfolge der Vergangenheit zu vergessen

- Ein neues Unternehmen gründen.
- Einen neuen Geschäftsbereich gründen, vorzugsweise weit von der Zentrale entfernt.
- Mitarbeitern neuer Unternehmen oder Geschäftsbereiche »Hinfahrkarten« geben.
- »Revolutionäre Veränderungen« im Unternehmen anstoßen.
- Mit Hilfe von Arbeitsgruppen, Workshops und Betriebsversammlungen umfangreiche evolutionäre Veränderungen initiieren.
- Mitarbeiter ermuntern, so zu tun, als wüßten sie nichts über die besten Geschäftsmodelle, Geschäftspraktiken und Technologien.

Ungewöhnliche Strategien, um Erfolge der Vergangenheit zu vergessen

Die bislang vorgestellten Methoden, sich aus den Fängen der Vergangenheit zu befreien, basieren auf soliden theoretischen und empirischen Befunden. Diese Verfahren sind auch allgemein bekannt und akzeptiert. Aber in diesem Buch geht es um verquere Ideen, die sich bewährt haben, nicht um gewöhnliche Ideen. Lassen Sie mich daher auch einige ungewöhnliche Konzepte für den Aufbau von Unternehmen mit breitgefächertem Wissensfundus vorstellen, in denen die Mitarbeiter neue Dinge in altgewohnter Weise betrachten. Einige der schrägen Ideen, die ich bereits empfohlen habe, können Unternehmen helfen, nicht zu Gefangenen ihrer erfolglosen Vergangenheit zu werden. Wie ich in Kapitel 3 zeigte, müssen Sie einige Nonkonformisten einstellen und schützen – Mitarbeiter, die nicht lernen wollen und denen nichts an der Vergangenheit des Unternehmens oder der Branche liegt –, wenn

Sie einen Kreis von Personen möchten, die nicht von der Vergangenheit beeinflußt sind. Sie müssen Ausschau halten nach Leuten vom Schlag des Nobelpreisträgers Cary Mullis, der »anderthalb Jahre lang lauthals auf die Bedeutung der Polymerasekettenreaktion hinwies, aber von niemandem beachtete wurde«. Die Vergangenheit bedeutet ihnen nichts, sie interessiert nur das, was sie für richtig halten. Sie möchten auch keine Mitarbeiter, die geschlossen den gleichen Standpunkt vertreten, vielmehr möchten Sie, wie ich in Kapitel 8 darlegte, Mitarbeiter, die wie verrückt um Ideen streiten. Vor allem möchten Sie Kontroversen über die Frage, ob gegenwärtige Praktiken veraltet sind, damit jeder sorgfältig darauf achtet, was er tut und weshalb. Sie möchten Menschen wie den »Techno-Propheten« George Gilder, der, wenn ihm alle zustimmen, von der Sorge umgetrieben wird, daß er nicht weit genug vorausdenkt.[17]

Unternehmen stehen weitere effiziente Methoden zur Verfügung, um sich von der Vergangenheit zu lösen. Eine der erfolgreichsten Strategien besteht darin, Mitarbeiter von Stellen, für die sie fachlich qualifiziert sind und wo sie sich wohl fühlen, auf solche zu versetzen, für die sie nicht richtig qualifiziert sind und auf denen sie sich unwohl fühlen. Unternehmen, die dies regelmäßig tun, zwingen ihre Mitarbeiter dazu, fortwährend ihre Geisteskräfte anzuspannen und Neues zu lernen, indem sie sie auf Stellen versetzen, wo sie dieselben alten Aufgaben in neuer Weise betrachten. Man kann dabei zu weit gehen; ich würde beispielsweise nicht wollen, daß eine unerfahrene Pflegekraft meine erste Herzoperation vornimmt. Diese Technik ist auch nicht sehr effizient, weil die Mitarbeiter ständig Neues lernen müssen, was zeitaufwendig ist und in den Frühphasen zu höheren Mißerfolgsquoten führt. Aber es gibt einige Unternehmen, deren Chefs gezeigt haben, daß ein systematischer Arbeitsplatzwechsel eine effiziente Methode der Innovationsförderung ist.

Ein Beispiel ist die Lend Lease Corporation, die über 40 Jahre alt und die größte australische Bauträgergesellschaft ist. Mitarbeiter von Lend Lease werden in regelmäßigen Abständen versetzt, damit sie ständig dazulernen und sich nirgends bequem einrichten und somit die Führungsspitze einen stets aktuellen Überblick über die Stärken und Schwächen der Mitarbeiter hat. Eines Tages im Jahr 1997 wurde der Manager Peter Scott zu einer Sitzung geladen, auf der Chairman Stuart Horney eine grundlegende Neugestaltung der Leitungsstruktur bekanntgab. Praktisch jede obere Führungskraft erhielt eine neue Aufgabe, denn, wie Horney sagte: »Wir müssen uns neu ausrichten, also dachte ich, es wäre gut, den ganzen Verein mal wachzurütteln.« Scott wurde von der Leitung eines Hauptprojekts entbunden und in eine Position versetzt, wo er in alle größeren Projekte eingebunden war. Weniger als ein Jahr später wurde er erneut versetzt. Lend Lease betreibt dieses »Stellenkarussell« absichtlich. Scott sagt: »Es ist belebend und zugleich beängstigend, weil man sich nie behaglich einrichten kann.« Susan McDonald ist eine 28jährige Angestellte, die bereits sieben verschiedene Stellen im Unternehmen innehatte. Sie fügt hinzu: »Die Mitarbeiter können sich hier grundsätzlich nicht auf Titel berufen. Sie können sich nicht auf ihre Position oder Besitzstände berufen. Alles dreht sich um Ideen ... Das ist ungemein anspornend – und brutal. Entweder die Leute lieben es, für Lend Lease zu arbeiten, oder sie hassen es.«[18]

Ähnliche Praktiken sind bei AES üblich, dem weltweit tätigen unabhängigen Stromversorger, den ich bereits erwähnte.[19] AES will mit seinen Führungsgrundsätzen sicherstellen, daß die Beschäftigten immer darüber nachdenken, was sie tun und warum sie es tun. AES ist vollkommen dezentral organisiert. Das Unternehmen hat keine Personalabteilung und keine Abteilung, die sich um die Einhaltung von Umweltauflagen kümmert. AES-Mitgründer und CEO Dennis Bakke ist der Überzeugung, daß das Unternehmen unter anderem deshalb so innovativ und finanziell erfolgreich ist, weil es seinen Mitarbeitern ständig neue Aufgaben überträgt, für die sie teilweise gar nicht qualifiziert sind und die sie noch nie ausgeführt haben. Langjährige Mitarbeiter von AES wechseln turnusmäßig zwischen verschiedenen Funktionen, und Neulinge werden mit Aufgaben betraut, die sie noch nie ausgeführt haben. Als der Ingenieur Paul Burdick zu AES kam, bestand seine erste Aufgabe darin, »einen Vertrag über die Lieferung von Kohle im Wert von einer Milliarde Dollar abzuschließen«, obgleich er eigentlich nichts davon verstand. Mehrere Wochen telefonierte er mit Personen innerhalb und außerhalb von AES, um die beste Vorgehensweise in Erfahrung zu bringen. Aufgrund der starken Dezentralisierung von AES sind die Mitarbeiter gezwungen, sich am Arbeitsplatz ständig neue Kenntnisse anzueignen und neue Dinge auszuprobieren. Sie klagen nicht über ihre fehlende fachliche Eignung, und sie sagen auch nicht, dafür seien sie nicht eingestellt worden; solche Bewerber werden gar nicht erst genommen. Sie tüfteln einfach aus, wie sie vorgehen müssen. Sie können sich nicht an die Personalabteilung wenden (es gibt keine), und es gibt auch keine AES-Universität. Wenn Mitarbeiter etwas lernen möchten, suchen sie jemanden, der es ihnen beibringt, und organisieren den Unterricht selbst. Viele Aufgaben bei AES würden vielleicht schneller erledigt, wenn Mitarbeiter fest an ihrem Arbeitsplatz blieben, doch Burdick beteuert, den Leuten ständig neue Aufgaben zu geben sei für den Erfolg von AES von zentraler Bedeutung, denn »sobald man etwas systematisiert, beraubt man es seiner Lebendigkeit. Man schreibt eine Reihe von Regeln oder Abläufen vor, und niemand stellt fortan irgendwelche Fragen – Fragen wie: ›Warum müssen wir so verfahren?‹«[20]

Ein ähnlicher Ratschlag lautet, nicht bloß einzelne Mitarbeiter ständig zu versetzen, sondern fortwährend Arbeitsgruppen aufzulösen und umzugestalten. Teams laufen vor allem dann Gefahr, an der Vergangenheit festzukleben, wenn die Mitglieder einander so sympathisch sind und so viel untereinander sprechen, daß sie beginnen, Außenstehende zu ignorieren. Dies geschieht besonders dann, wenn Gruppen längere Zeit bestehen. Eine Studie von Ralph Katz und Mitarbeitern über 50 Forschungs- und Entwicklungsteams kam zu dem Ergebnis, daß die Zahl der von den F&E-Teams produzierten Ideen in den ersten Jahren ihres Bestehens zunahm; der schöpferische Ertrag der Teams erreichte nach drei bis vier Jahren seinen Gipfel und ging dann zurück.[21]

> Man hat geradezu den Eindruck, als würde ein Dämon eingreifen, in jedem Fall die nützlichste Form der Kommunikation auswählen und dann dafür sorgen, daß diese mit zunehmender durchschnittlicher Dauer der Zugehörigkeit zum Projektteam zerfällt. Mitglieder von Entwicklungsteams schotten sich von ihren Kollegen in anderen Funktionsbereichen ab; Forschungsteams schotten sich von externen Kollegen ab, und Kundendienstteams isolieren sich voneinander.

Katz und Mitarbeiter vermuten, daß dieser Innovationsrückgang deshalb eintritt, weil Teammitglieder sich im Lauf der Zeit stärker auf die Vorzüge ihrer eigenen Ideen konzentrieren und beginnen, das Wissen externer Gruppen und Wettbewerber als minderwertig abzutun. Dies wird »Syndrom der Ablehnung fremden Wissens« genannt. Untersuchungen, die ich in Kapitel 1 beschrieb, erklären, wie sich dieses Syndrom entwickelt. Erinnern wir uns daran, daß es schwierig ist, Verhaltensweisen zu verändern, wenn sie erst einmal fest verwurzelt sind und »unbedacht« ausgeführt werden. Erinnern wir uns auch daran, daß Forschungen über den »Effekt der wiederholten Darbietung« zeigen, daß Menschen positiv auf Vertrautes und negativ auf Ungewohntes reagieren. Je länger eine Gruppe zusammen ist, um so stärker werden diese Kräfte. Was die Gruppe tut, wird den Mitgliedern immer vertrauter – während das, was Außenstehende tun, immer ungewohnter beziehungsweise uninteressanter wird. Motivation, Experimentierfreude und Lernbereitschaft verringern sich im Zeitablauf schleichend und für die Teammitglieder fast unmerklich.[22] Verschlimmert wird das Ganze noch dadurch, daß eine Gruppe von Personen, die lange Zeit zusammen waren, sich zunehmend über außerberufliche Themen – ihre Familien, Sport, Hobbys und so fort – und immer weniger über ihre Arbeit unterhält. Sie führen ihre Arbeit gleichsam unwillkürlich aus, sie wissen scheinbar genau, wer in der Gruppe worin seine Stärken hat, und sie fühlen sich nicht genötigt, ihre Zeit damit zu vergeuden, mit Außenstehenden zu kommunizieren, so daß sie viel Zeit haben, mit ihren Kollegen über andere Dinge zu sprechen!

Katz rät seit langer Zeit bestehenden Gruppen, eine Art »Stellenkarussell« zu betreiben, wie man es bei Lend Lease und AES tut. Er behauptet, daß die Gruppe durch neue Mitglieder und frische Ideen dazu gezwungen wird, alte Probleme in neuer Weise zu sehen. Seines Erachtens besteht eine todsichere Methode, um einen starken Rückgang der kreativen Leistung langjähriger Gruppen zu verhindern, darin, sie regelmäßig aufzulösen – sie zu töten, bevor sie alt werden. Genau diese Lektion hat das dänische Unternehmen Oticon gelernt, einer der weltweit führenden Hersteller von Hörgeräten.[23] Das Unternehmen befand sich Ende der achtziger Jahre, als Lars Kolind das Ruder übernahm, in einer bedrohlichen finanziellen Schieflage. Die Wettbewerber brachten viel schneller bessere Produkte auf den Markt als Oticon, und das Unternehmen machte Verluste. Kolind ließ eine innerbetriebliche Mitteilung kursieren, in der von heute auf morgen tiefgreifende Veränderungen angekündigt wurden; er zettelte also eine ähnliche »Revolution« wie Annette Kyle in Bayport an. Nach Kolinds Einschätzung bestand eines der

Hauptprobleme darin, daß Mitarbeiter so lange in denselben Gruppen gearbeitet hatten, daß sie, wie von Katz in seinen Forschungen vorhergesagt, keine reflexive Distanz mehr zu ihrer Arbeit hatten, mit der Folge, daß die Kreativität zum Erliegen gekommen war. Eine der wichtigsten Veränderungen von Kolind bestand darin, daß Projektgruppen (nicht wie bisher Abteilungen) zur zentralen Arbeitseinheit wurden, und diese wurden nach einer gewissen Zeit aufgelöst und ständig erneuert.

Doch ungeachtet dieser radikalen Veränderungen stellte Kolind fest, daß Produktentwicklungsteams manchmal in alte Gewohnheiten zurückfielen. Im Dezember 1995 beispielsweise fiel ihm auf, daß Mitarbeiter des Unternehmens ein ganzes Jahr lang wie besessen an einer neuen Produktlinie digitaler Hörhilfen gearbeitet hatten, doch »die Kehrseite dieses kreativen Kraftakts war das Gefühl, daß seit langer Zeit bestehende Projektteams sich zu etwas verfestigten, was Abteilungen gefährlich nahekam«.[24] Kolind über seine Reaktion: »Ich sprengte die Organisationsstruktur in die Luft.« In einer ungewöhnlichen, autoritären Weisung ordnete er die Auflösung sämtlicher Teams und die Bildung neuer Teams an, die auf der Basis von Zeithorizonten und nicht funktional organisiert waren. Kolind sagte: »Es war das völlige Chaos ... Binnen drei Stunden wurden über 100 Mitarbeitern neue Aufgaben zugewiesen. Um das Unternehmen am Leben zu halten, muß die Führungsspitze einen gewissen Grad an Desorganisation aufrechterhalten.«[25]

Mein nächster Vorschlag, wie Sie die Ketten der Vergangenheit sprengen können, ist vielleicht der merkwürdigste: Verwenden Sie ein Zufallsverfahren, um Entscheidungsalternativen zu erzeugen und auszuwählen. Manchmal ist es besser, den traditionellen Entscheidungsprozeß zu umgehen, bei dem die Beteiligten eine Menge Zeit damit verbringen, die Vor- und Nachteile jeder Alternative zu vergleichen. Wissenschaftler, angefangen von Benjamin Franklin bis zu modernen

Entscheidungstheoretikern, haben aufgezeigt, wie man durch Zerlegung eines komplexen Problems in einfachere Elemente das Problem insgesamt besser verstehen und somit auch bessere Entscheidungen treffen kann. Eine Forschergruppe formulierte es folgendermaßen: »Die Termini *Entscheidungstheorie* und *Entscheidungsanalyse* beschreiben eine Unzahl theoretischer Modelle, wobei sich die meisten dieser Modelle auf die Annahme stützen, daß Entscheidungen am besten zielgerichtet, objektiv und nach reiflicher Überlegung gefällt werden sollten.«[26] Diese Methoden sind zwar effektiv, haben jedoch einen großen Nachteil: Auch wenn sich Menschen noch so sehr bemühen, *nicht* an ihre früheren Erfahrungen, irrationalen Vorurteile und persönlichen Präferenzen *zu denken*, belegen zahlreiche Studien, daß sich diese und eine Menge anderer Voreingenommenheiten nachhaltig auswirken. Diese Präferenzen bestimmen in oft suboptimaler Weise darüber, welche Entscheidungsalternativen generiert, welche Entscheidungskriterien angewandt und welche Entscheidungen letztlich getroffen und umgesetzt werden.

Der Vorteil eines Zufallsverfahrens liegt darin, daß es nicht durch das Wissen über frühere Erfolge verzerrt wird. Belege dafür, daß ungerichtetes Verhalten bedeutende Innovationen hervorbringen kann, finden sich in einer langen Liste wissenschaftlicher Durchbrüche, die sich Findigkeit und »Irrtümern« verdanken. Die Entdeckung und Reindarstellung von Penicillin ist das berühmteste Beispiel: Sie verdankt sich einer Reihe zufälliger Beobachtungen, die sich über einen Zeitraum von 50 Jahren erstreckten. Alexander Fleming gilt im allgemeinen als derjenige, dem 1928 erstmals auffiel, daß eine bestimmte Schimmelpilzart das Bakterienwachstum hemmt. Aber die Rolle des Zufalls bei diesem wissenschaftlichen Durchbruch reicht sehr viel weiter zurück, mindestens bis ins Jahr 1874, als William Roberts beobachtete, daß Kulturen des Schimmelpilzes *Penicillin glaucum* keine Anzeichen bakterieller Verunreinigung zeigten.[27] Der

Zufall spielt auch weiterhin eine Rolle bei wissenschaftlichen Durchbrüchen. Die Ereignisse, die zur Vergabe des Nobelpreises in Chemie im Jahr 2000 führten, begannen Anfang der siebziger Jahre, als ein Forscher im Labor von Hideki Shirakawa in Japan »dessen Weisung mißverstand und der chemischen Reaktion das Tausendfache der empfohlenen Katalysatormenge zusetzte. Dies führte zur Entstehung eines silberartigen Films, der sich aus einer neuartigen Form von Polyacetylen zusammensetzte.«[28] Dieser Irrtum brachte Hideki Shirakawa und Alan MacDiarmid sowie Alan Heeger auf die Idee, einen elektrisch leitenden Kunststoff zu entwikkeln, der das bedeutende neue Feld der kohlenstoffbasierten Elektronik begründete.

In diesen Fällen erweiterten Zufallsereignisse die Palette der Ideen, auf die Wissenschaftler zurückgreifen konnten, aber die Zufälligkeit war nicht beabsichtigt. Ich rate Unternehmen, einen Schritt weiter zu gehen. Sie sollten Mitarbeiter nicht nur für das Erkenntnispotential von Zufallsereignissen sensibilisieren, sondern *gezielt* ein Zufallsverfahren benutzen, um breitere und bessere Listen neuer Möglichkeiten zu erzeugen. Ich verdanke diese Idee Karl Weick von der Universität Michigan:[29]

> Mein Lieblingsbeispiel für kluges Verhalten von Gruppen ist die Verwendung von Karibuschulterknochen durch die Naskapi-Indianer zum Aufspüren von Wild. Sie halten die Knochen so lange in ein Feuer, bis sie rissig werden, und dann jagen sie in den Richtungen, in welche die Risse zeigen. Das Ritual ist deshalb erfolgreich, weil das Ergebnis nicht von den Resultaten früherer Jagden abhängig ist.[30]

Einige Unternehmen benutzen eine ähnliche Methode, um Ideen für Zukunftsprojekte zu generieren. Reactivity, das Unternehmen, das High-Tech-Konzepte ausbrütet und das wir aus vorangehenden Kapiteln kennen, hält jeden Freitag ein »Ventures Lunch« ab, bei dem die Mitarbeiter über Ideen für neue Technologien, Produkte und Unternehmen sprechen. Im Sommer 2000 wuchs unter den Software-Entwicklern Jeremy Henrickson, Graham Miller und Bill Walker die Unzufriedenheit darüber, daß bei den Mittagessen ein allzu begrenztes Spektrum von Ideen erörtert wurde, und vor allem, daß (die Internet-Musikbörse) Napster einen zu großen Raum einnahm. Also ersannen sie ein zufallsabhängiges Auswahlverfahren, das an die Methode der Naskapi-Indianer erinnert. Bill Walker leitete das Treffen, bei dem das Verfahren erstmals benutzt wurde. Während die etwa 30 Personen, die an der Sitzung teilnahmen, ihre Pizzas bekamen, bat er sie, entweder den Namen einer Technologie oder einer Branche auf Karteikarten zu schreiben, die anschließend auf zwei Haufen mit jeweils etwa 15 Karten verteilt wurden. Der eine Haufen enthielt die Branchenkarten (zum Beispiel Schiffahrt, Schiffbau, häusliche Pflege, Ferienkreuzfahrten, Bestattungen, psychische Gesundheit und Haushaltsführung), und der andere enthielt Technologiekarten (zum Beispiel drahtlose Kommunikationsgeräte, GPS [Satelliten-Navigationssystem], Risikoanalyse, künstliche Intelligenz). Walker mischte beide Pakete und erzeugte Zufallspaarungen, indem er Karten von beiden Haufen aufnahm. Anschließend überlegte die Gruppe, wie sich aus Zufallspaaren wie drahtlose Kommunikationsgeräte und häusliche Pflege, Schiffbau und Risikoanalyse, Schiffahrt und künstliche Intelligenz sowie psychische Gesundheit und Bildverarbeitung Produkt- und Unternehmenskonzepte entwickeln ließen. Das Brainstorming war auf fünf Minuten je Paar begrenzt.

Das bei Reactivity angewandte Verfahren ähnelte noch aus einem weiteren Grund der Methode der Naskapi-Indianer. Diese ermittelten durch ein Zufallsverfahren mehrere Jagdrichtungen, doch die Entscheidung darüber, *welche* der zufallsbestimmten Richtungen sie weiterverfolgten, wurde von den früheren Erfahrungen der Jäger beeinflußt. Weick behauptet, daß diese Herangehensweise sachgerecht sei:

> Frühere Erfahrungen bleiben unberücksichtigt, wenn eine neue Reihe von Rissen eine primitive Karte für die Jagd bildet. Doch die Vergangenheit erhält auch dadurch ein gewisses Gewicht, daß ein erfahrener Jäger die Risse »liest« und seine eigenen früheren Erfahrungen in die Interpretation der Risse einfließen läßt. Der Interpret gibt den Ausschlag. Wenn sich die Ahnungen des Deuters durchsetzen, geht das Zufallsmoment verloren. Wenn die Risse den Ausschlag geben, geht die Erfahrungsbasis verloren.[31]

In gleicher Weise gelangten Bill Walker und andere erfahrene Software-Ingenieure zu dem Schluß, daß einige Paare, die sie gezogen hatten, so absurd waren, daß es sich nicht lohnte, darüber nachzudenken (zum Beispiel XML, eine Programmiersprache zur Verfolgung strukturierter Informationen, und die Bestattungsbranche), während sich bei anderen eine eingehendere Untersuchung lohnen könnte. Mit der weiteren Bewertung der vielversprechendsten Ideen wurden dann verschiedene Untergruppen beauftragt; diese berichteten beim nächsten Ventures Lunch über ihre Ergebnisse. Die Verknüpfung von Schiffbau mit Risikomanagement beispielsweise erbrachte einige vielversprechende Ideen über ein dynamisches Risikomanagement in Echtzeit, eine Methode, die Unternehmen bei der Festsetzung von Versicherungsprämien aller Arten, nicht nur für Schiffe, sehr hilfreich sein könnte. Graham Miller betonte: »Man brauchte eine Menge Disziplin, um sich nicht von Unmutsäußerungen beirren zu lassen«, die durch die scheinbare Absurdität einiger Paarungen ausgelöst wurden. Sobald die Leute einmal spontan ihre Ideen zu Protokoll gaben, waren sie erstaunt darüber, wie viele Paarungen, die ihnen noch ein paar Minuten zuvor völlig lächerlich erschienen waren, plötzlich vielversprechend erschienen. So ließen die Teilnehmer nach der Sitzung Ideen, die zunächst als zu abstrus verworfen worden waren, noch einmal Revue passieren. Carmela Krantz, Vice President für Personal, deutete an, daß die Verknüpfung von XML und Bestattungsbranche gar nicht so absurd sei. Sie wies darauf hin, daß alljährlich Hunderttausende von Leichen über größere Entfernungen transportiert werden, weil viele Menschen an einem Ort sterben und an einem anderen begraben werden; folglich könne XML dabei helfen, die Position dieser kostbaren Fracht jederzeit zu bestimmen.

Graham Miller sagte, dieses Verfahren »hat uns geholfen, aus dem alten Trott herauszukommen, in den wir verfallen waren«, und »es lehrte uns, daß es eine Menge von Wirtschaftszweigen gibt, über die wir nicht viel wissen, die jedoch wichtig für uns waren«. Bill Walker fügte hinzu: »Wir haben einige Wochen lang überhaupt nicht über Napster gesprochen.« Selbst wenn sich keine der Ideen aus den Brainstorming-Sitzungen bislang in neuen Produkten, Kundendienstleistungen oder Unternehmen niedergeschlagen hat, erfüllten die Zufallspaarungen Walkers unmittelbares Ziel, »das richtige Klima zu schaffen« und »Mitarbeiter für einige neue Ideen zu begeistern«. Und Jeremy Henrickson fügte hinzu, daß es den Mitarbeitern geholfen habe, Reactivitys Tätigkeit unter einem längerfristigen Blickwinkel zu betrachten.

Die Mitarbeiter von Reactivity nutzen die Macht der Zufallsauswahl, um die Gefahren anderer unbedachter Verhaltensweisen abzuwenden. Sie gelangten zu der Überzeugung, daß die 55 Mitarbeiter in ihrer Niederlassung im Silicon Valley zuviel Zeit damit verbrachten, mit Leuten aus ihrem unmittelbaren Arbeitsumfeld zu sprechen, und nicht ausreichend mit Leuten kommunizierten, die weiter entfernt waren. Um die Mitarbeiter zu ermuntern, ihre Ideen auszutauschen und aus alten Mustern auszubrechen, wurden diese zufallsgemäß auf vier verschiedene Umgebungen verteilt. Im Unterschied zu der Technik, die Lars Kolind bei Oticon verwendete, wurden die Projektteams beibehalten und lediglich geschlossen an ihren neuen Einsatzort versetzt. Jede der vier Umgebungen hatte Platz für zwei Projektteams und zwei bis drei einzelne Teilnehmer. Die Personen zogen Zahlen von 1 bis 30, entweder als Vertreter eines Projektteams oder als einzelner Mitwirkender, der allein umziehen sollte. Diejenigen, die niedrigere Zahlen zogen, erhielten das Recht auszuwählen, in welche der vier Umgebungen ihre Gruppe umsiedelte, doch in dem Maße, wie die Umgebungen vergeben waren, nahm die Wahlfreiheit ab. Indem die Führungsverantwortlichen den Mitarbeitern ein gewisses Mitspracherecht über ihren neuen Standort einräumten und die Projektteams zusammenhielten, aber gleichzeitig ein starkes Zufallselement in den Entscheidungsprozeß einführten, stellten sie ein Gleichgewicht zwischen den Vorzügen einer Zufallsauswahl und früheren Erfahrungen her.

Das Erstaunlichste an dem ganzen Vorgang war, daß das Ziehen der Zahlen und die Neuverteilung der Sitzplätze nur etwa eine Stunde dauerten, obwohl praktisch alle Mitarbeiter umziehen mußten. Es dauerte nur etwa einen Tag, alle Telefonnummern allen neuen Schreibtischen zuzuordnen. Diese rasche Umstellung war möglich, weil die Mitarbeiter von Reactivity in einem Großraumbüro arbeiten, Schreibtische und Stühle mit Rollen haben, an Laptops mit drahtlosen Hochgeschwindigkeitsmodems arbeiten und nicht viele Bücher und Unterlagen besitzen. Die Mitarbeiter waren zunächst skeptisch. Doch der verstärkte Gedankenaustausch und die Fülle der neuen Ideen, die sich dieser Maßnahme verdankten, sorgten für so viel Begeisterung, daß das Management mittlerweile plant, die Mitarbeiter etwa alle sechs Monate die Schreibtische wechseln zu lassen. Bill Walker formulierte es folgendermaßen: »Beide Anwendungen des

Zufallsprinzips tragen dazu bei, daß alle Mitarbeiter ein positiveres Verhältnis zu Veränderungen haben.«

Die Vorteile von Zufallsentscheidungen werden auch durch australische Experimente belegt, die S. Alexander Haslam und Mitarbeiter durchführten.[32] Sie verglichen die Leistungsfähigkeit kleiner Problemlösungsgruppen (drei bis fünf Personen), die aufgefordert wurden, ihre Leiter selbst zu bestimmen, mit der von Gruppen, deren Leiter nach dem Zufallsprinzip ausgewählt wurden. An diesen Experimenten beteiligten sich 91 Gruppen, denen eine von drei sehr ähnlichen Übungen zur Entscheidungsfindung aufgegeben wurde, die »Aufgabe, den Winter zu überleben«, die »Aufgabe, in der Wüste zu überleben«, und die »Aufgabe, einen radioaktiven Niederschlag zu überleben«. Jede dieser kleinen Gruppen von Collegestudenten entwickelte eine Strategie, um eine Rangfolge der potentiell nützlichen Gegenstände für diese Aufgabe aufzustellen, und ihre Entscheidungen wurden gemäß einer von Experten erstellten Bewertungsskala mit Punkten bewertet. Beide Experimente zeigten, daß *Gruppen mit zufallsgemäß bestimmten Leitern signifikant bessere Leistungen erbrachten als Gruppen, die ihren Leiter selbst bestimmten.* Die Zufallsauswahl war sowohl einem informellen Verfahren überlegen, bei dem Gruppen ihre Anführer »mit beliebigen Mitteln, die ihnen geeignet erscheinen«, auswählten, als auch einem formellen Verfahren, bei dem jedes Gruppenmitglied zehn Selbsteinschätzungsfragen eines Führungskompetenzinventars beantworten mußte, das in vorangehenden Studien nachweislich die Eignung zum Manager vorhergesagt hatte. Führungspersönlichkeiten, die in dem Inventar die höchste Punktzahl erreichten, wurden zu den Leitern der Gruppen ernannt, die das formale Verfahren benutzten. Zwischen den Gruppen mit informellen und formellen Auswahlverfahren gab es keine signifikanten Unterschiede. Beide erzielten schlechtere Ergebnisse als Gruppen mit zufällig ausgewählten Leitern.

Haslam und Mitarbeiter glauben, daß der Prozeß der Auswahl eines Leiters in diesen Experimenten die Aufmerksamkeit auf die Unterschiede zwischen den Gruppenmitgliedern lenkte, was den Teamgeist untergraben habe, und dieses wiederum habe die Leistungsfähigkeit beeinträchtigt. Statt darüber nachzudenken, wie sich das Problem gemeinsam lösen läßt – entsprechend einer Einstellung, die mit dem Schlagwort »Einig siegen, uneinig zugrunde gehen« umschrieben werden könnte –, dachten sie über Unterschiede zwischen sich nach, die nichts mit der Aufgabe zu tun hatten – zum Beispiel wer das größte Ansehen in der Gruppe genoß und warum. Ich interpretiere die Ergebnisse ähnlich. Ich würde hinzufügen, daß Führungspersönlichkeiten, die ein Mandat zur Leitung einer Gruppe erhalten, oft, ohne es zu merken, ihren persönlichen Willen in einer allzu restriktiven Weise durchzusetzen versuchen, was das Spektrum von Ideen, die von der Gruppe ernsthaft erwogen werden, einschränken kann. Die Forscher räumen ein, daß sie nur eine mögliche Erklärung für diese Befunde vorgestellt haben und daß die Zufallsauswahl eines Leiters bei Gruppen, die andere Aufgaben ausführen, vermutlich einem systematischen Verfahren unterlegen sei. Dennoch sind diese Befunde faszinierend, weil sie viele von uns – sowohl Praktiker als auch Forscher – dazu zwingen, ein altes Problem in einer neuen Weise zu betrachten, also eine *Vu-ja-de*-Mentalität auslösen. Sie legen die Vermutung nahe, daß unsere Annahmen darüber, wie eine Führungskraft ausgewählt werden sollte, zumindest manchmal verfehlt sind.

Ich kenne keine Teams oder Unternehmen, die in der realen Welt Entscheidungen über künftige Projekte oder die Auswahl von Führungskräften *ausschließlich* auf der Basis eines Zufallsverfahrens treffen, zumindest nicht bewußt. Doch es gibt deutliche Anhaltspunkte dafür, daß in einem anderen Prozeß der Entscheidungsfindung eine Zufallsauswahl anderen Verfahren mindestens ebenbürtig, wenn nicht sogar überlegen ist: bei der Kapitalanlage in Aktien. Der an der Universität Princeton lehrende Wirtschaftswissenschaftler Burton Malkiel hat Analysten und andere Experten, die glauben, man könne aussichtsreiche Aktien und wahrscheinliche Kursverlierer gezielt auswählen, mit der Behauptung verärgert, die zufällige Auswahl (»random walk«) von Aktien verspreche in der Regel genauso gute oder bessere Ergebnisse als die Auswahl nach Expertenmeinungen darüber, welche Aktien man kaufen und welche man verkaufen sollte:[33]

> Bei einem sogenannten Zufallsweg lassen sich künftige Schritte oder Richtungen nicht auf der Basis früherer Handlungen vorhersagen. Auf die Börse angewandt, bedeutet dieses Konzept, daß sich kurzfristige Schwankungen der Aktienkurse nicht vorhersagen lassen. Wertpapier- und Anlageberatung, Gewinnprognosen und komplizierte Chartanalysen sind nutzlos. An der Wall Street ist der Begriff »Zufallsweg« eine Obszönität. Es ist ein Schimpfwort, das von Akademikern geprägt wurde und professionellen Wahrsagern als Beleidigung an den Kopf geworfen wird. In letzter Konsequenz bedeutet es, daß ein Affe, der mit verbundenen Augen Pfeile auf den Kursteil einer Zeitung wirft, ein Portefeuille auswählen könnte, das sich genauso entwickeln würde wie eines, das sorgfältig von Experten zusammengestellt wurde.[34]

Malkiel wurde an der Wall Street und von anderen Wissenschaftlern heftig kritisiert. Doch seit der Erstauflage seines Buches sind mittlerweile fast 30 Jahre vergangen, und sein Argument, daß Anleger, die in Indexfonds investieren, langfristig am besten fahren, wird durch eine Fülle von Studien belegt. Seine Behauptung, daß professionelle

Fondsmanager nur selten bessere Ergebnisse erzielen als ein
»Zufallsweg« durch den Markt insgesamt, ja sogar oftmals
deutlich schlechter abschneiden, wird empirisch immer besser
abgesichert. Malkiel sagt, eine Erklärung für seine Befunde
liege darin, daß Strategien der gezielten Auswahl von Einzelwerten (»stock picking«), die in der Vergangenheit erfolgreich waren, sehr schnell veralten, so daß die erfolgreiche
Auswahl von Einzelwerten in der Vergangenheit sich nur
selten als Leitfaden für heutige Anlageentscheidungen eignet.
So irrten sich beispielsweise Anlageberater gewaltig, die
vorhersagten, daß sich die spektakuläre Wertentwicklung
von NASDAQ-Aktien im Jahr 1999 in 2000 fortsetzen
würde.

Die letzte Methode, um mit einer erfolgreichen Vergangenheit zu brechen, insbesondere der jüngsten Vergangenheit, läßt sich mit dem Motto »Zurück in die Zukunft«
beschreiben. Mit diesem Verfahren erschließt sich ein Unternehmen neue Handlungsspielräume, indem es seine Mitarbeiter auffordert, alte Dinge zu tun. Statt die Mitarbeiter
dazu zu ermuntern, nach vorn zu blicken oder Wettbewerber
nachzuahmen, ermuntert man sie dazu, sich auf die glor-
reichen Tage des Unternehmens zurückzubesinnen. Diese
Technik ist deshalb so produktiv, weil altgediente Mitarbeiter ihre Geschichte, ihre Identität und ihre Kompetenzen
nicht ignorieren oder entwerten müssen; im Gegenteil, man
bittet sie, in eine vergangene Ära zurückzukehren und das
zu reaktivieren, was damals am besten funktionierte. Dies
ist eine intelligente Strategie, weil viele Unternehmen die
Orientierung verloren haben, und wenn sie sich auf die
Geschäftspraktiken und -modelle zurückbesinnen, die ihnen
in ihrer Anfangszeit zum Erfolg verhalfen, können sie vielleicht wieder prosperieren. Diese Methode des »Zurück in die
Zukunft« ist auch deshalb eine intelligente Technik, weil die
Vergangenheit als solche zwar nicht mehr verändert werden
kann, die früheren Ereignisse und ihre Bedeutung für heu-

tige Verhaltensweisen jedoch unendlich flexibel interpretiert werden können.

Ereignissen Sinn zu geben ist ein wichtiger Teil der Tätigkeit jeder Führungskraft. Karl Weick behauptet, daß fähige Führungskräfte »sich in das Getümmel der Ereignisse, die ein Unternehmen ausmachen und umgeben, stürzen und sich aktiv darum bemühen, ihnen eine gewisse Ordnung aufzuerlegen«.[35] Weick behauptet in der Tat, daß die wichtigste Aufgabe einer Führungskraft nicht darin besteht, Entscheidungen zu treffen, sondern Ereignisse in einer Weise zu interpretieren, die den Mitarbeitern neue Ideen und Handlungsoptionen eröffnet, die für das Unternehmen förderlich sind. Managementguru Warren Bennis formuliert es folgendermaßen:

> Die Führungskraft soll nicht bloß erklären und aufklären, sondern auch Sinn vermitteln. Mein Lieblingswitz aus dem Bereich Baseball verdeutlicht dies: Im neunten Inning eines wichtigen Entscheidungsspiels, beim Stand von drei zu zwei für den Schlagmann, zögert der Schiedsrichter den Bruchteil einer Sekunde, den Pitch zu pfeifen. Der Schlagmann fährt wutentbrannt herum und sagt: »Was ist los?« Der Schiedsrichter faucht zurück: »Solange *ich* nicht pfeife, ist *nichts* passiert!«[36]

Das »Zurück in die Zukunft«-Verfahren ist besonders nützlich für Führungskräfte, die Veränderungen anstoßen wollen, weil sie bei der Interpretation der Vergangenheit so viel Spielraum haben. Aufgrund der hohen Personalfluktuation in allen Unternehmen waren viele Personen, auf die sich solche Interpretationen beziehen, in der guten alten Zeit noch nicht im Unternehmen. So kann man beispielsweise im Jahresbericht 2000 an die Aktionäre von Hewlett-Packard nachlesen, daß 50 Prozent seiner 89 000 Mitarbeiter in den letzten fünf Jahren eingestellt wurden. Und diejenigen, die schon lange dabei sind, haben unglaublich verzerrte Erinnerungen. Das menschliche Erinnerungsvermögen ist bekanntlich sehr unzuverlässig; auch wenn viele Menschen fest an die Kraft ihres Gedächtnisses glauben, vergessen wir Ereignisse, Fakten, Zahlen und Emotionen oder haben grob verfälschte Erinnerungen daran. Der sogenannte Pollyanna-Effekt ist besonders gut belegt: Wir erinnern uns leichter an positive Erlebnisse und an positive Fakten als an negative Erlebnisse und negative Fakten. In unserer Erinnerung erscheint uns die Vergangenheit als eine viel glücklichere Zeit, als sie es tatsächlich war.[37] Aufgrund dieser Neigung zu verklärten Erinnerungen kann man altgediente Mitarbeiter oftmals leicht dazu bewegen, auf alte Praktiken zurückzugreifen. Und es erleichtert es auch, Veteranen dazu zu bringen, Mitarbeiter, die damals noch nicht im Unternehmen waren, davon zu überzeugen, daß es eine wunderbare Sache wäre, »zurück in die Zukunft zu gehen«. Schließlich werden die meisten die Vergangenheit in sehr viel besserer Erinnerung haben, als sie es tatsächlich war.

Doch damit nicht genug: Da das menschliche Gedächtnis so selektiv und so unzuverlässig ist, kann eine überzeugende Führungskraft sich selektiv auf Elemente der Firmengeschichte konzentrieren, die deutlich machen, wie sie sich die künftige Entwicklung des Unternehmens vorstellt, und Elemente ignorieren (oder auch abwerten), die mit der Zukunft, die sie zu schaffen hofft, unvereinbar sind. Die Erinnerungen von Führungskräften sind genauso unzuverlässig wie die anderer Menschen, und bei der Umdeutung der Vergangenheit sind sie vielleicht nicht völlig aufrichtig, so daß es keinen Grund gibt zu erwarten, daß ihre Interpretationen zutreffen. Tatsächlich ist Genauigkeit im allgemeinen für Führungskräfte und ihre Unternehmen nicht das Wichtigste. Führungskräfte werden zu dem Zweck eingestellt, im besten Interesse des Unternehmens zu handeln, und die Eigentümlichkeiten des menschlichen Gedächtnisses können bedeuten, daß man Mitarbeiter leichter dazu bringen kann, zu einer Vergangenheit zurückzukehren, die es nie gab, als Dinge zu tun, die neu und ungewohnt für sie sind.

Carly Fiorina, die Chefin von Hewlett-Packard, hat die Methode »Zurück in die Zukunft« intensiv genutzt, um HP, das im Begriff stand, zu einem »langweiligen Hardware-Produzenten [zu werden], der seine Glanzzeit hinter sich und den Anschluß ans Internet-Zeitalter verpaßt hat«, neu zu beleben, als sie im Juli 1999 zum CEO berufen wurde. Ich las den Terminus »Zurück in die Zukunft«-Strategie erstmals in einem *Economist*-Artikel über Carly Fiorina. HP wurde bekanntlich 1940 von Bill Hewlett und David Packard in einer Garage im kalifornischen Palo Alto gegründet.[38] Das Unternehmen war viele Jahre lang innovativ und risikofreudig, in der jüngeren Vergangenheit wurde es jedoch durch einen zeitraubenden, auf Konsens abzielenden Entscheidungsprozeß, Bürokratismus, interne Machtkämpfe und das Fehlen einer einheitlichen Philosophie beziehungsweise Strategie gelähmt. Ein einstiger General Manager von HP schilderte, daß sich Mitarbeiter, als das Arbeitsklima seinen Tiefpunkt erreicht hatte, mit ihrer »maliziösen Willfährigkeit« statt der traditionellen »aufgeklärten Unbotmäßigkeit« brüsteten. Anders als in den Tagen, als Chuck House einen »Preis für Unbotmäßigkeit« erhielt, weil das, was er tat, im Interesse von HP war, auch wenn es bedeutete, sich über die Weisungen von David Packard hinwegzusetzen, taten Mitte der neunziger Jahre die meisten fähigen Manager genau das, was man von ihnen verlangte, und zwar *gerade dann*, wenn sie es als schlecht für HP erachteten. Sie nannten dies »maliziöse Willfährigkeit«, weil sie zeigen wollten, was geschieht, wenn schlechte Entscheidungen oder dysfunktionale Abläufe umgesetzt werden.

Während ihres ersten Jahres an der Spitze von HP arbeitete Fiorina hart, um ihr Versprechen zu halten, »das

Beste zu bewahren« und »den Rest neu zu erfinden«. Sie erinnerte die HP-Mitarbeiter daran, daß die Firmengründer Bill Hewlett und David Packard Entscheidungen sehr schnell getroffen und umgesetzt hatten. Fiorina hatte wesentlichen Anteil an den neuen »Regeln der Garage«, die sich ihrer Darstellung nach an den HP-Grundsätzen aus der Gründungszeit orientierten. Einige dieser zehn Regeln lauten: »Radikale Ideen sind keine schlechten Ideen«, »Arbeite schnell, halte die Werkzeuge griffbereit, und arbeite zu jeder Zeit«, »Keine Winkelzüge, keine Bürokratie (die sind in einer Garage lächerlich)«, und die Regeln enden mit einer Mahnung in einem Wort, die zur Zeit überall bei HP ausgehängt ist: »Invent« (Erfinde). Diese Strategie des »Zurück in die Zukunft« wirkt sich auch auf die Personalpolitik aus. Auf einem HP-Poster sind Bill und Dave in der Originalgarage abgebildet, und potentielle Kandidaten werden gefragt: »Haben Sie, was Bill Hewlett und Dave Packard hatten? Kurz, sind Sie ein Erfinder? Das neue HP erfinden. Wollen Sie mitmachen?«[39] Offen gesagt, glaube ich nicht, daß es für HP von großer Bedeutung ist, ob die »Regeln der Garage« in der Anfangszeit des Unternehmens tatsächlich befolgt wurden. Unabhängig davon, woher sie kommen, bringen diese Regeln das zum Ausdruck, was das Unternehmen nach Ansicht von Fiorina tun mußte, als sie und andere Spitzenmanager die Regeln aufstellten. Worauf es wirklich ankommt, ist die Frage, ob diese Interpretationen Mitarbeiter von HP dazu beflügeln, die Reibungsverluste der jüngeren Vergangenheit endgültig zu überwinden.

Auch die Restrukturierung des Rasierergeschäfts von Gillette Ende der achtziger Jahre wurde mit der »Zurück in die Zukunft«-Strategie bewerkstelligt, wobei die Besonderheit darin bestand, daß die Sanierung ausschließlich von Gillette-Veteranen getragen wurde.[40] Sie erhielten keine Hilfe von Beratern, neuen Führungskräften oder einer Riege neuer Mitarbeiter. Gillette war lange Zeit das ertrags- und umsatzstärk-

ste Unternehmen seiner Branche gewesen, weil es technisch
überlegene Rasierapparate entwickelte, und die Verbraucher
waren bereit, dafür tiefer in die Tasche zu greifen, doch Ende
der achtziger Jahre konzentrierte man sich auf Einwegrasie-
rer. Gillette hatte die »Hölle der Massenartikel« betreten, in
der seine Produkte »weitgehend austauschbar waren gegen
die Artikel all seiner Konkurrenten«, so daß das Unternehmen nur dadurch Marktanteile erobern konnte, daß es ständig Preissenkungen vornahm.

Die Rückkehr in die Vergangenheit, die die neue Gillette in
die alte Gillette verwandelte, wurde 1987 von John Symons
eingeleitet, dem damaligen Leiter Nordamerika von Gillette.
Symons verlor bei einer Präsentation, bei der ein Kollege die
blauen »Good News«-Einwegrasierer vorstellte, die Beherr-
schung: »Kaum hatte er mit seinem Vortrag begonnen, als
ihm Symons den Beutel mit den Einwegrasierern abnahm,
ihn auf dem Boden ausleerte und mit seinen Schuhen zer-
trat.« Symons brummte: »Das ist mein Kommentar zu
Einwegrasierern.«[41] Gillette setzte wieder auf intensive For-
schungsanstrengungen, um innovative Produkte mit hohen
Gewinnmargen zu entwickeln, wobei es mit dem äußerst
erfolgreichen Sensorrasierer begann. Später wurde im For-
schungs- und Entwicklungslabor von Gillette in Reading,
England, mit einem Aufwand von 750 Millionen Dollar sieben
Jahre lang an der Entwicklung des Mach 3 gearbeitet, der im
Juli 1999 auf den Markt kam. Der Mach 3 ist ein absoluter
Verkaufsschlager. Doch Gillette ist nicht zufrieden, ein Nach-
folgemodell ist bereits in Entwicklung.

Schräge Idee Nr. 11 erfolgreich umsetzen

Ungewöhnliche Strategien, um Erfolge der Vergangenheit zu vergessen

- Stellen Sie Personen ein, die den Kodex Ihres Unternehmens nur langsam lernen, und binden Sie diese an Ihr Unternehmen.

- Lernen Sie zu vergessen, indem Sie Aufzeichnungen über alte Praktiken vernichten und Mitarbeiter einstellen, die keine Ahnung von der guten alten Zeit haben.

- Erinnern Sie sich an die Vergangenheit in Ihrem und anderen Unternehmen, aber interpretieren Sie diese als mahnendes Exempel für all die Schnitzer und Fehler, die jene begehen, die sich in Erfolgsfallen verfangen.

- Ermuntern Sie Mitarbeiter zu offenen Kontroversen über die Frage, ob festverwurzelte Praktiken veraltet sind.

- Übertragen Sie Mitarbeitern Aufgaben, für die sie nicht qualifiziert sind.

- Lösen Sie seit langem bestehende Arbeitsgruppen auf, besonders wenn die Mitglieder fast nur noch untereinander kommunizieren und enge persönliche Bande geknüpft haben.

- Verwenden Sie ein Zufallsverfahren, um Entscheidungsalternativen zu erzeugen und auszuwählen, und meiden Sie die traditionelle Methode, die Vorteile und Nachteile jeder Alternative zu analysieren.

- Verändern Sie regelmäßig das physische Arbeitsumfeld Ihrer Mitarbeiter, also den Arbeitsplatz, ihre unmittelbaren Nachbarn und die Gestaltung der Arbeitsumgebung.

- Benutzen Sie das »Zurück in die Zukunft«-Verfahren: Bringen Sie Mitarbeiter dazu, Neues auszuprobieren, indem Sie sie davon überzeugen, daß sie in Wirklichkeit auf ältere, überlegene Praktiken zurückgreifen.

TEIL III

*Die
schrägen
Ideen in
der Praxis*

KAPITEL 15

Wie man Unternehmen aufbaut, die auf Innovation angelegt sind

Die meisten Manager *sagen* bereitwillig, daß Innovation völlig andere Praktiken erfordere als Routinearbeiten. Sie reagieren auf meine schrägen Ideen vielleicht sogar mit der Bemerkung: »Die sind doch gar nicht schräg.« Doch viele Manager handeln anders, als sie reden. Sie empfinden innovationsfördernde Praktiken als fremdartig, ja sogar als völlig verfehlt. Und sie verhalten sich so, als ob Praktiken, die sich nur für Routinetätigkeiten eignen, grundsätzlich und undifferenziert für sämtliche Unternehmen angemessen wären. So ersticken sie letztlich instinktiv jegliche Innovation.

Dies geschieht bei den besten Managern und Unternehmen. Start-ups sind ebenso gefährdet wie alteingesessene Unternehmen. Ein typisches Szenario sieht folgendermaßen aus: Ein junges Unternehmen produziert einige hervorragende Ideen. Wenn das Unternehmen erfolgreich ist, kommt es an den Punkt, daß es »Disziplin« braucht; »es ist Zeit für eine Aufsicht durch Erwachsene«, wie einige Wagniskapitalgeber sagen. Dies bedeutet, daß das Unternehmen teilweise – manchmal überwiegend – organisatorisch auf Routinetätigkeiten zugeschnitten ist. Aufgaben wie Buchführung, Vertrieb und Personalleitung können in innovativer Weise erledigt werden. Doch sobald ein Start-up ein »professionelles Management« erhält, schleicht sich die Routine ein. Schließlich gerät ein junges Unternehmen, das mit nicht erprobten Buchführungsmethoden experimentiert, womöglich eher ins Straucheln. Die Probleme beginnen jedoch, sobald die »erwachsenen« Praktiken auf innovative Tätigkeiten übertragen werden. Obwohl diese Manager die besten Absichten haben, zerstören viele unabsichtlich das, was dem Unternehmen ursprünglich seine Lebendigkeit gab.

Betrachten wir die Ereignisse bei der Lotus Development Corporation Mitte der achtziger Jahre. Lotus (das mittlerweile zu IBM gehört) wurde 1982 von Mitchell Kapor und Jonathan Sachs gegründet. Das erste Produkt des Unternehmens war das von Kapor und Sachs entwickelte Tool zur Steigerung der betrieblichen Produktivität, Lotus 1-2-3. Branchenbeobachter führten den Erfolg des Personalcomputers von IBM Mitte der achtziger Jahre größtenteils auf diese »Killer Application« zurück. Der Umsatz mit dem Lotus 1-2-3 stieg von 53 Millionen Dollar im Jahr 1982 auf 156 Millionen Dollar im Jahr 1984, so daß dringend erfahrene Profimanager gebraucht wurden. Der McKinsey-Berater James Manzi wurde 1984 President und 1985 CEO von Lotus. Manzi baute eine äußerst profitable Vertriebsorganisation nach dem Vorbild der *Fortune*-500-Unternehmen auf. Der Vertriebsleiter stammte wie die meisten Außendienstmitarbeiter von IBM. Viele Mitarbeiter der ersten Stunde waren verärgert über die hohe Vergütung und die üppigen Nebenleistungen, die den Außendienstmitarbeitern gewährt wurden. Sie hielten diese Vertreter für reine Bestellempfänger, weil sich Lotus 1-2-3 quasi von selbst verkaufte.

Der Umsatz stieg weiter. Doch Lotus hatte Schwierigkeiten, erfolgreiche Neuprodukte zu entwickeln. Ein Teil des Problems lag darin, daß die Führungsgrundsätze, die eigentlich nur auf Routinearbeiten zugeschnitten waren, im gesamten Unternehmen angewandt wurden. Um das Jahr 1985, als die Belegschaft auf über 1000 Personen angewachsen war, hatten viele Mitarbeiter der ersten Stunde das Gefühl, nicht mehr dazuzugehören. Einige waren schlicht überfordert, doch die meisten waren kreative Köpfe, die sich fehl am Platz fühlten und den Eindruck hatten, daß ihre Fähigkeiten nicht mehr geschätzt würden. Die meisten neu eingestellten Mitarbeiter waren typische »Konzerngewächse«; viele hatten bei Großunternehmen wie Coca-Cola und Procter & Gamble gearbeitet und dann einen akademischen Titel erworben. Ein enttäuschter Veteran beschrieb sie als »langweilige Menschen, die noch nie in ihrem Leben ein Produkt entwickelt haben und keinen Funken Teamgeist besitzen«.

Im Jahr 1985 führten Mitchell Kapor (damals Vorsitzender des Board) und Freada Klein (damals Leiterin der Organisationsentwicklung und Fortbildung) ein Experiment durch. Mit Kapors Zustimmung suchte Klein die Lebensläufe der ersten 40 Personen zusammen, die in das Unternehmen eingetreten waren. Sie nahm an jedem Lebenslauf geringfügige Veränderungen vor, wobei sie im allgemeinen lediglich den Namen des Mitarbeiters verschleierte. Kapors Lebenslauf veränderte sie stärker, weil bekannt war, daß er als Diskjockey gearbeitet und Kurse in transzendentaler Meditation gegeben hatte. Einige dieser Personen hatten die richtigen Fach- und Führungskompetenzen für die Stellen, für die sie sich bewarben, aber sie hatten auch eine Menge »verrückte und riskante Dinge« getan. Sie hatten zuvor als Sozialarbeiter, klinische Psychologen und Lehrer in transzendentaler Meditation (nicht nur Kapor) gearbeitet, und mehrere hatten in einem Aschram gelebt. Diese Lebensläufe wurden als Bewerbungsunterlagen an die Personalabteilung geschickt.

Kein einziger der 40 Bewerber erhielt einen Termin für ein Vorstellungsgespräch. Kapor und Klein sahen darin ein Anzeichen dafür, daß Lotus unabsichtlich innovative Persönlichkeiten aussiebte. Alles deutet darauf hin, daß sie recht hatten. Der einzige Verkaufsschlager, den das Unternehmen nach dem Lotus 1-2-3 auf den Markt brachte, Lotus Notes, wurde 30 Kilometer von der Zentrale entfernt entwickelt, wo, wie es Klein ausdrückte, »das Team frei von der engen Lotus-Kultur arbeiten konnte«. Lotus brauchte eine hervorragende Vertriebsorganisation, um seine innovativen Ideen in bare Münze umzuwandeln. Doch die Einengung, die mit diesen Veränderungen verbunden war, war eine zweischneidige Sache. Es ist schwierig, neue Ideen hervorzubringen, wenn Methoden benutzt werden, die Menschen mit ungewöhnlichen Ideen und unkonventionellen Sichtweisen von vornherein aussieben (beziehungsweise aus dem Unternehmen jagen). Das Experiment von Kapor und Klein zeigt, daß jedes Unternehmen, selbst ein so großartiges wie Lotus, sorgsam darüber nachdenken muß, wie es die Innovationskraft seiner Mitarbeiter stimulieren kann. Andernfalls tummeln sich in ihm nur Klone, die gleich denken und sich so verhalten, als ob die Zukunft eine vollkommene Nachahmung der Vergangenheit wäre.[1]

Richtlinien zur praktischen Umsetzung der schrägen Ideen

Ich möchte zum Abschluß neun Leitlinien vorstellen, die Ihnen helfen sollen, die schrägen Ideen anzuwenden, oder, besser noch, Sie dazu bewegen, selbst verquere – und nicht so verquere – Ideen zu ersinnen, mit denen Sie Ihre Mitarbeiter zu fortgesetzter Innovation anhalten können. Sie können damit ein Team oder ein Unternehmen aufbauen, das ständig neue Ideen entwickelt und seine Kreativität in bare Münze umwandelt. Wenn Ihr Team Routinetätigkeiten verrichtet, können Sie mit Hilfe dieser Leitlinien hin und wieder Veränderungen anstoßen und Mitarbeiter dazu bringen, neue Denk- und Handlungsweisen auszuprobieren.

Manchmal ist es am besten, die Zügel schleifen zu lassen

Umsichtiges Innovationsmanagement erfordert manchmal, daß man die Zügel locker oder auch ganz schleifen läßt. Wir haben gesehen, daß Führungskräfte einiger der innovativsten Unternehmen von ihren sogenannten Untergebenen erwarten (und sie dazu ermuntern), sie zu ignorieren und ihnen die Stirn zu bieten. Sie führen bestimmte Regeln ein, wie die 15-Prozent-Regel von 3M oder die »Freitagsnachmittags-Experimente« von Corning, um sicherzustellen, daß Mitarbeiter ihren Intuitionen nachgehen können, auch wenn ihre Vorgesetzten diese Intuitionen für falsch halten.[2] Dennoch fällt es einigen Managern sehr schwer, ihre Mitarbeiter »zu führen, indem sie sich völlig heraushalten«. Schließlich lehren uns nicht nur Hollywood-Filme, sondern auch die betriebswirtschaftlichen Fakultäten, daß es bei der Führung von Mitarbeitern darum geht, Beschäftigte zu beaufsichtigen, ihnen Weisungen zu erteilen und sie zu Leistungen anzuspornen. Wie bereits erwähnt, können Manager einen enorm positiven Einfluß ausüben, wenn sie sich selbst erfüllende Prophezeiungen erzeugen oder für ein Projekt wichtige Ressourcen bereitstellen. Doch Manager sind manchmal auch blind gegenüber dem Schaden, den sie anrichten. Statt Pfeffers Rat zu befolgen, wonach Manager, wie Ärzte, »vor allem niemandem Schaden zufügen sollten«, ergreifen sie törichte Maßnahmen, die alles schlimmer machen. William Coyne, der frühere Leiter der Forschung und Entwicklung von 3M, berichtet, wie ein Personalverantwortlicher damit drohte, einen Wissenschaftler zu entlassen, den er schlafend unter seinem Schreibtisch angetroffen hatte. Coyne führte den Personalmanager zur »Wand der Patente« von 3M, um ihm zu zeigen, daß der schlafende Wissenschaftler einige der ertragsstärksten Produkte von 3M entwickelt hatte. Coyne gab ihm den Rat: »Wenn Sie ihn das nächste Mal schlafend antreffen, sollten Sie ihm ein Kopfkissen besorgen.«[3] Leider sind nicht alle Führungskräfte so klug.

Weshalb reden sich so viele Manager ein, sie würden ihrem Unternehmen helfen, obgleich sie nichts bewirken oder die Innovativität sogar hemmen? Dies liegt unter anderem daran, daß Manager sich überschätzen. Gordon MacKenzie, das ehemalige »kreative Paradox« von Hallmark, verdeutlicht dies anhand eines phantasievollen Gleichnisses darüber, wie der »Profitprinz« von Hallmark eine Herde Kühe führen würde: »Außerhalb des zickzackförmig verlaufenden Zaunes steht ein rundlicher Herr, der einen 700 Dollar teuren nachtblauen Nadelstreifenanzug trägt und den Kühen gestrenge mit den Fingern droht.« Während die Kühe gemächlich wiederkäuen, brüllt der »Prinz«: *»Ihr faulen Säcke, macht euch an die Arbeit, oder ich laß euch schlachten.«*[4] Der »Prinz« begriff nicht, daß »sein Geschrei die Kühe nicht dazu veranlassen wird, mehr Milch zu geben«.[5]

MacKenzies Phantasie wird durch ein Experiment untermauert, das an der Stanford-Universität durchgeführt wurde. Studenten der Betriebswirtschaft in der »Experimentalgruppe« wurde suggeriert, sie beaufsichtigten einen Untergebenen, der im Zimmer nebenan eine Werbeanzeige für eine Armbanduhr entwarf. Die Intensität der »Beaufsichtigung« reichte von »gering« (nur das Ergebnis der Arbeit wurde kontrolliert) über »mittel« (eine Kontrolle während der Bearbeitungsphase, aber keine Rückmeldung) bis zu »hoch« (eine Kontrolle in der Bearbeitungsphase mit Rückmeldung). Als der Entwurf angeblich fertig war, beurteilte der »Aufsichtführende« dessen Qualität und die Fähigkeit des Arbeiters. Diese Beurteilungen wurden mit den Bewertungen durch Studenten der Betriebswirtschaft in der Kontrollgruppe verglichen, denen nicht suggeriert wurde, daß sie die Arbeit beaufsichtigten. Allen Versuchspersonen wurde derselbe Entwurf gezeigt, so daß es für die »Aufsichtführenden« unmöglich war, Einfluß darauf zu nehmen. Dennoch beurteilten

Studenten, die sich für »Aufsichtführende« hielten, die Zeichnung sehr viel positiver als die Mitglieder der Kontrollgruppe. Und Studenten, die glaubten, sie hätten die Arbeit eingehend beaufsichtigt, beurteilten die Zeichnung und den Arbeiter positiver als Betriebswirte, die glaubten, den Entwurfsprozeß nur oberflächlich beaufsichtigt zu haben.[6] Wie in Gordon MacKenzies Gleichnis über den »Profitprinzen«, der die Kühe anbrüllt, glaubten diese »Aufsichtführenden«, sie hätten die Leistung positiv beeinflußt, obgleich dies für sie unmöglich war.

Diese Täuschung, die als »Tendenz zur Selbstaufwertung« bezeichnet wird, erklärt, weshalb so viele Unternehmen zögern, Kompetenzen zu delegieren, obwohl vieles dafür spricht, daß dies die Produktivität und die Motivation der Mitarbeiter verbessern würde. Wenn Manager es jedoch fertigbringen, sich herauszuhalten, kann sich dies sehr positiv auswirken. Der Basketballtrainer Phil Jackson, der in der Ära von Michael Jordan zahlreiche Meistertitel mit den Chicago Bulls und später mit den Los Angeles Lakers gewann, ist ein ausgezeichnetes Beispiel. Jackson ist bekannt für seinen zurückhaltenden Führungsstil; er bleibt ruhig auf der Bank sitzen und tauscht in Schwächeperioden und wichtigen Spielphasen keine Spieler aus.[7] Die meisten Trainer wechseln während einer Partie viele Spieler aus, aber »Jackson macht das fast nie; denn er ist der Ansicht, daß das Auswechseln von Spielern diesen das Gefühl gebe, sie seien ihm ohnmächtig ausgeliefert«.[8] Der Schlüssel zu Jacksons Erfolg liegt wie bei David Kelley von IDEO und bei den Managern des Labors von Corning darin, daß er die Bescheidenheit besitzt, kompetente Menschen so zu führen, daß er ihnen gibt, was sie brauchen, und sie dann sich selbst überläßt. Als Jackson nach Los Angeles kam, wurde er als der Retter des Teams gepriesen, die einzige Person, die die leistungsschwachen Lakers zur Meisterschaft führen könnte. Er antwortete: »Ich bin kein Retter ... Sie müssen sich selbst retten.«[9] Ironischerweise war er der Retter der Lakers, weil er klarstellte, daß es von den Spielern abhänge, nicht von ihm, ob sie wieder gewinnen würden.

Innovation erfordert, neue Ideen zu »verkaufen«, nicht nur zu erfinden

Die Kreativität liegt im Auge des Betrachters. Wie eine Fülle von Beispielen zeigt, angefangen von der Musik der Beatles bis zu den Brennstoffzellen von Ballard, wird etwas Neues, wie famos es auch sei, nur angenommen, wenn die richtigen Menschen von seinem Wert überzeugt werden können. Ralph Waldo Emerson irrte sich, als er sagte, daß die Menschen sich von selbst einen Pfad zu demjenigen bahnen würden, der eine bessere Mausefalle erfinde. Zu viele Innovationen sind deshalb erfolgreich, weil sie besser »verkauft« werden, nicht deshalb, weil sie Konkurrenzprodukten objektiv überlegen wären.

Der Konkurrenzkampf zwischen Gasbeleuchtung und elektrischer Beleuchtung in den achtziger Jahren des 19. Jahrhunderts ist in dieser Hinsicht sehr aufschlußreich.[10] Die Forscher Andrew Hargadon und Yellowless Douglas haben gezeigt, daß sich Gaslampen und die Zwölf-Watt-Glühbirnen, die Thomas Alva Edison damals verkaufte, in ihrer Beleuchtungsstärke kaum voneinander unterschieden. Die elektrische Beleuchtung litt in ihrer Anfangszeit unter Stromausfällen, unzuverlässigen Lampen und Glühbirnen sowie Bränden aufgrund von Kurzschlüssen und schlechter Verdrahtung. Sie war teurer als Gas, und der »Auer-Glühkörper, der 1885 als Reaktion auf die Glühlampe eingeführt wurde, erhöhte die Lichtstärke von Gaslampen um das Sechsfache und machte aus dem mattgelben Flackern ein helles weißes Licht«.[11] Obgleich die elektrische Beleuchtung also nicht deutlich überlegen war, war die Gasbeleuchtung in den Vereinigten Staaten bis zum Jahr 1903 praktisch ausgestorben. Hargadon und Douglas zeigen, daß sich diese Innovation vor allem aufgrund von Edisons Vermarktungsgeschick und konstruktionstechnischen Entscheidungen durchsetzte – statt elektrische Beleuchtungssysteme und Lampen technisch so ausgefeilt und so preiswert wie möglich zu machen, bemühte er sich darum, sie der Gasbeleuchtung so ähnlich wie möglich zu machen und sie entsprechend zu vermarkten. Erinnern wir uns daran, daß Vertrautheit anziehend wirkt.

Das »Verkaufen« (das heißt: das Überzeugen anderer vom Wert und Nutzen) eines fertigen neuen Produkts oder einer neuen Dienstleistung ist von entscheidender Bedeutung für den kommerziellen Erfolg jeder neuen Idee. Aus diesem Grund sagte Bob Metcalfe, der Erfinder des Ethernet und Gründer von 3Com: »Die meisten Ingenieure begreifen nicht, daß das Verkaufen sehr wichtig ist. Ihres Erachtens rangiert die Vertriebsorganisation unter ferner liefen. Sie begreifen nicht, daß es entscheidend darauf ankommt, das Produkt zu verkaufen.«[12] Wie wir gesehen haben, beginnt das Verkaufen innerhalb des Unternehmens, lange bevor eine Innovation auf den Markt gebracht wird. Alle Mitarbeiter von Disney werden dazu ermuntert, Ideen für neue »Attraktionen« bei den monatlichen »Open Forums« vorzustellen. Bei 3M beantragen Erfinder »Genesis-Fördermittel« in Höhe von 50 000 Dollar, um Prototypen zu entwickeln und Markttests durchzuführen. Der Innovationsprozeß in jeder großen Organisation – gleich ob bei Ford, der NASA, McDonald's, Virgin Airlines oder Siemens – verläuft über eine Reihe formeller und informeller Treffen, bei denen Innovatoren Kollegen und Vorgesetzte vom Wert ihrer Ideen zu überzeugen suchen. Tatsächlich zeichnen sich erfolgreiche Innovationen in Großunternehmen dadurch aus, daß sie von beharrlichen und taktisch geschickten Promotern gefördert werden.[13]

In ähnlicher Weise müssen alle außer den wohlhabendsten Existenzgründern Investoren dazu überreden, ihre Start-ups

zu unterstützen. Die erfahrenen Firmengründer und Investoren Audrey MacLean und Mike Lyons bringen Studenten
der Universität Stanford diese Fähigkeit mit einer Übung bei,
die in einem Verkaufsgespräch in einem Aufzug besteht. Der
Unterricht findet an diesen Tagen *innerhalb* zweier Aufzüge
in einem fünfstöckigen Gebäude statt. Ehrgeizige Jungunter-
nehmer werden danach beurteilt, wie gut sie ihr Produkt,
dessen Marktchancen und ihr Führungsteam während einer
zweiminütigen Fahrt im Aufzug an McLean und Lyons »verkaufen«. McLean und Lyons sind überzeugt davon, daß man
von potentiellen Geldgebern kein Kapital für sein Unternehmen bekommt, wenn man sie nicht in zwei Minuten für
sein Projekt begeistern kann. Tatsächlich hat sich ein eigener
kleiner Gewerbezweig von »Gründungsberatern« herausge-
bildet, der Jungunternehmern hilft, potentielle Kapitalgeber
vom Wert ihrer Ideen zu überzeugen. Carryer Consulting in
Pittsburgh beispielsweise entwirft überzeugende Geschäftspläne, entwickelt PowerPoint-Präsentationen und kritisiert
Projektvorstellungen für Existenzgründer. Babs Carryer (die
das Unternehmen zusammen mit ihrem Gatten Tim leitet)
greift auch auf ihre schauspielerische Erfahrung zurück,
um Jungunternehmern beizubringen, wie man Geschichten
erzählt, die Investoren spannend finden.[14]

In diesem Buch geht es um Innovation, nicht um die
Kunst, andere zu überzeugen. Doch wenn ein Innovator eine
Idee nicht verkaufen kann beziehungsweise keinen Vertreter
findet, der dies für ihn tut, dann gelangt die Idee nur selten
über das Konzeptstadium hinaus. Aus diesem Grund üben
so viele angehende Unternehmer, wie sie andere vom Wert
ihrer Ideen überzeugen können, studieren, wie andere dies
tun, suchen praktischen Rat und lesen Robert Cialdinis *Psychologie des Überzeugens*.[15] Innovatoren müssen insbesondere wissen, daß Beurteilungen ihrer Person und ihrer Ideen
eng miteinander verschränkt, ja vielfach untrennbar sind.
Arthur Rock, der Wagniskapitalgeber mit dem untrüglichen

Gespür, der Intel und Apple Computers mit Kapital ausstattete, betont: »Ich nehme im allgemeinen die Personen, die einen Geschäftsplan entwerfen, genauer unter die Lupe als den Antrag selbst.« Bei Treffen mit Existenzgründern hält Rock nach den Personen Ausschau, die »so fest an die Idee glauben, daß daneben alles andere verblaßt«. Und er behauptet: »Normalerweise gelingt es mir, zwischen Menschen, die dieses Feuer in sich spüren, und jenen, die Ideen hauptsächlich als einen Weg zu schnellem Reichtum betrachten, zu unterscheiden.«[16]

In ähnlicher Weise deuten die Studien von Kimberly Elsbach und Roderick Kramer über die bestimmenden Faktoren, nach denen sich Hollywood-Produzenten für Drehbücher entscheiden, darauf hin, daß es nicht so sehr auf die Originalität der Plots als vielmehr darauf ankommt, den Produzenten davon zu überzeugen, daß man eine kreative Persönlichkeit ist.[17] Gewieft zu sein ist nicht immer von Vorteil, ja es ist sogar ein Nachteil, wenn man humorlos und steif ist, eine Liste von Fakten herunterbetet oder als »hohler Typ im Anzug« wahrgenommen wird. Solche »Verkäufer« werden als unaufrichtig und leidenschaftslos erlebt, als langweilige Menschen ohne Phantasie. Umgekehrt kann ein »Verkäufer«, der naiv oder eigenartig ist, andere davon überzeugen, daß er frische Ideen hat und landläufige Anschauungen ablehnt. Existenzgründer sollten auch nicht versuchen, einen ganzen »Waschzettel von Ideen« an den Mann zu bringen. Ein Produzent betonte: »Es gibt auf der ganzen Welt keinen Käufer, den Sie davon überzeugen können, daß Sie fünf verschiedene Projekte mit der gleichen Leidenschaft vertreten. Man muß voll und ganz hinter dem stehen, was man an den Mann bringen will. Man verkauft nur selten seine Ideen. Man verkauft *sich selbst*. Man verkauft sein Engagement, seinen Standpunkt.« Die besten Verkäufer lösen bei »Gleichgestimmten« kreative Gedanken aus, und diese schließen sich ihnen als »kreative Mitarbeiter« an und beschränken sich nicht auf die

Rolle passiver Rezipienten. Der Filmemacher Oliver Stone sagte Elsbach: »Vermutlich ist Verführung das Wichtigste bei einer Projektpräsentation. In gewissem Sinne ... ist es eine Beschwörung, eine Verheißung von etwas Künftigem. Ab einem gewissen Punkt muß sich der Drehbuchautor zurücknehmen und es zulassen, daß sich der Produzent als Urheber der Geschichte versteht. Und er muß es zulassen, daß er alles in die Idee des Drehbuchautors hineinprojiziert, was die Geschichte für ihn rund macht.«

Stones Sichtweise gilt für jede Idee, von deren Wert man andere überzeugen möchte: Wenn die »Käufer« erst einmal so begeistert sind, daß sie ihre eigenen kreativen Striche anbringen, bedeutet dies, daß sie von der Leidenschaft und Entschlossenheit des Verkäufers angesteckt wurden. Elsbach und Kramer betonen, daß Menschen, die *anderen* das Gefühl geben, kreativ zu sein, als kreative Menschen wahrgenommen werden. Allerdings sollte man bedenken, daß es leichter ist, gute Ideen zu verkaufen. Babs Carryer formuliert es folgendermaßen: »Für eine großartige Idee mit einem miserablen Geschäftsplan findet sich immer ein Kapitalgeber, für eine miese Idee mit einem großartigen Geschäftsplan dagegen nicht.« Und aus diesem Grund ist ihr idealer Klient ein »sprachlich unbeholfener Ingenieur mit einer großartigen Idee«.[18]

Innovation erfordert Flexibilität und Rigidität

Innovation erfordert Flexibilität: Nur Menschen, die leicht ihre Überzeugungen ändern können, produzieren unkonventionelle Ideen und sehen Altbekanntes in neuer Weise. Aber erinnern wir uns daran, wieviel Beharrlichkeit, ja regelrechte Verbohrtheit Geoffrey Ballard brauchte, um die Brennstoffzellen zu entwickeln, und das gleiche gilt für das Team bei Sun Microsystems, das die Java-Sprache entwickelte. Eine gewisse

Beharrlichkeit ist notwendig, um erfolgreiche Innovationen zu entwickeln, Probleme so eng zu definieren, daß man in konstruktiver Weise darüber diskutieren kann, und Ideen gründlich zu durchdenken und auf ihre Produkttauglichkeit zu testen.

Ein gesundes Gleichgewicht zwischen Rigidität und Flexibilität erreicht man dadurch, daß man entweder die Lösung *oder* das Problem konstant hält und das jeweils andere variiert. Die gängigste Strategie besteht darin, ein Problem zu finden und dann nach alternativen Lösungen zu suchen und sie zu bewerten: *Man hält das Problem konstant und sucht flexibel nach möglichen Lösungen.* Bemühungen im 18. Jahrhundert, eine exakte Methode für die Berechnung der geographischen Längengrade zu entwickeln, verdeutlichen diese »problembasierte Suche«. Dava Sobel schreibt in dem Bestseller *Längengrad,* daß aufgrund von Navigationsfehlern so viele Schiffe verlorengingen und Menschen umkamen, daß dringend Abhilfe geschaffen werden mußte. »Die Regierungen großer Schiffahrtsnationen – Spaniens, der Niederlande und einiger italienischer Stadtstaaten – stachelten regelmäßig die Leidenschaft der Forscher an, indem sie Belohnungen für eine nutzbare Methode aussetzten. Den höchsten Preis, ein wahrhaft fürstliches Entgelt, schrieb das britische Parlament in seinem berühmten Longitude Act von 1714 für eine ›praktikable und nützliche Methode‹ zur Bestimmung der geographischen Länge aus – nach heutigen Begriffen mehrere Millionen Dollar.«[19] Der Preis sollte demjenigen verliehen werden, der ein Navigationsinstrument entwickelte, mit dem sich die geographische Länge auf einen halben Grad (zwei Zeitminuten) genau bestimmen ließe und das auf einem Schiff erprobt werden sollte, das »über den Ozean segelte, von Großbritannien bis zu einem beliebigen Hafen in Westindien ..., ohne über die vorerwähnten Grenzen von ihrer Länge abzuweichen«.[20] Hunderte von Methoden zur Berechnung der Länge wurden ausprobiert, bis der britische

Uhrmacher John Harrison eine ausgeklügelte mechanische Lösung präsentierte.

Auch in neuerer Zeit ist ein Großteil der Innovationen problembasiert. McDonald's hat Tausende von Lösungen für das Problem erprobt, mehr Kunden in seine Schnellrestaurants zu locken. Die Ideeningenieure von Disney tüfteln ständig an Lösungen für die beiden zusammenhängenden Probleme, die langen Warteschlangen von »Gästen« vor seinen Themenparks *tatsächlich* und *scheinbar* schneller zu reduzieren. Das Forschungs- und Entwicklungslabor von Gillette in Reading, England, testet praktisch sämtliche Materialien und Designs, ob sie sich für ein funktionstüchtiges modisches Produkt eignen. Das höchste Ziel des Labors liegt klar auf der Hand: eine gründlichere und angenehmere Rasur, »der heilige Gral der Rasiertechnik«.[21]

Die andere Möglichkeit, Rigidität und Flexibilität ins Gleichgewicht zu bringen, besteht darin, *die Lösung konstant zu halten und die Probleme variieren zu lassen*, also eine »lösungsbasierte Suche« durchzuführen. Dies tut zum Beispiel ein zweijähriges Kind mit einem Hammer: Es schlägt auf alles, was es vor Augen hat, um zu sehen, was passiert. Und eine lösungsbasierte Suche führt man auch dann durch, wenn eine neue oder alte Technologie, Ware, Theorie oder Dienstleistung als mögliche Lösung für viele bislang unbekannte Probleme behandelt wird. Ich erwähnte bereits, daß das Microreplication Technology Center von 3M eine dreidimensionale Fläche aus winzigen Pyramiden verwendete, um einen Bildschirm für Laptops zu entwickeln, der weniger Strom verbraucht als herkömmliche Bildschirme. Die Mikroreplikation wurde in den fünfziger Jahren entwickelt, um die Helligkeit von Overhead-Projektoren zu erhöhen. Manager von 3M waren überzeugt davon, daß die mikroskopisch kleinen Pyramiden in vielen anderen Anwendungen eingesetzt werden könnten, aber sie wußten nicht genau, in welcher Weise und wo. Sie gründeten das Zentrum, um nach Wegen zu suchen, die Mikroreplikation in möglichst vielen Produkten einzusetzen. Sie wird heute in Dutzenden von 3M-Produkten verwendet, wie Magnetband, Sandpapier, Ampelanlagen, Schleifern und Mauspads.

Die Freeplay Group im südafrikanischen Kapstadt sucht ebenfalls mit dem lösungsbasierten Ansatz nach neuen Produktideen. Sie erfindet und verkauft »eigenangetriebene« Geräte, die Strom erzeugen, wenn der Anwender ein fünf Zentimeter breites, etwa sechs Meter langes Band aus karbonisiertem Leichtblech aufdreht. Beim Abspulen erzeugt die Feder genügend Strom, um das erste Produkt der Firma, ein Radio, 30 Minuten lang mit Energie zu versorgen. Dieses Radio ist nicht nur eine ansprechende technische Spielerei, das auf der Konsumelektronik-Messe in Las Vegas die Computerfreaks anlockte. Es verändert auch das Leben der ärmsten Menschen der Welt, die mittlerweile funktionstüchtige Radios erwerben können, ohne unerreichbaren Strom oder teure Batterien benutzen zu müssen. Co-Chef Rory Stear sagt: »Wir sind nicht nur im Radiogeschäft tätig. Wir sind auch im Energiegeschäft aktiv. Wir fragen uns unentwegt, was wir sonst noch mit dieser Technologie anfangen können.« Diese lösungsbasierte Einstellung hat sie dazu veranlaßt, eigenangetriebene Produkte wie eine Taschenlampe, ein Satelliten-Navigationsgerät, einen Landminendetektor, einen Wasserreiniger und einen mechanischen Antrieb für einen Spielzeug-Lkw zu entwickeln.[22]

Unbehagen fördern und enthüllen

Wie mittlerweile deutlich geworden sein sollte, ist Unbehagen ein unvermeidlicher und wünschenswerter Bestandteil des Innovationsprozesses. Die schräge Idee, Personen einzustellen, die einem unsympathisch sind, setzt diese Erkenntnis direkt um. Unbehagen entsteht auch dann, wenn Sie Personen einstellen, für die Sie (momentan) keine Verwendung haben, wenn Mitarbeiter Vorgesetzten die Stirn bieten, wenn sich Mitarbeiter törichte Dinge ausdenken und sie umzusetzen versuchen und wenn Beschäftigte über ihre kostbaren Ideen streiten. Unbehagen ist nicht angenehm, doch es hilft uns, unbedachtem Verhalten vorzubeugen.

Ungewohnte Ideen und Dinge, aber auch Unterbrechungen von Routineabläufen und die Infragestellung als selbstverständlich erachteter Annahmen erzeugen negative Gefühle wie Verärgerung, Angst und Mißbilligung. Wenn Ihre Ideen immer bei jedermann auf Zuspruch stoßen, bedeutet dies wahrscheinlich, daß Sie nicht viele originelle Ideen haben. Als Howard Schulz, der Gründer von Starbucks, gemeinsam mit dem früheren Basketballstar Magic Johnson in einkommensschwachen Vierteln von Los Angeles, die überwiegend von Afroamerikanern bewohnt werden, sieben Cafés eröffnen wollte, lehnten dies andere Starbucks-Manager mit der Begründung ab, das Risiko sei zu groß. Sie hatten zwar zahlreiche Starbucks-Filialen im Ausland gegründet, aber noch keine einzige in einem Innenstadtbezirk. Diese Führungskräfte reagierten auch ungehalten, als Johnson, um dem Geschmack der Afroamerikaner gerecht zu werden, Speisen wie Süßkartoffelpastete anbieten und Musik von Miles Davis und Stevie Wonder spielen wollte. Schulz und andere Führungskräfte von Starbucks beschlossen dennoch, diese Läden zu errichten und auf die Verhältnisse in der Innenstadt zuzuschneiden. Dieser Entschluß, ihr Unbehagen zu überwinden, erwies sich als klug: Die ursprüngliche Vereinbarung mit Johnson wurde erweitert, nachdem die ersten Geschäfte spektakuläre Umsätze und Gewinne erwirtschaftet hatten und sich die Befürchtungen leitender Angestellter, in den Läden und in ihrer Nachbarschaft würde die Kriminalität grassieren, als unbegründet erwiesen.[23]

Die Überzeugung, daß neue Ideen Unbehagen bereiten sollen, half Herman Miller, das Möbelsystem Resolve zu entwickeln, das das gleichförmige »Spießertum« des traditionellen Wohnumfelds mit seinen abgeteilten Räumen »auflöst«.[24] »Statt mattgrauer Wände und scharfer rechter Winkel zeichnet sich Resolve durch leichte, durchscheinende Zwischenwände und großzügige Winkel von 120 Grad aus.« Resolve schwelgt angeblich auch in »leuchtenden Farben und persönlichen Noten«.[25] Chefdesigner Jim Long sagt: »Meine Leitmetapher ist eine Gitternetztür ... Sie steht für Offenheit, allerdings keine völlige Offenheit, keine völlige Sichtbarkeit.« In den Frühphasen der Entwicklung zeigte Long 200 IT-Managern, -Entwicklern und -Werksleitern einen Prototyp. Long freute sich, daß der Prototyp den meisten nicht gefiel, denn wenn die Reaktion positiver gewesen wäre, »hätte dies bedeutet, daß die Idee zu gewöhnlich ist«.[26] Bei Sempra Energy Information Solutions, wo Resolve erstmals eingesetzt wurde, führte dies zunächst zu einem »Kulturschock«. Doch je mehr sich die Mitarbeiter an Resolve gewöhnten, um so begeisterter waren sie davon; sie stellten fest, daß sich die Kommunikation verbesserte und der Geräuschpegel im Büro sank. Herman Miller geht nicht so weit zu behaupten, daß Resolve das Büro der Zukunft ist. Doch seine Designer gehen davon aus, daß, wie immer das Büro der Zukunft aussehen mag, die ersten Reaktionen darauf negativ sein werden.

Unbehagen spielt noch eine weitere Rolle. Viele erfolgreiche Ideen wurden erfunden, weil sich jemand über etwas ärgerte und dann auf Abhilfe sann. Der Erfinder David Levy benutzt die »Fluchmethode«.[27] Levy sagt: »Immer wenn ich jemanden fluchen höre, verstehe ich das als Ansporn, etwas zu erfinden.«[28] Levy entwickelte das »Wedgie«-Schloß, nachdem er gehört hatte, wie ein Arbeitskollege fluchte, weil ein Dieb seinen Fahrradsattel gestohlen hatte. Levy fiel auf, daß in den Straßen in der Nähe seines Labors in Cambridge, Massachusetts, viele herrenlose Räder ohne Sitze herumstanden, was darauf hindeutete, daß ein erheblicher Bedarf an sicheren Sattelschlössern bestand. Einen Erfinder beflügelt es, wenn er sich unbehaglich oder auch regelrecht unglücklich fühlt. Levy sagt: »Wenn ich im Bett liege, versuche ich an Dinge zu denken, die widerwärtig sind.«[29]

Behandeln Sie alles so, als wäre es ein vorübergehender Zustand

Die Prinzipien für die Gestaltung von Routinearbeiten spiegeln die Annahme wider, daß alles für immer gleich bleibt. Die Prinzipien für die Gestaltung innovativer Tätigkeiten gehen von der entgegengesetzten Annahme aus. Beides sind nützliche Fiktionen. Schließlich ist die Verwertung vorhandenen Wissens nur dann sinnvoll, wenn das, was in der Vergangenheit funktionierte, sich auch weiterhin bewähren wird. Und es macht nur dann Sinn, ein breites Spektrum von Ideen zu erzeugen, Dinge aus neuen Gesichtswinkeln zu betrachten und mit der Vergangenheit zu brechen, wenn die alten Praktiken, auch wenn sie noch funktionieren, bald überholt sein werden. Chefs innovativer Unternehmen warnen ständig davor, die Hände selbstzufrieden in den Schoß zu legen. Andrew Grove von Intel ist bekannt für seine geradezu paranoide Angst, daß eine »disruptive« Innovation, die der Technologie oder dem Geschäftsmodell von Intel dem Boden entziehen würde, aufkommen könnte. Und die gleiche Angst plagt John Chambers von Cisco sowie Jorma Ollila, den Chef des finnischen Handy-Konzerns Nokia:

> Der Vorstandsvorsitzende der Nokia Corp. sagte am Montag, eine seiner größten Sorgen sei es, daß »wir nicht so schnell sind wie vor sechs Jahren«, als das Unternehmen noch halb so viele Mitarbeiter wie heute (56 000) beschäftigte. »Mit der Zeit glaubt man, daß das, was man vor drei Jahren entwickelt hat, unübertrefflich ist, weil es vor zwei Jahren und anderthalb Jahren unan-

gefochten an der Spitze war und man weiterhin gutes Geld damit verdient. Doch dann gibt es da jemanden in Israel oder im Silicon Valley, der nur darauf wartet, dich mit einer völlig neuen Technologie zu erledigen.«[30]

Um die Innovationskraft langfristig zu sichern, muß man alles – von Arbeitsabläufen und Produktlinien bis zu Teams und Organisationen – als Dinge betrachten, die gegenwärtig nützlich sind, aber schon bald aufgegeben werden müssen. Vielleicht ist es dazu auch nötig, vorübergehend neue Unternehmen zu gründen, nicht nur befristete Projekte und Teams wie AES und Lend Lease. Schon bei der Geburt wäre das Ziel ein geplanter und würdevoller Tod, der eingeleitet würde, sobald das Unternehmen ein Projekt oder eine Reihe zusammengehörender Projekte abgeschlossen hat. Für solche zeitlich befristeten Unternehmen spricht die Tatsache, daß die unablässige Auflösung und Neuformierung dafür sorgen, daß die Wissensvarianz und das *Vu ja de* in einem Unternehmen hoch bleiben und es den Mitarbeitern erschweren, in unbedachte Verhaltensmuster zu verfallen.

Aus diesem Grund haben sich einige traditionelle Unternehmen, darunter ein Team beim Forschungs- und Entwicklungszentrum von General Motors in Michigan, bei der Gestaltung ihrer Innovationsprozesse am Vorbild der Filmindustrie orientiert. Das »Hollywood-Modell« ist interessant, weil heutzutage für die Produktion der meisten Filme ein »Unternehmen auf Zeit« gegründet wird. Nach Fertigstellung des Films werden die von diesen »Projektorganisationen« vereinnahmten Gelder verteilt, das Team wird aufgelöst, und die »Projektmitarbeiter« suchen sich ihren nächsten Job. Früher wurde Hollywood von den großen Studios wie MGM, Warner Brothers und Paramount dominiert, bei denen alle Mitarbeiter einschließlich Regisseuren, Drehbuchautoren und Schauspielern fest angestellt waren. Dagegen greifen die Hollywood-Produzenten heutzutage auf die Dienste von Maklern zurück, die »Personalpakete« für sie schnüren und ihnen beim Aufbau der Zeitunternehmen helfen, welche die Filme produzieren. Talentagenturen wie William Morris und die Creative Artists Agency gehören zu den beständigen Drehscheiben in einem komplexen Netzwerk formeller und informeller Beziehungen, die erklären, weshalb die Filmindustrie weitgehend stabil und berechenbar ist, obwohl die Filmproduktionsgesellschaften immer nur auf Zeit bestehen.

Es gibt verblüffende Parallelen zwischen Hollywood und den Branchen der New Economy. Die Zahl der zeitlich befristeten Beschäftigungsverhältnisse hat – insbesondere bei hochqualifizierten Fachkräften – deutlich zugenommen und ebenso die Zahl der Leiharbeitsfirmen, die Unternehmen Zeitarbeitskräfte zur Verfügung stellen, um den kurzfristigen Bedarf in High-Tech-Branchen zu befriedigen. Obgleich immer wieder viel Aufhebens um die Gründung vermeintlich »langlebiger« Firmen im Silicon Valley gemacht wird, existieren die meisten High-Tech-Neugründungen in dieser Region nur vorübergehend. Start-ups, die sich langfristig als unabhängige Firmen behaupten, sind selten; die allermeisten werden von großen Unternehmen aufgekauft oder machen Konkurs. Sowohl bei Zeit- als auch bei Festangestellten herrscht im Silicon Valley eine enorme Fluktuation. Dies begann nicht erst im Zeitalter des Internets: Seit Anfang der achtziger Jahre lag die Fluktuation bei High-Tech-Unternehmen im Schnitt bei über 20 Prozent jährlich. Sowohl in Hollywood als auch im Silicon Valley übernehmen die Menschen fortwährend neue Rollen, sie arbeiten mit ständig wechselnden Besetzungen, und ständig entstehen neue Unternehmen aus neuen Kombinationen vorhandener Spitzenkräfte.

Ich möchte damit nicht behaupten, daß Zeitunternehmen der einzige Weg zu nachhaltiger Innovation sind; langlebige Unternehmen wie 3M, Motorola, Hewlett-Packard, American Home Depot und Virgin weisen auf andere mögliche Vorgehensweisen hin. Aber wenn Sie über die drei Leitprinzipien für die Organisation innovativer Arbeit nachdenken, dann helfen die Gründung und fortwährende Auflösung von »Unternehmen auf Zeit« sicherzustellen, daß Varianz, *Vu ja de* und das Brechen mit der Vergangenheit zu einer festverwurzelten Gewohnheit in Ihrem Unternehmen werden. Großunternehmen, die Produkte und Projekte als zeitlich befristet betrachten, können das gleiche erreichen, so als Motorola-Chef Bob Galvin 1967 beschloß, die Farbfernsehgeräte von Motorola unter dem Markennamen Quasar zu verkaufen. Er tat dies, weil er dank seiner Weitsicht erkannte, daß das Fernsehgeschäft leichter zu verkaufen wäre, wenn dieses nicht unter der Motorola-Marke lief. Dieser Schritt schuf die Voraussetzungen für den Verkauf der Fernsehmarke Quasar einschließlich der Fertigungsstätten an Matsushita im Jahr 1974, als Fernseher zu billigen Massengütern mit dürftigen Gewinnspannen geworden waren, wie es Galvin bereits zehn Jahre früher vorhergesehen hatte.

Gestalten Sie den Innovationsprozeß so einfach wie möglich

Ein Kennzeichen innovativer Unternehmen und Teams besteht darin, daß sie dem Gesetz der Sparsamkeit folgen und alles so einfach wie möglich gestalten. Sie sind so strukturiert, daß sie Arbeitspraktiken benutzen, die Menschen helfen, sich auf das Wesentliche zu konzentrieren und den Rest zu ignorieren. Unnötige Komplexität entsteht, wenn Unternehmen jede Eventualität erwägen und jede Person einbeziehen, die eine Idee irgendwie verbessern, unterstützen oder sich ihr widersetzen könnten. Diese fehlgeleiteten perfektionistischen Ordnungs- und Kontrollbemühungen können aufstrebende Innovatoren in einem bürokratischen Netz verstricken und sie zu einem Treffen nach dem anderen mit Menschen verurteilen, die kaum etwas von ihrer Arbeit verstehen, aber nicht zögern, ihnen kluge Ratschläge zu erteilen. Derart übermäßig komplexe und dysfunktionale Prozesse können auch dazu führen, daß Innovatoren zuviel Zeit darauf verwenden müssen, Ideen zu verkaufen und taktische Winkelzüge zu machen, und ihnen daher nicht genügend Zeit für die Entwicklung von Ideen zur Verfügung steht.

Nehmen wir einen Hersteller von Konsumgütern, den ich vor ein paar Jahren untersuchte. Obere Führungskräfte glaubten, praktisch alle Schritte des Entwicklungsprozesses ließen sich spezifizieren und auf jedes Produkt anwenden. Ich kann den Namen des Unternehmens nicht verraten. Aber ich kann immerhin so viel sagen, daß die Manager darauf bestanden, Ideen für neue Produkte müßten einen achtstufigen Prozeß durchlaufen, der über 30 spezifische Meilensteine umfaßte. Dabei gab es insgesamt acht umfassende Zwischenbewertungen, die jeweils mit über 100 zeitraubenden Aufgaben (zum Beispiel »Finanzplan« und »Marken«) verbunden waren, die erledigt werden mußten, bevor die Produktidee in die nächste Phase eintreten konnte. In den Verfahrensregeln war genau festgelegt, wann jede von 25 Gruppen (von der Unternehmensleitung bis zum Marketing) eingebunden werden sollte und wann nicht, und wann jede von etwa 35 Fragen (zum Beispiel: Wie sehen die Produktmerkmale aus? Sind alle Pläne vollständig?) gestellt werden sollte. Diejenigen, die diesen Ablaufplan entworfen hatten, hielten große Stücke darauf und prahlten, er werde den Innovationsprozeß beschleunigen, das Einvernehmen fördern und die Zahl der Fehler verringern. Doch obgleich dieser Innovationsplan zum damaligen Zeitpunkt schon mindestens fünf Jahre alt war, konnte sich keiner der Manager, die ich in diesem Unternehmen interviewte, an ein einziges Produkt erinnern, das diese Bewährungsprobe bestanden hatte, obgleich sie alle schon viele Stunden darauf verwandt hatten, Produkte durchzuboxen. Dies bedeutet nicht, daß dieses Unternehmen keine neuen Produkte entwickelt hätte. Eine ganze Reihe neuer Produkte waren zur Marktreife entwickelt worden, doch ausnahmslos von Teams, die über genügend Macht oder taktisches Geschick verfügten, um den formellen Innovationsprozeß zu umgehen.[31]

Die Innovationskraft läßt sich leichter in Unternehmen aufrechterhalten, die das Gesetz der Knauserigkeit befolgen. Jack Welch, der ehemalige Chef von General Electric, sagt: »Bürokraten verabscheuen Einfachheit ... Einfache Botschaften lassen sich schneller kommunizieren, einfachere Entwürfe kommen schneller auf den Markt, und die Befreiung von unnötigem Ballast ermöglicht eine schnellere Entscheidungsfindung.«[32] Eine einfachere Struktur und ein einfacheres Anreizsystem halfen einem der großen Geschäftsbereiche von Guidant, der Vascular Intervention Group, Johnson & Johnson als Marktführer bei Stents (kleine Metallröhrchen, die verengte Arterien erweitern) für Herzkranzgefäße abzulösen. Konflikte und Kommunikationsprobleme zwischen den Bereichen F&E und Fertigung beeinträchtigten die Fähigkeit der Group, neue Stents auf den Markt zu bringen. President Ginger Graham und ihr Team vereinfachten die Struktur, indem sie derselben Führungskraft die Verantwortung für F&E und Fertigung übertrugen. Sie vereinfachten auch das Anreizsystem, so daß Beschäftigte in F&E und Fertigung in gleichem Maße an dem Erfolg der Entwicklungsbemühungen interessiert waren. Diese Vereinfachung und Beschleunigung des Entwicklungsprozesses hatte erheblichen Anteil daran, daß Guidant seine marktbeherrschende Stellung bewahren konnte, da ein neu eingeführter Stent im allgemeinen schon nach einem Jahr von einem technisch überlegenen Nachfolgemodell abgelöst wird.[33]

Die Innovation läßt sich auch dadurch vereinfachen, daß man die Zahl der Produkte beziehungsweise Dienstleistungen, die entwickelt und verkauft werden, verringert. Als Steve

Jobs im Juli 1997 zu Apple zurückkehrte, verkaufte das Unternehmen so viele Computerplattformen, daß, wie er sich ausdrückte, »wir nicht einmal unseren Freunden sagen konnten, welche sie kaufen sollten«. Dazu gehörten die Modelle 1400, 2400, 3400, 4400, 5400, 5500, 6500, 7300, 7600, 8600, 9600, der »20-Jahre«-Jubiläums-Mac, e-Mate, Newton und Pippin. Diese lange Liste verwirrte nicht nur Apple-Kunden, sondern auch Apple-Entwickler, die wissen wollten, welche Produkte sie weiterentwickeln sollten und welche nicht.[34] Im Jahr 1998 hatte Apple all diese Modelle nicht mehr im Angebot, und im Jahr 1999 führte Apple nur noch vier Computerplattformen: einen Laptop und einen Arbeitsplatzrechner für den privaten Gebrauch und den Erziehungssektor und einen Laptop und Arbeitsplatzrechner für den industriellen Sektor. Diese Vereinfachung hatte erheblichen Anteil daran, daß Apple wieder die Gewinnschwelle erreichte.

Schließlich verringert ein einfaches Leitkonzept für den Innovationsprozeß unnötige Ablenkungen und Anstrengungen. Wenn alle Beteiligten einer einfachen Vision folgen, beschleunigt dies die Entwicklung, fokussiert die Bemühungen und führt zu einfacheren Produkten oder Dienstleistungen (die leichter zu bauen beziehungsweise zu implementieren sind). Jeff Hawkins, der Erfinder des Palm Pilot, leitete auch die Entwicklung des enorm erfolgreichen Palm V. Er sagte dem Entwicklungsteam: »Bei diesem Produkt kommt es entscheidend auf Stil und Eleganz an.« Er sagte: »Ich nannte Beispiele für Produkte, ich sagte: ›Als das erste [StarTac-]Telefon auf den Markt kam, kostete es 1600 Dollar, und die Leute standen Schlange, um es zu kaufen. Warum? Weil es neu und elegant war.‹ Also sagte ich: ›Ich möchte den StarTac der Personal Digital Assistants entwickeln.‹« Das Team bedrängte Hawkins, Leistungsmerkmale hinzuzufügen, wie etwa mehr Software und ein Mikrofon. Doch er sagte: »Nein, nein, beim Palm V kommt es allein auf Eleganz und Stil an, und für sonstiges ist da kein Platz.« Diese einfache Vision und Hawkins' beharrliches Bemühen, sie umzusetzen, machten dem Team unmißverständlich klar, worauf es seine kreativen Anstrengungen fokussieren sollte.[35]

Wer innovativ sein will, muß mit einigen unangenehmen Schattenseiten leben

Die Begriffe *Kreativität, Innovation* und *Spaß* werden oft in einem Atemzug genannt. Doch bevor Sie losstürmen, um ein innovatives Unternehmen zu gründen oder sich einem solchen anzuschließen, fühle ich mich verpflichtet, Sie vor den Gefahren zu warnen. Die Arbeit in einem innovativen Unternehmen kann unangenehm und frustrierend sein. James Adams von der Universität Stanford und Barry Staw von der Universität von Kalifornien behaupten, daß viele Leute lediglich *sagen*, sie wünschten sich einen kreativen Arbeitsplatz, doch nur wenige wären glücklich, wenn sie tatsächlich einen solchen hätten. So strich etwa Intel vor ein paar Jahren »Spaß« von seiner Liste der Grundwerte, die auf den Dienstausweisen der Mitarbeiter stehen. Ein Zyniker könnte sagen, daß bei Intel die Arbeit noch nie Spaß gemacht habe, so daß sich das Unternehmen wenigstens keinen falschen Anschein mehr gibt. Schließlich ist Intel bekannt dafür, daß es Kontroversen und internen Konkurrenzkampf fördert. Die Firma veranstaltet sogar Fortbildungsmaßnahmen zum Thema »konstruktive Konfrontation«. Intel geht vielleicht etwas weiter, als unbedingt notwendig wäre, doch um ein Unternehmen aufzubauen, dem Innovation in Fleisch und Blut übergeht, muß man Dinge tun, die unangenehm oder auch regelrecht erschreckend sind.

Die schrägen Ideen, die ich in diesem Buch vorstelle, bewähren sich, aber das bedeutet nicht, daß Sie gern Leute einstellen werden, die Sie nicht mögen und die vermutlich auch Sie nicht mögen. Es bedeutet nicht, daß es Ihnen gefallen wird, von Personen umgeben zu sein, die ständig mit Ihnen und miteinander streiten. Ich weiß nicht, wie es Ihnen ergeht, aber mich ärgert es, wenn ich Leuten, die für mich arbeiten, einen Auftrag erteile und sie sich darüber hinwegsetzen. Dana Bookbinder, der im Forschungs- und Entwicklungslabor von Corning in Sullivan Park tätig ist, hat beispielsweise in jüngster Zeit ein neues Laborgerät aus Kunststoff entwickelt, das die Wirkstoffsuche bei Pharmaunternehmen beschleunigt. Bookbinder räumt jedoch ein, daß es eine Weile dauerte, bis Kollegen bei Corning und vor allem seine Vorgesetzten sich an ihn gewöhnten, weil »ich ein sehr aggressiver, sehr bestimmt auftretender Typ bin, und sie wußten nicht, was sie mit mir anstellen sollten«. Bookbinder sagte, daß er während seiner neunjährigen Tätigkeit bei Corning nur einen fähigen Vorgesetzten gehabt habe und er das mache, was er für richtig halte, und nicht das, was man ihm sage. Es spricht für Corning, daß sie wissen, wie sie Mitarbeiter wie Bookbinder führen (beziehungsweise nicht führen) müssen. Corning belohnt auch Mitarbeiter wie Bookbinder: Für seine herausragenden Forschungsleistungen wurde ihm der Stookey Award für das Jahr 2000 verliehen. Doch nur weil Corning es versteht, mit eigenständigen Denkern wie Bookbinder umzugehen, bedeutet dies nicht, daß es leicht wäre, Mitarbeiter wie ihn zu führen.[36]

Denken wir an die anderen schrägen Ideen. Wenn Sie einen ordentlichen Arbeitsplatz mögen, ärgert Sie das Chaos, das entsteht, wenn Sie von Leuten umgeben sind, denen keine klaren Regeln vorgegeben wurden. Wenn Unternehmen allzu effizient sind, ist dies ein Warnzeichen dafür, daß sie Innovationen unterdrücken. Es gibt einige Menschen, die gern in einer Firma arbeiten, in der die meisten Projekte fehlschlagen, nicht zu Ende geführt werden oder in Sackgassen steckenbleiben. Aber sie sind nicht die Mehrheit.

Abgesehen von diesen unangenehmen Aspekten innovativer Unternehmen sollten Sie auch gründlich über die

Risiken nachdenken, die das evolutionäre Modell für die durchschnittliche Person oder das durchschnittliche Unternehmen mit einer neuen Idee bedeutet. Die menschliche Neigung zum Optimismus bedeutet, daß die meisten von uns glauben, wir gehörten zu dem kleinen Prozentsatz derjenigen, die erfolgreich sein werden. Doch mit hoher Wahrscheinlichkeit werden Sie oder Ihr Unternehmen zu den zahlreichen Opfern gehören, die notwendig sind, damit einige wenige überleben und florieren können. Ich zitiere noch einmal James March:

> Leider hat Phantasie auch ihren Preis. Die Schutzmaßnahmen für phantasievolle Ideen greifen unterschiedslos. Sie schützen schlechte ebenso wie gute Ideen – und es gibt viel mehr schlechte als gute. Die meisten Phantasien führen uns in die Irre, und Einfallsreichtum hat für die meisten Einzelpersonen und Einzelfirmen verheerende Folgen. Die meisten Abweichler enden auf dem Abfallhaufen mißratener Mutationen, nicht als Helden des betrieblichen Wandels ... Infolgedessen gibt es in einem System, das die Phantasie von Individuen und Unternehmen beflügelt, damit ein größeres System unter alternativen Experimenten auswählen kann, vieles, was als ungerecht angesehen werden kann. Indem wir die Phantasie verherrlichen, verleiten wir die Unschuldigen zu unabsichtlicher Selbstzerstörung (oder, wenn es Ihnen lieber ist, zu Altruismus).[37]

Das Silicon Valley ist bekannt für den Reichtum, den es hervorgebracht hat – die Vielzahl der Millionäre und Milliardäre. Doch die meisten Start-ups – auch jene, die von hochkarätigen Investoren mit Kapital versorgt werden – produzieren keinen sagenhaften Reichtum. Die Berichte über das Platzen der Internet-Blase täuschen, denn es hat selbst in den besten Zeiten schon immer eine hohe Konkursquote bei neuen Unternehmen gegeben. Ein erfahrener Firmengründer, der bei vier fehlgeschlagenen und zwei erfolgreichen Start-ups mitwirkte, sagte mir: »Die meisten neuen Unternehmen sind einfach der unvermeidliche Ausschuß in einem System, das Wagniskapitalgeber reich macht.« Einige dieser »alternativen Experimente« scheitern schnell und richten kaum Schaden an. Kibu, eine Internet-Site für Teenies, wurde kaum ein Jahr nach ihrer Gründung schon wieder geschlossen. Dem erfahrenen Verwaltungsrat gehörte auch Jim Clark an, der Mitgründer von Silicon Graphics und Netscape. Sie zogen die Notbremse, weil sie glaubten, daß Kibu nie die Gewinnschwelle erreichen würde, und zahlten den Investoren über zehn Millionen Dollar an nicht verbrauchten Geldern zurück. Und alle entlassenen Mitarbeiter hatten innerhalb weniger Wochen eine neue Anstellung.

Andere haben nicht soviel Glück. Einige Unternehmen und Personen verbrennen riesige Geldsummen, verzehren über viele Jahre die Energie ihrer Mitarbeiter, erzeugen eine vielversprechende Idee nach der anderen und schaffen es doch nicht. Shaman Pharmaceuticals ist ein solcher Fall. Die Firmenchefin, Lisa Conte, gründete Shaman 1989 in der Absicht, »Ethnobotaniker in den Dschungel zu schicken, um traditionelle Heiler aufzuspüren und deren altüberlieferte Heilmittel in Arzneien umzuwandeln, die man auf Rezept in einer Apotheke kaufen kann – und so Krankheiten der Ersten Welt zu heilen, Lizenzeinkünfte an die Dritte Welt zurückfließen zu lassen und Conte und ihren Kapitalgebern die Taschen zu füllen, zu denen schon bald bedeutende Pharmakonzerne wie Eli Lilly gehörten«.[38] Die Wissenschaftler von Shaman sammelten Blätter, Rindenstücke und Zweige von über 2600 Pflanzen und isolierten deren aktive Inhaltsstoffe, sie ließen sich über 20 neue Verbindungen patentieren und führten klinische Studien mit Medikamenten gegen Durchfall, Pilzerkrankungen und Diabetes durch. Leider hat Shaman zehn Jahre später noch immer kein einziges rezeptpflichtiges Medikament vorzuweisen, und das Unternehmen erlitt einen schweren Rückschlag, als die amerikanische Arzneimittelbehörde auf weiteren klinischen Studien für sein Durchfallmittel bestand. Nach einem Aktiensplit im Verhältnis 500 zu 1 im Jahr 1999 beschloß Shaman, sein Durchfallmittel als Nahrungsergänzungsmittel auf den Markt zu bringen und nicht als rezeptpflichtiges Medikament, und der Fortbestand des Unternehmens steht ernsthaft in Frage.

Ich möchte bei Ihnen nicht den Eindruck erwecken, als herrschten in allen innovativen Unternehmen schreckliche Arbeitsbedingungen. Viele Menschen mögen das Chaos und die Unsicherheit. Es ist befriedigender, mit neuen Ideen aufzuwarten, als dieselben Handlungen – und dieselben Gedanken – ständig zu wiederholen. Es ist spannend, mit Menschen zusammenzuarbeiten, die sich für eine neue Idee begeistern. Obgleich viele neue Ideen scheitern, ereignen sich diese Rückschläge oftmals in Arbeitsumfeldern, in denen Fehlschläge toleriert, ja belohnt werden. Und sehr viele Menschen, die in solchen innovativen Neugründungen arbeiteten, sind reich geworden, auch wenn ihr Prozentsatz, aufs Ganze gesehen, gering ist. Doch Sie sollten die Risiken der Innovation kennen, bevor Sie sich darauf einlassen.

Lernen Sie, Konzepte schneller scheitern zu lassen, nicht seltener

Wenn Sie den in diesem Buch vertretenen Standpunkt teilen, werden Sie zusammenzucken, wenn Leute davon sprechen, den Innovationsprozeß effizienter gestalten zu wollen. Es bedeutet für gewöhnlich, daß sie die Logik von Routinearbeiten auf innovative Tätigkeiten übertragen wollen. Sobald Unternehmen versuchen, »die Zahl der Flops zu verringern«, kommt der Innovationsprozeß meist zum Erliegen. Der Schlüssel zu effizienter Innovation besteht darin, schneller zu scheitern, nicht weniger häufig. Hören wir, was Audrey MacLean über Fehlschläge zu sagen hat. MacLean war CEO von Adaptive und ist heute ein erfolgreicher »Business Angel« (sie nennt sich selbst »Mentorkapitalistin«), und sowohl *Forbes* als auch *Red Herring* widmeten ihr in den letzten Jahren Titelgeschichten. Sie behauptet, Investments in Internet-Firmen hätten Ende der neunziger Jahre unter anderem deshalb so enorme Profite eingebracht, weil Mißerfolge so billig gewesen seien – ein bislang weitgehend unbeachtet gebliebener Aspekt. MacLean weist darauf hin, daß es sehr viel weniger kostet, eine neue Website auszuprobieren, als Computer-Hardware oder einen medizintechnischen Apparat zu entwickeln oder auch ein komplexes Software-Programm zu schreiben. Die Rückmeldung des Marktes sei so schnell erfolgt, daß »Flops schneller und billiger identifiziert wurden als je zuvor. Die meisten Leute konzentrieren sich auf die enormen Gewinne, die man im Erfolgsfall einstreichen konnte, aber sie reden nicht über die Tatsache, daß Mißerfolge sehr viel billiger waren – und immer noch sind – als bei den meisten traditionellen Unternehmen.« MacLean warnte jedoch: »Dies gilt natürlich nicht, wenn man Millionen dafür verschwendet, Konsumenten-Websites zu promoten, ohne die geringste Ahnung davon zu haben, wie man die Gewinnschwelle erreichen will.« Doch sie fügt hinzu: »Da man nicht viel Zeit oder Geld brauchte, um eine Website aufzubauen, konnte man ziemlich schnell herausfinden, ob sie ankommen wird oder nicht. Wenn etwas Anklang fand, scheffelte man damit eine Menge Geld, und bei Experimenten, die fehlschlugen, hielten sich die Verluste in Grenzen.«

Es ist nicht leicht, immer alles so einzurichten, daß man Projekte zur richtigen Zeit einstellt. Die Zuversicht und Beharrlichkeit, welche die Erfolgschancen einer riskanten Idee erhöhen, sind eine zweischneidige Sache. Sie können nämlich auch zu einem massiven Widerstand gegen die Auflösung eines Unternehmens oder eines Projekts führen, und zwar auch noch lange nachdem die objektiven Daten eindeutig dafür sprechen, das Unterfangen einzustellen. Wir haben gesehen, daß hartnäckige Innovatoren trotz geringer Erfolgsaussichten an ihren Ideen festhielten. Die Einstellung eines Projekts kann auch durch historische oder strukturelle Faktoren erschwert werden. Einer der spektakulärsten Fälle des Festhaltens an einem zum Scheitern verurteilten Projekt war der Beschluß der Long-Island-Elektrizitätswerke, das Kernkraftwerk Shoreham zu konzipieren und zu bauen. Als 1966 der erste Planungsentwurf für dieses Kraftwerk vorgelegt wurde, wurden die Kosten auf etwa 75 Millionen Dollar beziffert. In einem fort wurden Bedenken hinsichtlich der Finanzierung und der Sicherheit geäußert, und das Kraftwerk wurde erst 1985 fertiggestellt. Bereits 1988 wurde Shoreham stillgelegt, und zwar wegen Planungs- und Konstruktionsfehlern, explodierender Kosten und der Feststellung eines Bundesgerichts, Führungskräfte des Unternehmens hätten den Staat New York getäuscht, um Erhöhungen der Strompreise durchzusetzen und sich so die erforderlichen Finanzmittel für den Bau des Kraftwerks zu sichern. Als schließlich die Entscheidung getroffen wurde, das Kraftwerk stillzulegen (das nie voll in Betrieb war), waren über fünf Milliarden Dollar in den Sand gesetzt worden.

Barry Staw und Jerry Ross haben die Frage analysiert, wie es möglich ist, 25 Jahre lang an einer offenkundigen Fehlinvestition festzuhalten. Bei ihrer Analyse des Falles Shoreham identifizierten sie Kräfte, die zu dem »Eskalationssyndrom«[39] führten, etwa öffentliche Erklärungen von Topmanagern, das Projekt werde unter allen Umständen durchgezogen, große und mächtige Interessenbündnisse innerhalb und außerhalb des Unternehmens, die vom Bau des Kraftwerks profitieren würden, und das pseudorationale Argument, daß für einen Ausstieg »bereits zuviel investiert worden ist«, was zu weiteren Fehlinvestitionen führte. Staw und Ross haben Leitlinien erarbeitet, mit denen sich solche Situationen vermeiden lassen. Die wichtigste lautet, daß Personen, die ein Projekt initiieren und sich öffentlich dafür einsetzen, nicht an Entscheidungen über die Fortführung des Projekts beteiligt werden sollten. Projekte müssen so gestaltet werden, daß verschiedene Gruppen die Entscheidungen über Beginn und Einstellung von Vorhaben treffen. Aus diesem Grund sind bei den meisten Banken die Kreditvergabe und die Abwicklung von Problemkrediten bei unterschiedlichen Abteilungen angesiedelt.

Irrationale Beharrlichkeit läßt sich auch dadurch verringern, daß man die Kosten für Fehlschläge senkt. Wenn jemand glaubt, sein Ruf würde durch Mißerfolge ruiniert, dann glaubt er vielleicht auch zu Recht, dem sicheren Ruin entgegenzugehen, wenn er ein Projekt einstellt, und daß seine einzige Hoffnung darin besteht, dem Vorhaben auf irgendeine Weise doch noch zum Erfolg zu verhelfen, mag dieser auch noch so unwahrscheinlich sein. Drei der Unternehmen, auf die ich in diesem Buch eingegangen bin, AES, Hewlett-Packard und SAS Institute, sind bekannt für solche »weichen Landungen«. Staw und Ross geben auch den Rat: »Das bloße Wissen, daß man der Gefahr einer Eskalationsspirale ausgesetzt ist, kann schon helfen.« Sie empfehlen, Situationen aus der Perspektive eines Außenstehenden zu prüfen, regelmäßig innezuhalten und sich zu fragen: »Wenn ich neu ins Unternehmen käme und dieses Projekt vorfände, würde ich es dann befürworten oder loswerden wollen?« Diese Art von Frage veranlaßte die Intel-Chefs Gordon Moore und Andy Grove dazu, 1985 aus dem verlustbringenden Speicherchip-Geschäft auszusteigen und sich auf Mikroprozessoren zu konzentrieren, eine Entscheidung, die Intel Verluste in Milliardenhöhe ersparte. Eine noch aggressivere Methode, um Eskalationsspiralen zu vermeiden, besteht darin, noch während ein Unternehmen, ein Projekt oder ein Produkt erfolgreich ist, den Nährboden für den Ausstieg zu bereiten. Kluge CEO schärfen ihren Mitarbeitern ein, immer wachsam auf Entwicklungen (beispielsweise

Konkurrenzprodukte) zu achten, die einen gegenwärtigen Erfolg bedrohen könnten. Cisco-Chef John Chambers warnt seine Mitarbeiter:»Jene Unternehmen geraten in Schwierigkeiten, die sich in ›religiöse Technologien‹ vernarren ... Der Schlüssel zum Erfolg ist eine Unternehmenskultur, die in der Lage ist, den Wandel zu akzeptieren und Glaubenskriege zu vermeiden.«[40]

Offenheit ist gut, Abschottung ist schlecht

Offenheit gegenüber den Ideen anderer Menschen und Firmen vergrößert die konzeptionelle Varianz und das Spektrum alternativer Perspektiven; dies wiederum kann einem Unternehmen helfen, nicht an der Vergangenheit festzukleben. Durch diese Offenheit gegenüber Außenstehenden können Sie Ideen, die für diese alt, für Sie aber neu sind, entlehnen beziehungsweise mit Ihren Kenntnissen kombinieren, um so neue Führungsmethoden, Dienstleistungen und Produkte zu erfinden. Wie wichtig Offenheit ist, zeigt Anna-Lee Saxenian in ihrem Buch *Regional Advantage*, in dem sie den Ursachen dafür nachgeht, daß Unternehmen aus dem Silicon Valley wie Hewlett-Packard, Intel, Sun Microsystems und Cisco so innovativ sind, während einstmals bedeutende Unternehmen, die sich an der Route 128 in Boston angesiedelt hatten, wie DEC, Wang und Data General, von der Bildfläche verschwanden. Sie weist nach, daß sich der Aufstieg und anhaltende Erfolg des Silicon Valley der Tatsache verdankt, daß dort Ingenieure ihre Ideen so offen miteinander austauschen, und zwar sowohl um Hilfe bei technischen Problemen zu erhalten als auch um mit ihrem Wissen zu prahlen.[41] Dies geschieht nicht nur innerhalb von Unternehmen, sondern auch zwischen Ingenieuren verschiedener Unternehmen. Ingenieure verletzen nicht nur regelmäßig ihre vertraglichen Pflichten über den Schutz geistigen Eigentums, mehrere CEO haben mir gegenüber eingeräumt, daß erwartet wird, in den richtigen Gesprächen etwas »durchsickern zu lassen«, weil alle begriffen haben, daß es der Innovation förderlich ist.

Natürlich hat der offene Austausch von Ideen seine Grenzen. Der Wunsch, Patent- und Urheberrechte zu schützen, ist sachlich berechtigt, und Unternehmen, die sorgfältig ihre Ideen schützen, können enorme Gewinne einfahren, zumindest eine Zeitlang. Kevin Rivette und David Kline zeigen beispielsweise, daß viele Unternehmen auf ungenutzten Patenten im Wert von Millionen Dollar sitzen.[42] IBM lizenzierte seine ungenutzten Patente im Jahr 1990, und seine Lizenzeinnahmen stiegen daraufhin von jährlich 30 Millionen Dollar auf über eine Milliarde Dollar im Jahr 1999, was mehr als einem Neuntel seines Jahresgewinns entspricht. Auch patentrechtliche Beschränkungen können zu Innovationen führen, denn wenn ein Unternehmen das alleinige Nutzungsrecht an einer Problemlösung hat, spornt dies unter Umständen Mitarbeiter anderer Unternehmen dazu an, eine alternative Lösung zu entwickeln.

Dennoch können Unternehmen mit einer paranoiden Angst davor, daß jemand ihre kostbaren Ideen stehlen könnte, ihre eigene Innovationskraft untergraben, denn wenn die Mitarbeiter des Unternehmens in den Ruf kommen, zwar gern den Ideen anderer Unternehmen zu lauschen, aber kein Wort über ihre eigenen zu verlieren, veranlaßt diese mangelnde Gegenseitigkeit andere vielleicht dazu, den Mund zu halten. Wenn die Mitarbeiter solcher Unternehmen feststellen, daß sie sich nicht an einem wechselseitigen Gedankenaustausch beteiligen können, gehen sie Gesprächen mit Außenstehenden, die ihnen nützliche Ratschläge geben können, vielleicht völlig aus dem Weg. Übermäßige Geheimniskrämerei scheint mitverantwortlich zu sein für das Scheitern von Interval Research, einer von dem Microsoft-Mitgründer und Milliardär Paul Allen gegründeten Denkfabrik. Der *New Yorker* kommentierte sarkastisch: »Im März 1992 öffnete Interval seine Türen, um sie sogleich wieder mit einem Knall zuzuschlagen.«[43] Interval sollte eine Institution mit den Vorteilen von Xerox PARC werden, also vor allem brillante Techniker anziehen, die Ideen erfinden oder völlig neue Wirtschaftszweige begründen, und von dessen Nachteilen, nämlich der Entwicklung großartiger Ideen, die andere kommerziell ausschlachten, verschont bleiben. Allen gewann den ehemaligen Superstar von Xerox PARC, David Liddle, als Leiter von Interval. Liddle stellte eine bunte Gruppe aus berühmten Technikern, darunter die Erfinder des Laptops und des Tintenstrahldruckers, Verhaltenswissenschaftlern, Künstlern, Musikern und herausragenden Nachwuchsforschern von prestigeträchtigen Universitäten zusammen.[44] Laut Paul Saffo, dem Direktor des Institute for the Future, lag das Problem darin, daß »sie mitten unter die bedeutendsten Techniker der Welt und mitten in die größte Revolution des Jahrhunderts gerieten, aber sich nie hinter ihren Sandsäcken hervorwagten ... Vom ersten Tag an wurde die Einrichtung hermetisch abgeriegelt.«[45] Interval wurde am 21. April 2000 geschlossen, und selbst Bill Savoy, der Manager, der den Mitarbeitern von Interval die Schließung bekanntgab, räumte ein: »Wir hätten vermutlich frühzeitiger mehr Außenstehende einbinden sollen, dann hätten wir nicht im eigenen Saft geschmort.«[46]

Zu den radikalsten und eindrucksvollsten Beispielen für Offenheit gehört die Entwicklung von Software mit offenem Quellcode, auch Freeware genannt. Dazu gehört etwa Linux, gegenwärtig der einzige ernstzunehmende Konkurrent für Microsoft Windows. Der Hauptvorteil der Entwicklung offener Quellcodes liegt in dem sogenannten Linus-Gesetz, wonach gilt: »Für viele Augen sind Programmfehler leichter zu erkennen.«[47] Je mehr Personen sich an der Entwicklung beteiligen, um so weniger störungsanfällig und um so fehlerfreier wird jede neue Version, weil mehr Personen Programmfehler finden und beheben. Die Open-Source-Gemeinde hat eine Methode der Lizenzierung entwickelt, die ihre Offenheit schützt. Software mit offenem Quellcode wird durch das sogenannte Copylefting (Urheberrechtsüberlassung) geschützt. Open-Source-Lizenzen, die dem »Copyleft«-Prinzip folgen, enthalten »Weitergabebedingungen, die ein rechtliches Instrument sind, das jedermann das Recht gibt, den Programmcode beziehungsweise jedes daraus abgeleitete Programm zu benutzen, zu ändern und weiterzugeben, aber nur, wenn die Weitergabebedingungen unverändert bleiben. Auf diese Weise werden der Code und die Freiheitsrechte juristisch untrennbar miteinander verknüpft.«[48]

Dank dieser Einschränkungen bleibt der Code offen. Jedermann hat Zugang zum Quellcode und kann ihn modifizieren, doch die Modifikationen müssen an die Codebasis zurückgeleitet werden. Dies führt zu merkwürdigen Situationen in Unternehmen und anderen Organisationen, wie Hochschulen, wo ein Programmierer einen Code verbessert, den sein Arbeitgeber urheberrechtlich schützen und verwerten möchte, doch die »Copyleft«-Vereinbarung verhindert diese kommerzielle Nutzung. Eine Open-Source-Website weist darauf hin: »Wenn wir dem Arbeitgeber mitteilen, daß die verbesserte Version nur als Freeware verteilt werden darf, beschließt dieser im allgemeinen, sie als Freeware freizugeben, statt sie wegzuwerfen.«[49] Auch wenn es philosophische Gründe für die Entwicklung von Gratis-Software gibt, ist die jüngste Begeisterung für das Open-Source-Prinzip doch überwiegend pragmatisch motiviert: Durch die Offenheit für unterschiedlichste Menschen und ihre Ideen wird das Produkt immer besser.

Innovationsfördernde Einstellungen

Ich hoffe, daß Sie die schrägen Ideen, die ich in diesem Buch vorstellte, dazu nutzen, Ihr Unternehmen innovativer zu machen. Diese Ideen zahlen sich aus. Doch nachdem ich sie zehn Jahre lang erprobt habe, ist mir klar geworden, daß die Innovationsverfahren als solche nicht so wichtig sind wie der Aufbau eines Unternehmens, in dem die Mitarbeiter die richtige Einstellung zur Arbeit und zueinander haben. Psychologen sagen uns, Emotionen seien die Triebfedern menschlichen Verhaltens. Gefühle – nicht kalte Erkenntnisse – motivieren uns dazu, gute Ideen und Absichten zu verwirklichen. Menschen mit der richtigen Einstellung wird es nicht nur leichterfallen, die hier vorgestellten schrägen Ideen umzusetzen, ihre Weltanschauung wird sie auch dazu bewegen, eigene Ideen zur Förderung der Innovation hervorzubringen.

In allen innovativen Unternehmen, die ich kenne, arbeiten zahlreiche Menschen, die leidenschaftlich gern Probleme lösen. Wenn ich mich mit dem Gründer und Chairman von Handspring, Jeff Hawkins, und Peter Skillman, dem Direktor für Produktdesign, über Taschencomputer unterhalte, überkommt sie eine geradezu kindliche Begeisterung. Den gleichen Elan spüre ich bei Joey Reiman von BrightHouse, der »Ideenschmiede«, die Kunden wie Coca-Cola, Hardee's und Georgia Pacific für eine einzige Idee zwischen 500 000 und einer Million Dollar in Rechnung stellt. Ich sehe Reiman vor meinem geistigen Auge, wie er auf Rollerskates um eine kreisförmige Bühne in Berlin fährt und das Publikum, das aus Mitarbeitern der Werbeagentur McCann-Ericson besteht, anfeuert: »Wir wirbeln Emotionen auf, keine Ideen, Kreativität ist ein Ausbruch von Gefühlen, nicht von Gedanken.« In anderen innovativen Unternehmen ist der leidenschaftliche Schwung gedämpfter, aber er ist immer vorhanden.

Verspieltheit und Neugier sind Einstellungen, die eng mit Innovationskraft zusammenhängen. Als Kay Zufall damit begann, aus dem Tapetenreiniger aus der Fabrik ihres Schwagers kleine Figuren zu formen, dachte sie nicht daran, ein neues Produkt zu entwickeln, vielmehr tat sie es, weil sie gern mit Ideen und Dingen herumexperimentierte. Zufall ist ständig darum bemüht, Dinge zu verbessern und dabei Spaß zu haben. Der gleichen Einstellung begegnete ich bei den IDEO-Ingenieuren, die sich meine neue Digitalkamera (eine der ersten, die verkauft wurden) schnappten und sie auf der Stelle auseinandernahmen. Sie konnten nicht anders. Es war die erste, die sie zu Gesicht bekamen, und sie *mußten* einfach herausfinden, wie sie montiert war. Ihre beharrliche Neugier bringt sie in merkwürdige Situationen, etwa als ein Kellner einige IDEO-Entwickler fragte, weshalb sie den Serviettenhalter auseinandernähmen. Die Antwort – »weil wir nachsehen wollten, wie die Feder funktioniert« – wurde als unglaubwürdig erachtet. Doch es stimmte, und es war einer der Hauptgründe, weshalb IDEO eine so berühmte Innovationskultur entwickelt hat.

Die letzte innovationsfördernde Einstellung, die ich Ihnen empfehle, besteht eigentlich aus zwei Haltungen. Es ist die Fähigkeit, emotional zwischen Skepsis und Glauben beziehungsweise zwischen tiefem Zweifel und unerschütterlichem Vertrauen zu wechseln. Diese Emotionen sind notwendige Katalysatoren jedes Innovationsprozesses. Wenn in Ihrem Unternehmen eine der beiden Emotionen dominiert, haben Sie ein Problem. Alle innovativen Unternehmen, die wir untersucht haben, machen sich diese Kombination von Emotionen zunutze, von Disney über 3M und Handspring bis zu Sottsass Associates. Die Mitarbeiter dieser Unternehmen glauben, daß alles bestens und alles möglich ist, wenn sie Ideen erzeugen, aber sie werden zu Skeptikern – oder sie schalten Skeptiker ein –, wenn sie entscheiden, welche Ideen sie weiterentwickeln und welche sie verwerfen sollen. Sobald sie sich dann entschieden haben, eine bestimmte Idee weiterzuentwickeln und umzusetzen, nimmt der Glaube wieder zu.

Eine Mischung aus Glaube und Skepsis kann Ihnen auch helfen, das Optimum aus diesem Buch herauszuholen. Wie ich am Anfang sagte, sollten Sie, wenn Sie über meine schrägen Ideen nachdenken, einfach eine Zeitlang ihre Zweifel zurückstellen. Fragen Sie sich: »*Was wäre, wenn diese Ideen wahr wären?* Was könnte ich tun, um meinem Unternehmen eine andere Organisations- oder Führungsstruktur zu geben? Was sollte ich an meinem Verhalten ändern, um kreativer zu werden?« Spielen Sie diese Ideen gedanklich durch, und experimentieren Sie damit in Ihrem Unternehmen. Diese schrägen Ideen sind empirisch wohlfundiert, und sie haben anderen Unternehmen geholfen, nützliche neue Ideen zu entwickeln. Aber diese Ideen sind keine unwandelbaren Wahrheiten. Es bedarf einer gewissen ironischen Distanz, um sie optimal zu nutzen. Behandeln Sie sie wie Spielzeug, das sie kaufen, um damit herumzumurksen: Zerlegen Sie die Ideen, um zu sehen, wie sie funktionieren, versuchen Sie sie zu verbessern, und vermischen Sie sie mit anderem Spielzeug. Vielleicht spinnen Sie dabei einige ihrer eigenen kontraintuitiven Ideen aus. Letztlich kommt es allein darauf an, sich neues Wissen zu verschaffen, Altes aus neuen Perspektiven zu betrachten und einem Unternehmen zu helfen, mit der Vergangenheit zu brechen.

DANKSAGUNG

Die in diesem Buch vorgestellten Ideen entstanden an einem wunderschönen Septembernachmittag des Jahres 1993. Jim Adams, einer meiner interessantesten und liebenswürdigsten Kollegen, hatte mich dazu überredet, ihn in den Gesellschaftsraum für die Lehrkräfte der Universität Stanford zu begleiten. Er spendierte mir ein Glas Rotwein nach dem anderen (und Scotch für sich selbst), während er mich dazu bewegen wollte, an einem Fortbildungsprogramm zum Thema »Innovationsmanagement« für den »Verein der Ehemaligen« von Stanford mitzuwirken. Während unserer Flurgespräche hatte ich Jims Bitte konsequent abgelehnt, so daß er drastischere Schritte für notwendig hielt. Ich lehrte seit neun Jahren an der Universität Stanford und war gerade zum ordentlichen Professor ernannt worden. Der Hauptgrund für meine Beförderung in Stanford war die Tatsache, daß ich Dutzende von Artikeln in wissenschaftlichen Fachzeitschriften publiziert hatte, in denen ich mich mit den Abläufen in Unternehmen befaßte. Der Frage, was Führungskräfte, Ingenieure und andere Personen, die mit konkreten Problemen konfrontiert sind, aus meinen Arbeiten lernen könnten, habe ich damals nur wenig Beachtung geschenkt. Das sind nun einmal die Regeln der akademischen Welt. Die meisten Mitglieder des Lehrkörpers werden nach ihrer Fähigkeit ausgewählt, eine eng umschriebene wissenschaftliche Fragestellung zu erforschen.

Ich war überzeugt davon, daß ich dem, was Jim Adams diesen Führungskräften über Kreativität und Innovation beibrachte, nicht viel hinzuzufügen hätte. Schließlich hatte Jim ein ansprechendes Buch über Kreativität mit dem Titel *Conceptual Blockbusting* geschrieben, von dem über 200 000 Exemplare verkauft worden waren, und ein weiteres ebenso nützliches Buch mit dem Titel *The Care and Feeding of Ideas*. Er hatte viele Vorträge zum Thema Kreativität vor Führungskräften, Ingenieuren und Wissenschaftlern in Unternehmen gehalten. Während wir zusammen tranken, stachelte Jim mich an, schmeichelte mir und beschimpfte mich. Er beteuerte, ich hätte in all den Jahren, in denen ich für diese Fachzeitschriften als Autor, Gutachter und Schriftleiter tätig gewesen sei, vieles gelernt, was Manager wissen müßten, und es würde mir wahrscheinlich sogar Spaß machen, mit Menschen aus der Praxis zu sprechen statt mit meinen (häufig) aufgeblasenen und beckmesserischen Kollegen. Er erinnerte mich auch daran, daß ich einen Punkt in meiner Karriere erreicht hätte, wo kein Risiko mehr damit verbunden sei, etwas wirklich Nützliches zu tun: Ein unkündbarer Ordinarius an einer reichen Universität wie Stanford hat vermutlich einen sichereren Arbeitsplatz als irgend jemand, der in der freien Wirtschaft tätig ist.

Schließlich gab ich nach, vor allem deshalb, weil ich nicht wollte, daß er mich weiter bedrängte. Ich sagte: »In Ordnung, Jim, ich werde das lächerlichste Thema ausprobieren, das ich mir vorstellen kann. Hier hast du einige der verqueren Ideen, über die ich sprechen werde.« Ich kritzelte ein paar verrückte Ideen auf eine Serviette, eigentümliche Ratschläge wie: »Stellen Sie Bewerber ein, die sich meist irren«, »Stellen Sie Mitarbeiter ein, die nicht auf Sie hören«, »Tilgen Sie alle Erinnerungen an die Vergangenheit in Ihrem Unternehmen« und »Seien Sie unbestimmt und langweilig, wenn Sie über Ihre Arbeit sprechen«. Ich dachte, diese absurden Ideen würden Jim dazu bringen, mich nicht länger zu plagen, doch mein Plan schlug fehl. Ich hätte mich daran erinnern sollen, daß das größte Kompliment, das Jim einem Menschen machen kann, darin besteht, ihn als »echt meschugge«, »total abgefahren« oder »durch den Wind« zu bezeichnen. Daher fand er diese verrückten Ideen äußerst spannend, und er beteuerte, dies entspreche genau seinen

Vorstellungen darüber, was ich den Führungskräften, die an seinem Programm teilnahmen, erzählen sollte. Ich entgegnete, daß die Führungskräfte diese Ideen, die er »super« fand, vermutlich als lächerlich abtun würden. Jim sagte, da irre ich mich, denn Führungskräfte seien wie die meisten Menschen ständig auf der Suche nach nützlichen neuen Ideen, und sie seien bestrebt, bei der Arbeit und im Leben Spaß zu haben. Er sagte, da es mir großes Vergnügen bereiten würde, diese Ideen zu unterrichten, sollte ich sie doch gleich in seinem Programm einmal vorstellen. Ich gab nach. Ich war mir sicher, daß meine seltsamen Gedanken diese Führungskräfte irritieren und langweilen würden, so daß mich Jim nicht mehr mit der Bitte behelligen würde, einen Vortrag vor Managern oder Ingenieuren zu halten. Ich könnte mein beschauliches akademisches Dasein als Autor, Gutachter und Schriftleiter unbekannter Fachzeitschriften fortsetzen, das ich so sehr mochte und das so viel risikoloser zu sein schien.

Im Oktober 1993 hielt ich diesen Vortrag vor Führungskräften im Rahmen des »Innovationsmanagement«-Kurses. Ich gab ihm den Titel *Schräge Ideen zur Verbesserung der Innovationskraft von Unternehmen,* und ich stellte etwa ein Dutzend kontraintuitive Ideen darüber vor, wie Unternehmen ihr schöpferisches Potential besser ausnutzen können. Ich erwartete, daß die Manager gegen meinen unkonventionellen Ansatz aufbegehren und mir sagen würden, meine Ideen seien absurd. Doch obgleich sie an vielen meiner Ideen Kritik übten, schienen sie intensiv darüber nachzudenken, wie sie ihr Unternehmen kreativer gestalten könnten. Tatsächlich waren die Manager, die mich am schärfsten kritisierten, zugleich diejenigen, die die verqueren Ideen mit der größten Begeisterung aufnahmen und am besten verstanden, was nötig ist, um ein kreatives Unternehmen aufzubauen.

Seither habe ich über 100 Vorträge zum selben Thema vor insgesamt mehreren tausend Führungskräften an der Universität Stanford, der Universität von Kalifornien in Berkeley und in zahlreichen Unternehmen gehalten. Und ich habe in den darauffolgenden Jahren auch Dutzende von Vorträgen über andere Themen vor Führungskräften und Ingenieuren gehalten. Doch die Seminare über die »schrägen Ideen« machen mir am meisten Spaß, weil die Teilnehmer sehr emotional auf diese ungewöhnlichen Ideen und meine seltsame Art, sie darzustellen, reagieren. Die Zuhörer reagieren *niemals* neutral auf meinen Vortrag. Entweder sind sie begeistert oder völlig enttäuscht. Die meisten sind begeistert, aber Zuhörer, die sich selbst zu ernst nehmen, können damit in der Regel wenig anfangen.

Ich trug mich viele Jahre lang mit der Absicht, dieses Buch zu schreiben, aber das Leben machte mir immer wieder einen Strich durch die Rechnung. Meine Frau, Marina Park, und ich wurden von unseren drei bezaubernden Kindern – Eve, Claire und Tyler – in Atem gehalten. Die Arbeit an anderen Büchern, darunter *The Knowing-Doing Gap* (mit Jeffrey Pfeffer), lenkte mich ab. Ich fragte mich schon, ob ich wohl jemals dazu käme, dieses Buch über »schräge Ideen« in Angriff zu nehmen, als ich mich, Anfang 1999, mehreren Augenoperationen unterziehen mußte, worauf ich mehrere Wochen lang nur mit Mühe lesen und schreiben konnte. Aber ich konnte weiterhin sprechen! Also nutzte ich diese Zeit, um den Vortrag über die schrägen Ideen, den ich seit Jahren hielt, zu diktieren. Das diktierte Manuskript war eine recht zusammenhanglose Rohfassung. Ich strich etwa 75 Prozent von dem, was ich diktiert hatte, fügte etwa 150 Seiten hinzu, überarbeitete jeden Satz, den ich behielt, und gestaltete den Text völlig um. Als ich jedoch die endgültige Version las, war ich beeindruckt – erstaunt wäre treffender –, wie eng diese Ideen und (vor allem) der Geist, in dem ich sie darstelle, dem Vortrag glichen, den ich an jenem Septembernachmittag des Jahres 1993, an dem mich Jim Adams dazu überredete, meinen ersten Vortrag vor Führungskräften zu halten, auf einer Serviette skizziert hatte.

Als erstes möchte ich Jim Adams dafür danken (und die Schuld daran geben), daß er die Kette von Ereignissen anstieß, die zu diesem Buch führten. Aber er ist nicht der einzige. Ich habe das Glück, zu einem wunderbaren Netzwerk von Personen an der Universität Stanford und darüber hinaus zu gehören, die diese Ideen prägten. Ich möchte in Stanford beginnen: Dieses Buch wäre ohne James March niemals geschrieben worden. Seine vielfältigen Forschungsarbeiten haben zahlreiche meiner Ideen inspiriert. Beginnend mit seinem (zusammen mit Herbert Simon verfaßten) Klassiker *Organizations* im Jahr 1958, gehört Jim zu den produktivsten und einflußreichsten Organisationsforschern aller Zeiten, und obgleich er offiziell von der Universität Stanford emeritiert wurde, ist er noch immer ein anregender Gesprächspartner. Jims Ideen über Erkundung und Verwertung spielten bei der Entwicklung meiner schrägen Ideen eine besonders wichtige Rolle, aber dieses Buch ist auch in vielfältiger anderer Weise von seiner Arbeit und den ergötzlichen und herausfordernden Gesprächen geprägt, die wir im Lauf der Jahre führten.

Dieses Buch wäre auch ohne die Unterstützung meiner Kollegen am Fachbereich Management Science & Engineering, vor allem meiner Kollegen am Center for Work, Technology and Organization (WTO) und dem Stanford Technology Ventures Program, nie geschrieben worden. Steve Barley, der zusammen mit mir das WTO leitet, hat Hunderte von Dingen getan, die es mir ermöglichten, das Buch fertigzustellen, von der Beschaffung von Mitteln über die stellvertretende Teilnahme an Sitzungen für mich bis hin zur Ermunterung und zum Beisteuern eigener Ideen. Steve ist einer meiner besten Freunde, und ich bin ihm dankbar für alles, was er tut. Meine anderen beiden Kollegen am Zentrum, Diane Bailey und Pam Hinds, haben mich ebenfalls unterstützt, und der Elan und die Begeisterung, mit der sie an ihre Arbeit herangehen, spornen mich dazu an, ebenfalls härter zu arbeiten. Paula Wright, unsere Verwaltungsassistentin, hat mir in der ganzen Zeit Hunderte von unangenehmen Pflichten abgenommen. Das Schönste an unserem Zentrum ist die Tatsache, daß die Arbeitszimmer der Promotionsstudenten direkt gegenüber den Büros der Dozenten liegen. Zu diesen erstklassigen Wissenschaftlern und großartigen Menschen gehören Mahesh Bhatia Bart Balocki, Laura Castaneda, Adam Grant, Mark Mortensen, Kelley Porter, Keith Rollagg und Victor Seidel. Fabrizio Ferraro und Sally Fellenzer haben als wissenschaftliche Assistenten hervorragende Arbeit geleistet. Ich bin ihnen allen mit meinen schrägen Ideen ziemlich auf die Nerven gegangen und möchte mich für ihre Geduld bedanken. Meinen besonderen Dank möchte ich Siobhan O'Mahony aussprechen, die mir, mehr als jeder andere, geholfen hat, das Buch zu beenden. Siobhan gräbt unermüdlich exotische Quellen aus, macht hilfreiche Verbesserungsvorschläge und Korrekturen und hat so das Ganze zu einem aufregenden Abenteuer gemacht.

Auch meine Kollegen am Stanford Technology Ventures Program (STVP) haben mich unterstützt. Der charismatische und tatkräftige Gründer und geschäftsführende Leiter dieses Programms, Tom Byers, hat landesweit das erfolgreichste Schulungsprogramm für angehende Existenzgründer ingenieurwissenschaftlicher Fachrichtungen aufgebaut, bei dem auch die Forschung über neue Technologiefirmen und die Förderung der Innovation in etablierten Firmen eine große Rolle spielen. Tom Byers und STVP-Direktorin Tina Selig haben mich nicht nur ermuntert, sondern meine Forschungsarbeiten auch großzügig mit Geldern unterstützt.

Zwar gehöre ich dem Lehrkörper der ingenieurwissenschaftlichen Fakultät der Universität Stanford an, doch ich wurde auch von der betriebswirtschaftlichen Fakultät unterstützt. Ich habe bei Kollegen wie John Rost, Rod Kramer,

Michael Morris, Maggie Neale, Lara Tiedens und Katherine Klein großartige Ideen aufgesammelt. Charles O'Reilly war besonders hilfreich; er weiß über Innovation mehr als jeder andere Wissenschaftler in Stanford, und er war ungewöhnlich großzügig mit seiner Zeit und seinen Ideen. Jeffrey Pfeffer ist mein engster Mitarbeiter und Freund in Stanford. Ich wußte nicht, wie man ein Buch über Unternehmensführung schreibt, bis wir *The Knowing-Doing Gap* schrieben; es war eine großartige Chance, von dem klügsten Kopf in meinem Fachgebiet zu lernen. Ich habe dieses Buch nicht zuletzt deshalb abgeschlossen, damit ich mich jetzt einer Reihe von Projekten mit Jeff zuwenden kann, was immer eine Wonne ist.

Auch Kollegen außerhalb von Stanford haben Einfluß auf dieses Buch genommen. Barry Staw von der Universität von Kalifornien in Berkeley und ich führten im Lauf der Jahre großartige Gespräche über Kreativität. Meine kluge und langjährige Freundin Marjorie Williams von der Harvard Business School Press gab mir wichtige Ratschläge, als dieses Manuskript in einer frühen, unfertigen Fassung vorlag. Gary Hamel und Liisa Valikangas von Strategos lehrten mich neue Lektionen über den Zusammenhang zwischen Strategie und Innovation. Jeff Miller, mit dem und gegen den ich seit 30 Jahren um die Wette segele, erzählte mir von seinem Konzept des »Vu ja de« und ließ es mich stehlen. David Owens von der Vanderbilt-Universität und ich führten Studien über Statuswettbewerbe im Prozeß der Produktentwicklung durch, die viele meiner Ideen über Innovation beeinflußten. Andrew Hargadon von der Universität Florida verdient meinen besonderen Dank. Andy hat mir hin und wieder Einblick in seine eindrucksvolle Fülle von Forschungen über Innovation gewährt; seine unkonventionellen und einfallsreichen Ideen tauchen an vielen Stellen dieses Buches auf.

Die hier vorgestellten Ideen wurden auch durch Gespräche und E-Mail-Kontakte mit zahlreichen Personen beeinflußt, die innovative Tätigkeiten verrichten und managen.

Zu diesen Personen zählen Corey Billington von Hewlett-Packard, John Seely Brown von Xerox PARC, Joe Davila von Homestead, Jeff Hawkins von Handspring, Peter Gaarn von Hewlett-Packard, Ginger Graham von Guidant, Mitchell Kapor von Accel, Justin Kitch von Homestead, Freada Klein von Klein Associates, John Reinertsen und Pete Servold von McDonald's, Mark Shieh und Peter Skillman von Handspring. Ich danke den klugen Köpfen bei Reactivity: Jeremy Henrickson, Carmela Krantz, Graham Miller, Bill Walker, Brian Roddy und insbesondere John Lilly, der das Buch las und kommentierte. Ich danke allen bei IDEO Product Development dafür, daß ich ungestört bei ihnen herumlungern durfte, vor allem Gwen Books, Brendan Boyle, Dennis Boyle, Sean Corcorran, Cliff Jue, Tom Kelley, Chris Kurjan, Bill Moggridge, Whitney Mortimer, Larry Shubert, Craig Syverson, Scott Underwood und Don Westwood, die mir so viel beibrachten. David Kelley, der Gründer und Chairman von IDEO sowie ein Kollege an der ingenieurwissenschaftlichen Fakultät von Stanford, brachte mir mehr als jeder andere darüber bei, wie man ein innovatives Unternehmen aufbaut und am Leben hält; er beantwortete geduldig meine endlosen Fragen und ließ mich in seinem Unternehmen herumschnüffeln. Ich erinnere mich noch immer an unser erstes Gespräch im Jahr 1994: Er gab mir die Liste der Telefonnummern bei IDEO und sagte: »Hier, kontaktieren Sie, wen immer Sie wollen.« Er ahnte vermutlich nicht, daß ich das Angebot sieben Jahre später noch immer nutzen würde!

Mein Agent Michael Carlisle versteht sich nicht nur ausgezeichnet auf sein Metier, auch seine Zielstrebigkeit und sein Optimismus sind eine wahre Freude. Ich bin dankbar für die Hilfe und guten Ratschläge von Michael und anderen Mitarbeitern seines Unternehmens, vor allem Emma Parry. Donald Lamm half mir in so vielerlei Hinsicht, daß seine Berufsbezeichnung »literarischer Agent« (als der er sich nach seinem Ausscheiden als Chairman bei W. W. Norton betätigte) nicht alles abdeckt, was Don für mich getan hat. Don schlug den Titel vor, redigierte das Exposé und das Manuskript und, was am allerwichtigsten ist, verschaffte mir Einblick in das kuriose, aber faszinierende Geschäft des Verlegens von Büchern. Don ist einer der klügsten Menschen, die ich kenne. Ebensoviel Glück hatte ich mit Bruce Nichols, meinem Lektor bei Free Press. Bruce hat mich in subtiler und hartnäckiger Weise dazu gedrängt, das Manuskript in eine Form zu bringen, die ihm sehr zugute gekommen ist. Bruce redigiert mit scheinbar leichter Hand, aber er hat immer wieder meine schlimmsten Schwachpunkte ausgebügelt. Bruce ist genau der richtige Lektor für mich, er legt großen Wert auf Qualität, aber er hat erkannt, daß ich dazu neige, endlos an Texten herumzubasteln, so daß Manuskripte einfach als vollendet erklärt und mit sanftem Druck meinen Händen entwunden werden müssen, wenn sie jemals veröffentlicht werden sollen.

Schließlich möchte ich meiner Familie danken, vor allem Marina, meiner lieben Frau mit dem messerscharfen Verstand, die mir vor so langer Zeit beibrachte, wie man Texte schreibt. Als wir 1976 zusammenzogen, studierte Marina Englisch als Hauptfach, und sie verfügte über eine exzellente sprachliche Ausdrucksfähigkeit. Ich brachte keinen annehmbaren Satz zustande. Marina zeigte mir, wie man sich sprachlich flüssig ausdrückt. Ich danke ihr auch dafür, daß sie mir die Zeit ließ, um das Buch abzuschließen. Ich mußte viel Zeit, die ich ansonsten mit Marina und unseren drei Kindern verbracht hätte, für die Fertigstellung des Buches aufwenden. Eve, Claire und Tyler verdienen den größten Dank. Ich liebe sie und bin ihnen vor allem für die bezaubernden Gespräche darüber dankbar, was verrückt und nicht verrückt ist.

ANMERKUNGEN

KAPITEL I

1 Teague, P., »Father of an Industry«, Design News, 6. März 2000, www.manufacturing.net/magazine/dn/archives/2000/dn0306. 00/feature2.html.

2 March, J. G., »Exploration and Exploitation in Organizational Learning«, *Organization Science* 2, 1991, S. 78–87; viele andere Wissenschaftler, die sich mit Innovation befassen, nehmen eine ähnliche Unterscheidung vor. Vgl. Sitkin, S., Sutcliffe, K. M. und Schroeder, D. G., »Distinguishing Control from Learning in Total Quality Management: A Learning Perspective«, *Academy of Management Review* 19, 1993, S. 537–564; O'Reilly, C., »Corporations, Culture, and Commitment: Motivation and Social Control in Organizations«, *California Management Review* 31, 1989, S. 24–38; Tushman, M. L. und O'Reilly, C., *Winning Through Innovation: A Practical Guide to Leading Organizational Change and Renewal*, Boston 1997; Adams, J. L., *The Care and Feeding of Ideas: A Guide to Encouraging Creativity*, Reading, Mass., 1986; Nemeth, C. J. und Staw, B. M., »The Tradeoffs of Social Control and Innovation in Groups and Organizations«, in: *Advances in Experimental Psychology*, Bd. 22, hg. von Leonard Berkowitz, San Diego 1989, S. 175–310. Obgleich sich diese Ansätze zu einem gewissen Grad voneinander unterscheiden, eignen sich die drei grundlegenden Prinzipien, die hier vorgestellt werden, hervorragend dazu, zwischen Gruppen, die sich auf die Nutzung alter Ideen verstehen, und Gruppen, die neue Ideen generieren, erproben und entwickeln, zu unterscheiden.

3 March, J. G., »Exploration and Exploitation in Organizational Learning«, *Organization Science* 2, 1991, S. 71–87.

4 Watson, J. L., »Transnationalism, Localization, and Fast Foods in East Asia«, in: *Golden Arches East: McDonald's in East Asia*, hg. von James L. Watson, Stanford 1997, S. 1–76.

5 Vgl. zum Beispiel Deming, W. E., *Out of the Crisis*, Cambridge 1986, und Hackman, J. R. und Wageman, R., »Total Quality Management: Empirical, Conceptual and Practical Issues«, *Administrative Science Quarterly* 40, 1995, S. 309–342.

6 Fedarko, K., »Russian Air Roulette: Service On Aeroflot Was Once Considered Just Riotously Bad. These Days, It's Getting Downright Dangerous«, *Time*, 18. April 1994.

7 Nemeth, C. J. und Staw, B. M., »The Tradeoffs of Social Control and Innovation in Groups and Organizations«, in: *Advances in Experimental Psychology*, Bd. 22, hg. von Leonard Berkowitz, San Diego 1989, S. 175–310.

8 Gould, S. J., *Full House. The Spread of Excellence from Plato to Darwin*, New York 1996, S. 229 f.

9 Vgl. unter anderem Hannan, M. T. und Freeman, J., *Organizational Ecology*, Cambridge, Mass., 1990; Campbell, D. T., »Variation and Selective Retention in Sociocultural Evolution«, *General Systems* 16, 1969, S. 69–85; McKelvey, B., *Organizational Systematics: Taxonomy, Evolution, Classification*, Berkeley 1982.

10 Simonton, D. K., *Origins of Genius. Darwinian Perspectives on Creativity*, New York 1999.

11 Vgl. zum Beispiel Allen, T. J., *Managing the flow of Technology*, Cambridge, Mass., 1977; Allen, T. J. und Cohen, D., »Information Flow in Research and Development Laboratories«, *Administrative Science Quarterly* 14, 1969, S. 12–19; DiMaggio, P., »Nadel's Paradox Revisited: Relational and Cultural Aspects of Organizational Structure«, in: *Networks and Organizations: Structure, Form, and Action*, hg. von N. Nohria und R. G. Eccles, Boston 1992; Hargadon, A., »Firms as Knowledge Brokers«, *California Management Review* 40, 1998, S. 209–227; Hargadon, A. und Sutton, R. I., »Technology Brokering and Innovation in a Product Development Firm«, *Administrative Science Quarterly* 42, 1997, S. 716–749; March, J. G., »Exploration and Exploitation in Organizational Learning«, *Organization Science* 2, 1991, S. 71–87; Nemeth, C. J. und Staw, B. M., »The Tradeoffs of Social Control and Innovation in Groups and Organizations«, in: *Advances in Experimental Psychology*, Bd. 22, hg. von Leonard Berkowitz, San Diego 1989, S. 175–310.

12 Millard, A., *Edison and the Business of Invention*, Baltimore 1990, S. 15.

13 Anton, T., *Bold Science*, New York 2000, S. 48.

14 Surowiecki, J., »The Credit Card Kings«, *The New Yorker*, 27. November 2000, S. 74.

15 Brendan Boyle, Interview mit Robert Sutton, Skyline Toys, Palo Alto, Kalifornien, 26. Juli 1999.

16 Die »Furby«, eine technisch ausgefeilte sprechende Spielzeugpuppe, die auf Berührung, Bewegung und Sprachbefehle reagiert, war eines der meistverkauften Neuprodukte in der Vorweihnachtszeit 1998.

17 Zider, B., »How Venture Capital Works«, *Harvard Business Review*, November–Dezember 2000, S. 131–139.

18 Muio, A., »Great Ideas in Aisle 9«, *Fast Company* 33 (April 2000), S. 46.

19 Hackman, J. R. und Wageman, R., »Total Quality Management: Empirical, Conceptual and Practical Issues«, *Administrative Science Quarterly* 40, 1995, S. 309–342.

20 Weick, K. E., »The Collapse of Sensemaking in Organizations: The Mann Gulch Disaster«, *Administrative Science Quarterly* 38, 1993, S. 628–652.

21 Ebenda, S. 633 f.

22 Good, I. J., *The Scientist Speculates*, 1962.

23 Schlender, B., »The Edison of the Internet«, *Fortune*, 15. Februar 1999, S. 85.

24 Diese Informationen über Ettore Sottsass und Sottsass Associates stammen hauptsächlich aus drei Quellen: 1. aus Gesprächen mit dem Mitgründer Marco Zanini in Mailand im April 2000; 2. aus Gesprächen mit dem CEO von IDEO, David Kelley, im Lauf der Jahre, der Sottsass und Zanini jedes Jahr besucht und sich unlängst ein Haus in Woodside, Kalifornien, von ihm entwerfen ließ, und 3. aus Milco, C., *The Work of Ettore Sottsass and Associates*, New York 1999. Siehe auch unter www.sottsass.com.

25 Sittenfeld, C., »This Old House is a Home for Ideas«, *Fast Company*, 1999: http://www.fastcompany.com/online/26/brighthouse.html, heruntergeladen am 16. November 2000.

26 http://www.marketingadvantage.co.uk/teabags.htm.

27 http://www.vdbfoods.co.uk/education/brook_adpg.htm.

28 Langer, E. J., »Minding Matters: The Consequences of Mindlessness-Mindfulness«, in: *Advances in Experimental Social Psychology*, hg. von Leonard Berkowitz, New York 1989, S. 137–173.

29 Teague, P., »Father of an Industry«, *Design News*, 6. März 2000, www.manufacturing.net/magazine/dn/archives/2000/dn0306.00/feature2.html.

30 Ebenda.

31 Buderi, R., *Engines of Tomorrow*, New York 2000.

32 Vortrag von William E. Coyne, Motorola-Universität, Schaumburg, Illinois, 11. Juli 2000.

33 John Seely Brown, Leiter von Xerox PARC von 1990 bis 2000, Gespräch in Palo Alto, Kalifornien, 16. Juli 2000.

34 Zajonc, R., »Emotions«, in: *The Handbook of Social Psychology*, hg. von D. T. Gilbert, S. T. Fiske und G. Lindzey, New York 1998, S. 594–634.

35 Ebenda, S. 614.

36 Ebenda.

KAPITEL 2

1 Miller, H., »Why don't you try to write?«, in: *Creators on Creating*, hg. von F. Barron, A. Montuori und A. Barron, New York 1997, S. 27–30.

2 Rabino, P., *Making PCR: A Story of Biotechnology*, Chicago 1996, S. 6 f.

3 Ich verwende das Wort »Idee« hier im allgemeinsten Sinne. Eine neue Live-Performance, eine neue Methode, sich die Ohren zu säubern, der Palm-V-Computer und die Relativitätstheorie wären beispielsweise in den Augen der Menschen, die sie als neu und nützlich erachten, kreative Ideen.

4 Lubow, A., »Mom & Me«, *Inc. Online*, April 1999, S. 54. http://www.inc500.com/incmagazine/archives/04990541.html.

5 Meine Definition von Kreativität, die deren subjektive Aspekte betont, deckt sich weitgehend mit der Definition von Teresa Amabile. Vgl. Amabile, T., *Creativity in Context*, Boulder, Colorado, 1996. Vgl. für andere Definitionen von Kreativität Sternberg, R. J., *Handbook of Creativity*, Cambridge 1999, und Adams, J. L., *Conceptual Blockbusting: A Guide to Better Ideas*, Reading, Mass., 1986.

6 Vgl. zu diesen Wissensbrokern Hargadon, A. und Sutton, R. I., »Building an Innovation Factory«, *Harvard Business Review*, Mai–Juni 2000; Hargadon, A., »Firms as Knowledge Brokers«, *California Management Review* 40, 1998, S. 209–227, und Hargadon, A. und Sutton, R. I., »Technology Brokering and Innovation in a Product Development Firm«, *Administrative Science Quarterly* 42, 1997, S. 716–749.

7 Diese Informationen über Edge Innovation stammen aus einem Interview, das ich am 16. Februar 1995 mit Walt Conti, Ty Boyce und anderen Mitgliedern des Designteams führte, aus Patton, P., »Whale Tale«, *I. D. Magazine*, November 1993, S. 56–91, aus einem Interview mit dem Edge-Investor David Kelley am 2. November 1999 und von ihrer Website http://www.edgeinnovations.com.

8 Diese Information ist dem Transkript eines Interviews entnommen, das Gary Hamel mit Martin van Zwanenberg führte und das mir Hamel freundlicherweise zur Verfügung stellte.

9 Diese Informationen über die Erfindung von »Play Doh« stammen aus zahlreichen Gesprächen, die Sally Fellzenger mit Kathryn Zufall und Robert Zufall führte; aus einem Brief von Kathryn und Robert Zufall an Sally Fellzenger vom Dezember 1998; aus »Popular Play-

Doh Turns 30 This Year«, *Baltimore Sun*, 7. Oktober 1985, 1B, 3B; www.yippeee.com und www.hasbro.com.

10 Barboza, D., »Living and Learning at Dishwater U.«, *New York Times*, 12. September 2000.

11 Kling, J., »From Hypertension, to Angina, to Viagra«, *Modern Drug Discovery*, November/Dezember 1998, S. 1, 31, 33 f., 36, 38.

12 Villarosa, L., »Remedies for Hair Loss«, *The New York Times on the Web*, 20. Oktober 1998.

13 Reid, R., *Architects of the Web: 1000 Days that Built the Future of Business*, New York 1997, S. 113.

14 Ebenda.

15 Billington, C., »The Language of Supply Chains«, *Supply Chain Management Review*, Sommer 2000, S. 86–92.

16 Corey Billington, Interview mit Robert Sutton, Palo Alto, Kalifornien, 26. Oktober 2000.

17 Singh, S., *Fermat's Enigma*, New York 1997; *The Proof*, ein Film, den John Lynch geschrieben und produziert hat und bei dem Simon Singh Regie führte. Executive Producer: Paula S. Apsell. Eine Koproduktion von BBC TV und WGBH Boston.

18 Anton, T., *Bold Science*, New York 2000.

19 http://www.celera.com/coporate/about/press_releases/celera 062600_2.html, heruntergeladen am 20. August 2000.

20 Anton, T., a. a. O., S. 29.

KAPITEL 3

1 Simonton, D. K., *Origins of Genius*, New York 1999, S. 121.

2 March, J. G., »Exploration and Exploitation in Organizational Learning«, *Organization Science* 2, 1991, S. 71–87. Zitat von S. 74.

3 Kahn, R., Wolfe, L., Quinn, D. M., Snoek, R. P., Diedrick, J. und Rosenthal, R. A., *Organizational Stress: Studies in Role Conflict and Ambiguity*, New York 1964, S. 150 f.

4 MacFarquhar, L., »The Gilder Effect«, *The New Yorker*, 29. Mai 2000, S. 103–111.

5 Vgl. zum Beispiel, March, J. G., »Exploration and Exploitation in Organizational Learning«, *Organization Science* 2, 1991, S. 71–87.

6 Für eine ausführliche Übersicht über diese Arbeiten vgl. Snyder, M., *Public Appearances, Private Realities: The Psychology of Self-Monitoring*, New York 1987.

7 Ebenda, S. 14.

8 Gleick, James, *Richard Feynman – Leben und Werk des genialen Physikers*, München 1993.

9 Feynman, R.P., *»Kümmert Sie, was andere Leute denken?« – Neue Abenteuer eines neugierigen Physikers*, München 1996.

10 Gleick, J., *Richard Feynman – Leben und Werk des genialen Physikers*, a.a.O., S.457.

11 Feynman, R.P., *»Kümmert Sie, was andere Leute denken?«*, a.a.O., S.112.

12 Gleick, J., *Richard Feynman – Leben und Werk des genialen Physikers*, a.a.O., S.617.

13 Chatman, J.A., »Matching People and Organizations. Selection and Socialization in Public Accounting Firms«, *Administrative Science Quarterly* 36, 1991, S.459–484.

14 Brockner, J., *Self-Esteem at Work: Research, Theory, and Practice*, Lexington, Mass., 1998, S.27.

15 Watson, J.D., *The Double Helix*, New York 1968.

16 Ebenda, S.13.

17 Garbarini, V., Cullman, B. und Graustak, B., mit einem Vorwort von Dave Marsh, *Strawberry Fields Forever: John Lennon Remembered*, New York 1980, S.99.

18 March, J.G., »The Future, Disposable Organizations, and the Rigidities of Imagination«, in: *The Pursuit of Organizational Intelligence*, hg. von J.G.March, Malden, Mass., 1999, S.179–192.

19 Hiltzik, M., *Dealers of Lightning: Xerox PARC and the Dawn of the Computer Age*, New York 1999.

20 Ebenda, S.127.

21 Ebenda, S.144.

22 Zum Beispiel Smith, D.K. und Alexander, R.C., *Fumbling the Future: How Xerox Invented, Then Ignored, the First Personal Computer*, New York 1988; Cringly, R.X., *Accidental Empires*, New York 1992; »Xerox Won't Duplicate Past Errors«, *Business Week*, 29.September 1997, S.98; *Triumph of the Nerds*, ausgestrahlt auf PBS, 12.Juni 1996.

23 Anton, T., *Bold Science*, New York 2000, S.7.

24 Simonton, D.K., *Origins of Genius*, New York 1999, S.121.

25 Ebenda.

26 Waldroop, J. und Butler, T., *Maximum Success*, New York 2000.

27 So beschrieb zum Beispiel der Psychologe Tony Attwood, der das Buch *Asperger's Syndrome: A Guide for Parents and Professionals* (Bristol 1998) schrieb, die weitgehenden Entsprechungen zwischen Einsteins Verhalten und den kennzeichnenden Merkmalen des Asper-

ger-Syndroms (http://www.tonyattwood.com/issues.htmm, heruntergeladen am 10. August 2000).

28 Gleick, J., *Richard Feynman*, a.a.O.

29 Garbarini, V., Cullman, B. und Graustak B., *Strawberry Fields Forever:
John Lennon Remembered*, a.a.O.

30 Ebenda, S. 46.

31 Ebenda, S. 47.

32 Giuliano, G., *The Beatles: A Celebration*, New York 1986, S. 203.

KAPITEL 4

1 Vgl. für Überblicksdarstellungen: Cialdini, R.B., *Influence: the Psychology of Persuasion*, New York 1993, Kapitel 5; William, K.Y.
und O'Reilly, C.A., »Demography and Diversity in Organizations:
A Review of 40 Years of Research«, in: *Research in Organizational
Behavior*, Bd. 20, hg. von B. M. Staw und L. L. Cummings, Stamford
1998; Pfeffer, J., »Organizational Demography« in: *Research in Organizational Behavior*, Bd. 5, hg. von L. L. Cummings und B. M. Staw,
Greenwich 1983, S. 299–357; Pfeffer, J., *New Directions for Organization Theory: Problems and Prospects*, New York 1997, Kapitel 4.

2 Kanter, R. M., *Men and Women of the Corporation*, New York 1977.

3 Ebenda, S. 48.

4 Ebenda.

5 Leiber, Ron, »Feat of Clay«, *Fast Company*, April 2000, S. 230–244.

6 Young, J., *Steve Jobs: The Journey is the Reward*, New York 1988.

7 Ebenda, S. 137.

8 Cialdini, R. B., *Influence: The Psychology of Persuasion*, New York
1993, S. 173 f.

KAPITEL 5

1 Justin Kitch, Interview mit Robert Sutton und Jeffrey Pfeffer am Sitz
von Homestead.com in Menlo Park, Kalifornien, 13. Januar 2000.

2 Diese Zitate und andere Informationen stammen aus einem Gespräch,
das ich am 22. Juli 1999 mit David Kelley führte.

3 Ebenda.

4 Diese Zitate und damit zusammenhängende Informationen stammen
aus mehreren Gesprächen, die ich im Juli 1999 am Firmensitz von
IDEO mit Tom Kelley führte.

5 Meindl, J.R., Ehrlich, S.B., Dukerich, J.M., »The Romance Of Leadership«, *Administrative Science Quarterly* 30, 1985, S.78–102; Meindl, J.R., »On Leadership: An Alternative to Conventional Wisdom«, in: *Research in Organizational Behavior*, Bd.12, hg. von B.M.Staw und L.L.Cummings, Greenwich 1990, S.159–204.

6 Hiltzik, M., *Dealers of Lightning*, New York 1999, S.232.

7 Ebenda, S.234.

8 Ebenda.

9 Ebenda, S.240.

KAPITEL 6

1 Für Überblicksdarstellungen über die Forschungen zur Zuverlässigkeit (Reliabilität) und Gültigkeit (Validität) des Auswahlgesprächs vgl. Arvey, R.P. und Campion, J.E., »The Employment Interview: A Summary and Review of Recent Research«, *Personal Psychology* 35, 1982, S.281–322; Eder, R.W. und Ferris, G.R., *The Employment Interview: Theory, Research, and Practice*, Newbury Park 1989; Borman, W.C., Hanson, M.A. und Hedge, J.W., »Personal Selection«, *Annual Review of Psychology* 48, 1997, S.299–337. Die meisten Autoren, die das einschlägige Schrifttum kritisch sichten, gelangen zu dem Schluß, daß das Auswahlgespräch wenig darüber aussagt, welche Bewerber später die gestellten Leistungsanforderungen gut bzw. schlecht erfüllen. Selbst die wenigen Autoren, die behaupten, das typische Vorstellungsgespräch sei ein nützliches Instrument zur Auswahl der geeigneten Bewerber, räumen ein, daß dies nur mit Einschränkungen gelte.

2 Svenson, O., »Are we all risky and more skillful than our fellow drivers?«, *Acta Psychologia* 47, 1981, S.143–148.

3 Cringely, R.X., *Accidental Empires*, New York 1996, S.11.

4 Charlton, J., *The Executives Quotation Book*, New York 1983, S.74.

5 Anderson, C.W., »The relation between speaking times and decision in the employment interview«, *Journal of Applied Psychology* 44, 1960, S.267 f.

6 Vgl. dazu Sternberg, R.J. (Hg.), *Wisdom: Its Nature, Origins, and Development*, Cambridge, England, 1990, und darin insbesondere der Essay von Meacham, J.A., »The Loss of Wisdom«, S.181–211, und Meacham, J.A., »Wisdom and the Context of Knowledge: Knowing What One Doesn't Know«, in: *On the Development of Developmental Psychology*, hg. von D.Huhn und J.A.Meacham, Basel 1983, S.111–134.

KAPITEL 7

1 Kotter, J. und Heskett, J., *Die ungeschriebenen Gesetze der Sieger – Erfolgsfaktor Firmenkultur*, Düsseldorf/Wien 1993, S.18.

2 Coyne, W., »3M: ›Vision is the engine that drives our enterprise‹« in: *Innovation: Breakthrough Thinking at 3M, DuPont, GE, Pfizer, and Rubbermaid*, hg. von R.M. Kaner, J. Kao und F. Wiersema, New York 1997, S.51

3 Vgl. zum Beispiel Ash, M.K., *Mary Kay on People Management*, New York 1984; »The Men's Wearhouse: Success in a Declining Industry«, Fallstudie HR-5, Graduate School of Business, Stanford-Universität, Palo Alto 1997; O'Reilly III, C.A. und Pfeffer, J., *Hidden Value*, Boston 2000.

4 Vgl. zum Beispiel O'Reilly, C., »Corporations, Culture, and Commitment: Motivation and Social Control in Organizations«, *California Management Review* 31, 1989, S.24–38.

5 Chatman, J.A., »Matching People and Organizations: Selection and Socialization in Public Accounting Firms«, *Administrative Science Quarterly* 36, 1991, S.459–484.

6 Vgl. »New United Motors Manufacturing, Inc. (NUMMI)«, Fallstudie HR-11, Graduate Schoof of Business, Stanford-Universität, Palo Alto 1998.

7 Ebenda, S.2.

8 Ebenda, S.3.

9 March, J.G., »Exploration and Exploitation in Organizational Learning«, *Organization Science* 2, 1991, S.71–87.

10 Bowen, D.E., Ledford, G.E. und Nathan, B.R., »Hiring for the Organization, not the Job«, *Academy of Management Executive* 5, 1991, S.35–51.

11 Ebenda, S.35.

12 Sitkin, S., »Learning Through Failure: A Strategy of Small Loses«, in: *Research in Organizational Behavior*, Bd.14, hg. von B.M. Staw und L.L. Cummings, Greenwich 1992, S.231–266.

13 Diese Informationen stammen aus einer Reihe von zwölf Interviews, die Stephen Barley, Jeffrey Martin und Robert Sutton im Januar und Februar 1999 in diesem Unternehmen führten; außerdem aus Archivinformationen, die uns von Mitarbeitern des Unternehmens zur Verfügung gestellt wurden, und aus einem Beitrag in einem Branchenmagazin. Ich kann keine weiteren Informationen über dieses Unternehmen preisgeben, weil uns die Interviews nur unter der Voraussetzung gegeben wurden, daß wir dessen Identität geheimhalten.

14 Deutsch, C.H., »Software That Can Make a Grown Company Cry«, *New York Times*, 8.November 1998.

15 Pfeffer, J. und Salacik, G.R., *The External Control of Organizations: A Resource Dependence Perspective*, New York 1978.

16 Kirkpatrick, D., »IBM: From big Blue Dinosaur to E-Business Animal«, *Fortune*, 26.April 1999.

17 Burrows, P. und Elstrom, P., »HP's Carly Fiorina: The Boss«, *Business Week*, 2.August 1999.

18 Carly Fiorina, »Art of Reinvention in the New Economy«, Rede in Chicago, 17.April 2000; der Text der Rede ist zugänglich unter: www.hp.com/ghp/ceo/speeches/reinvent.html.

19 Steve Jobs, Rede am DeAnza College's Flint Center, Cupertino, Kalifornien, 6.Mai 1998.

20 »Blurb Buddies«, *Fast Company*, Dezember 1998, S.54.

21 http://disney.go.com/DisneyWorld/DisneyInstitute/Professional Programms/Disney_Difference/index.html.

22 Pfeffer, J. und Sutton, R.I., *The Knowing-Doing Gap: How Smart Companies Turn Knowledge into Action*, Boston 1999.

23 Cummings, A. und Oldham, G.R., »Enhancing Creativity: Managing Work Contexts for the Hig Potential Employee«, *California Management Review* 40, 1997, S.22–38.

24 Kirton, M.J., *Adaptors and Innovators*, London 1989; Kirton, M.J., »Adaptors and Innovators: A Description and Measure«, *Journal of Applied Psychology* 61, 1976, S.622–629; und Keller, R.T., »Predictors of the Performance of Project Groups in R&D Organizations«, *Academy of Management Journal* 29, 1986, S.715–726.

25 Sutton, R.I., Eisenhardt, K.M. und Jucker, J.V., »Managing Organizational Decline: Lessons from Atari«, *Organizational Dynamics* 14, 1986, S.17–29.

26 Interview mit Pamela Epstein und Robert Sutton, Stanford-Universität, 1.August 1984.

27 Indrema-Präsentation, Bay Area Linux Users Group, San Francisco, 19.September 2000.

28 Coyne, »3M«, a.a.O., S.43–63.

29 Packard, D. mit D.Kirby und K.Lewis, *Die Hewlett-Packard-Story – Wie Bill Hewlett und ich unser Unternehmen aufbauten*, Frankfurt/New York 1996, S.109f.

30 Maas, P., *The Terrible Hours: The Man Behind the Greatest Submarine Rescue in History*, New York 1999.

31 Ebenda, S.65.

32 Ebenda, S.106.

33 Coyne, W.E., »3M«, a.a.O., S.50.

34 Leiber, R., »Feat of Clay«, *Fast Company*, April 2000, S.230–244.

35 Ebenda, S.244.

36 Fishman, C., »Creative Tension«, *Fast Company*, November 2000, S.372.

37 Ebenda.

38 O'Mahony, S., unveröffentlichtes Interview mit einem anonymen Programmierer, der der San Francisco Bay Area Linux Group angehört, Juli 2000.

39 Seabrook, John, »Rocking in Shangri-la«, *The New Yorker*, 10.Oktober 1994, S.64–78, Zitate von S.66.

40 Ebenda, S.68.

41 Reid, R., *Architects of the Web: 1000 Days that Built the Future of Business*, New York 1997, S.121.

42 Ebenda.

KAPITEL 8

1 Hirshberg, J., *The Creative Priority*, New York 1998, S.30.

2 Lowery, N. und Johnson, D.W., »Effects of Controversy on Epistemic Curiosity, Achievement, and Attitudes«, *Journal of Social Psychology* 115, 1981, S.31–43.

3 Charlton, J., *The Executive Quotation Book*, New York 1983, S.30.

4 Vgl. zum Brainstorming und ähnlichen Verfahren der Ideenfindung Adams, J.L., *The Care and Feeding of Ideas: A Guide to Encouraging Creativity*, Reading, Mass., 1986; Osborn, A.F., *Applied Imagination*, 3.Aufl., New York 1963; Sutton, R.I. und Hargadon, A., »Brainstorming Groups in Context: Effectiveness in a Product Design Firm«, *Administrative Science Quarterly* 41, 1996, S.685–718; und Van de Ven, A.H. und Delbeq, A.L., »The Effectiveness of Nominal, Delphi, and Interacting Group Decision-making Processes«, *Academy of Management Journal* 17, 1974, S.605–621.

5 Peter Skillman äußerte dieses Argument erstmals in einem Interview, das ich im April 1995 mit ihm führte, als er bei IDEO Product Development arbeitete. Unlängst sprach ich mit ihm bei seinem jetzigen Arbeitgeber, Handspring, über Brainstorming, und er berichtete, daß er weiterhin dieselben Verfahren anwende.

6 Jehn, K.A., »A Multi-method Examination of the Benefits and Detriments of Intragroup Conflicts«, *Administrative Science Quarterly* 40, 1995, S.271.

7 Eisenhardt, K. , Kahwajy, J. L. und Bourgeois III, L. J., »How Management Teams Ca Have a Good Fight«, *Harvard Business Review*, Juli/August 1997, S. 82.

8 Hiltzik, M., *Dealers of Lightning*, New York 1999.

9 Ebenda, S. 16 f.

10 Ebenda, S. 145.

11 Ebenda, S. 147.

12 Ebenda, S. 17.

13 Kurtzberg, T. R., »Group Conflict and Creativity«, Dissertation, Kellogg School of Management, Northwestern University, 2000.

14 Vgl. zum Beispiel Watson, D. und Clark, L. A., »Negative Affectivity: The Disposition to Experience Aversive Emotional States«, *Psychological Bulletin* 96, 1984, S. 465–490; und Staw, B. M. und Ross, J., »Stability in the Midst of Change: A Dispositional Approach to Job Attitudes«, *Journal of Applied Psychology* 70, 1985, S. 469–480.

15 Staw, B. M., Bell, N. E. und Clausen, J. A., »The Dispositional Approach to Job Attitudes: A Lifetime Longitudinal Test«, *Administrative Science Quarterly* 31, 1986, S. 56–77.

16 McGhee, P. E. und Goldstein, J. H., *Handbook of Humor Research: Basic Issues*, Bd. 1, New York; und McGhee, P. E. und Golstein, J. H., *Handbook of Humor Research: Applied Studies*, Bd. 2, New York 1991.

17 Vgl. Sutton, R. I. und Callahan, A. L., »The Stigma of Bankruptcy: Spoiled Organizational Image and Its Management«, *Academy of Management Journal* 30, 1987, S. 6.

18 Eisenhardt, K., Kahwajy, J. L. und Bourgeois III, L. J., »How Management Teams Can Have a Good Fight«, *Harvard Business Review*, Juli/August 1997, S. 77–85.

19 Ebenda, S. 81.

20 Zajonc, R. B., »Emotion and Facial Efference: An Ignored Theory Reclaimed«, *Science* 228, April 1985, S. 15–21; und Zajonc, R. B., Murphy, S. T. und Inglehart, M., »Feeling and Facial Efference: Implications of the Vascular Theory of Emotion«, *Psychological Review* 96, 1989, S. 395–416.

21 Anderson, C. A., »Temperature and Aggression: Ubiquitous Effects of Heat on the Occurrence of Human Violence«, *Psychological Bulletin* 106, 1989, S. 74–96; Baron, R., *Human Aggression*, New York 1977; und Griffitt, W., »Environmental Effects on Interpersonal Affective Behavior: Ambient-Effective Temperature and Attraction«, *Journal of Personality and Social Psychology* 15, 1970, S. 240–244.

22 Isen, A. M., Daubman, K. A. und Nowicki, G. P., »Positive Affect Faci-

litates Creative Problem Solving«, *Journal of Personality and Social Psychology* 52, 1987, S. 1122–1131; und Isen, A. M., Johnson, M. M., Mertz, E. und Robinson, G. F., »The Influence of Positive Affect on the Unusualness of Word Associations«, *Journal of Personality and Social Psychology* 48, 1985, S. 1413–1426.

23 Isen, A. M. und Baron, R. A., »Positive Affect as a Factor in Organizational Behavior«, in: *Research in Organizational Behavior*, Bd. 13, hg. von L. L. Cummings und B. M. Staw, Greenwich 1991, S. 21.

24 Vgl. Seligman, M. E. P., *Helplessness*, San Francisco 1975; Abramson, L. Y., Seligman, M. E. P. und Teasdale, J. D., »Learned Helplessness in Humans: Critique and Reformulation«, *Journal of Abnormal Psychology* 87, 1987, S. 32–48; und Seligman, M. E. P. und Schulman, P., »Explanatory Style as a Predictor of Productivity and Quitting Among Life Insurance Sales Agents«, *Journal of Personality and Social Psychology* 50, 1986, S. 832–838.

25 Vgl. Taylor, S. E., *Positive Illusions*, New York 1989; und Taylor, S. E. und Brown, J. D., »Illusion and Well-being: A Social Psychological Perspective on Mental Health«, *Psychological Bulletin* 103, 1988, S. 193–210.

26 Isen, A. M. und Geva, N., »The Influence of Positive Affect on Acceptable Level of Risk: The Person with a Large Canoe has a Large Worry«, *Organization Behavior and Human Decision Processes* 39, 1987, S. 145–154; und Isen, A. M. und Patrick, R., »The Influence of Positive Affect on Risk Taking: When the Chips Are Down«, *Organization Behavior and Human Performance* 31, 1983, S. 194–202.

27 Roberts, D. R., »The Influence of Emotional State on Decision-Making Under Risk«, Dissertation, Graduate School of Business, Stanford-Universität, 1993.

28 Hatfield, E., Cacioppo, J. T und Rapson, R. L., *Emotional Contagion*, Cambridge 1994; und Colligan, M. J., Pennebaker, J. W. und Murphy, L. R., *Mass Psychogenic Illness: A Social Psychological Analysis*, Hillsdale 1982.

KAPITEL 9

1 Kriegal, R. und Brandt, D., *Sacred Cows Make the Best Burgers*, New York 1996, S. 97.

2 Seabrook, J., »Rocking in Shangri-la«, *The New Yorker*, 10. Oktober 1994, S. 73.

3 Simonton, D. K., »Creativity as Heroic: Risk, Failure, and Acclaim«, in:

Creative Action in Organizations, hg. von C.M.Ford und D.A.Gioia, Thousand Oaks 1995, S.88.

4 Peters, T., *Thriving on Chaos*, New York 1987.

5 Pfeffer, J. und Sutton, R.I., *The Knowing-Doing Gap: How Smart Companies Turn Knowledge into Action*, Boston 2000, S.131.

6 Power, C., »Why So Many Flops?«, *Business Week*, 16.August 1993.

7 Peters, T., *Thriving on Chaos*, S.315.

8 Seabrook, »Rocking in Shangri-la«, a.a.O.

9 Sitkin, S., »Learning Through Failure: The Strategy of Small Loses«, in: *Research in Organizational Behavior*, Bd.14, hg. von B.M.Staw und L.L.Cummings, Greenwich 1992, S.253.

10 Bennis, W. und Nanus, *Leaders: Strategies for Taking Charge*, New York 1997, S.70.

11 Lohr. S., »Belluzo to Microsoft: Ex-CEO of SGI Will Head Software Giant's Net Operations«, *San Jose Mercury News*, 25.August 1999, 2C. Dieser Beitrag stammte vom Nachrichtendienst der *New York Times*.

12 Bosk, C., *Forgive and Remember: Managing Medical Failure*, Chicago 1979, S.178.

13 David, S., »Crank It Up«, *Wired*, 8.August 2000, S.184–197.

14 Hastings, D.F., »Lincoln Electric's Harsh Lessons from International Expansion«, *Harvard Business Review*, Mai/Juni 1999, S.178.

15 Simonton, »Creativity as Heroic ...«, a.a.O.

16 Ebenda, S.88.

17 Pfeffer, J. und Sutton, R.I., »The Smart Talk Trap«, *Harvard Business Review*, Mai/Juni 1999, S.135–142.

18 Ich kann keine Informationen preisgeben, die die Identität dieses Unternehmens verraten würden. Tatsächlich habe ich ein paar beiläufige Fakten verändert, um die Identität des Unternehmens und der Teammitglieder besser zu schützen.

19 Peacock, E., »Monica Mazzei«, *Wallpaper*, Juli 2000, S.31.

20 Anonym, »Bringing Balance: Yin-Yang for Helios«, unveröffentlichter Fallbericht, Department of Industrial Engineering and Engineering Management, Stanford-Universität 1998.

KAPITEL 10

1 March, J.G., »The Future, Disposable Organizations, and the Rigidities of Imagination«, Vortrag auf der Jahrestagung der Academy of Management in Vancouver, B.C., August 1995.

2 Koppell, T., *Powering the Future*, New York 1999, S.263.

3 Merton, R.K., »The Self-fulfilling Prophecy«, *Antioch Review*, 1948, Bd.8, S.193–210.

4 Rede des Nokia-Vorstandschefs Jorma Ollila an der Stanford Business School, 6.März 2001.

5 De Santillana, G., *Crime of Galileo*, Chicago 1978.

6 Howard, F., *Wilbur and Orville: A Biography of the Wright Brothers*, New York 1998.

7 Cerf, C. und Navasky, V., *The Experts Speak: The Definitive Compendium of Authoritative Misinformation*, New York 1998, S.228.

8 Ebenda, S.330.

9 March, J.G., »Wild Ideas: The Catechism of Heresy«, in: *The Pursuit of Organizational Intelligence*, S.226.

10 Rutan, B., »Breakthroughs: When and Why They Happen«, Rede auf der Innovative Thinking Conference, Scottsdale, Arizona, 8.Februar 2001.

11 Talbot, M., »The Placebo Prescription«, *The New York Times Magazine*, 9.Januar 2000.

12 Ebenda, S.27.

13 Vgl. Rosenthal, R. und Rubin, D.B., »Interpersonal Expectancy Effects. The First 345 Studies«, *Behavioral and Brain Sciences* 3, 1978, S.377–386. Rosenthal, R. und Jacobson, L., *Pygmalion in the Classroom: Teacher Expectations and Pupils' Intellectual Development*, New York 1968; Livingston, J.S., »Pygmalion in Management«, *Harvard Business Review* 47, 1969, S.81–89; und Eden, D., »Self-Fulfilling Prophecy as a Management Tool: Harnessing Pygmalion«, *Academy of Management Review* 9, 1984, S.64–73; Eden, D., *Pygmalion in Management: Productivity as a Self-Fulfilling Prophecy*, Lexington, Mass., 1990.

14 Eden, D. und Shani, A.B., »Pygmalion Goes to Boot Camp: Expectancy, Leadership and Trainee Performance«, *Journal of Applied Psychology* 67, 1982, S.194–199.

15 Rubin, H., »Art of Darkness«, *Fast Company*, Oktober 1998, S.132.

16 Koppell, *Powering the Future*, a.a.O.

17 Ebenda, S.185.

18 Maas, P., *The Terrible Hours: The Man Behind the Greatest Submarine Rescue in History*, New York 1999.

19 Weingartner, F., *Motorola: A Journey Through Time and Technology*, Schaumburg 1994.

20 Barboza, D., »Iridium, Bankrupt, Is Planning a Fiery Ending for Ist 88 Satellites«, *The New York Times*, 11.August 2000, C1, C5.

21 Freedman, D.H., »This Is Rocket Science«, *Inc.*, Juli 2000, S.75–88.

22 Ebenda, S.76.

23 Ebenda, S.82.

24 Nyberg, D., *The Varnished Truth*, Chicago 1993, und Bok, S., *Secrets: On the Ethics of Concealement and Revelation*, New York 1984.

KAPITEL 11

1 Anton, T., *Bold Science*, New York 2000, S.62.

2 Branson, R., *Losing My Virginity*, New York 1998, S.153.

3 Ebenda, S.154.

4 Ebenda, S.156.

5 Vgl. www.homestead.com.

6 Justin Kitch, Interview mit Robert Sutton und Jeffrey Pfeffer am Sitz von Homestead.com in Menlo Park, Kalifornien, 13.Januar 2000.

7 Jensen, A., »Why the Best Technology for Escaping from a Submarine Is No Technology«, *American Heritage of Invention and Technology*, Sommer 1968, S.44–49.

8 Osborn, A.F., *Applied Imagination*, 3.Aufl., New York 1963.

9 Ebenda, S.155.

10 Ebenda, S.156.

11 McGrath, J.E., *Groups: Interaction and Performance*, Englewood Cliffs 1984; und Offner, A.K., Kramer, T.J. und Winter, J.P., »The Effects of Facilitation, Recording, and Pauses on Group Brainstorming«, *Small Group Research* 27, 1996, S.283–298.

12 Sutton, R.I. und Hargadon, A., »Brainstorming Groups in Context: Effectiveness in a Product Design Firm«, *Administrative Science Quarterly* 41, 1996, S.685–718.

13 Vorhaus, J., *Creativity Rules: A Writers Handbook*, Los Angeles 2000.

14 Ebenda, S.14.

15 Ebenda, S.15.

16 Pfeffer, J. und Sutton, R.I., *The Knowing-Doing Gap: How Smart Companies Turn Knowledge into Action*, Boston 2000.

17 Behrens, S., »We'll Look Back on this Old Barney: An Early Input-Output Gizmo You Could Hug«, *Current Online*, 19.Januar 1998, www.current.org/tech/tech801b.html.

18 Ebenda.

19 Wherry, R., »Dumb and Dumber«, *Forbes*, 10.Januar 2000, www.forbes.com/forbes/00/0110/6501056a.htm.

20 Ebenda.

21 Stern, J. und Stern, M., *Pet Rocks: Encyclopedia of POP Culture*, New York 1992. Siehe auch die Pet-Rock-Seite unter www.virtualpet.com/vp/farm/petrock/Petrock.htm.

22 Langer, E.J., »Minding Matters: The Consequences of Mindlessness-Mindfulness«, in: *Advances in Experimental Social Psychology*, hg. von L.Berkowitz, New York 1989, S.137–173.

23 Ebenda.

24 Zajonc, R.A., »Emotions«, in: *Handbook of Social Psychology*, hg. von D.T.Gilbert, S.T.Fiske und G.Lindsey, New York 1998, S.591–634.

25 Schweiger, D.M., Sandberg, W.R. und Rechner, P.L., »Experiential Effects of Dialectical Inquiry, Devil's Advocacy, and Consensus Approaches to Strategic Decision Making«, *Academy of Management Journal* 32, 1989, S.745–772.

26 Janis, I.L., *Crucial Decisions: Leadership in Policymaking and Crisis Management*, New York 1989, S.279.

27 Freiberg, K. und Freiberg, J., *Nuts: Southwest Airlines' Crazy Recipe for Business and Personal Success*, New York 1998.

28 Anton, T., *Bold Science*, New York 2000.

29 Ebenda, S.62.

30 McGhee, P.E. und Goldstein, J.H., *Handbook of Humor Research: Basic Issues*, Bd.1, New York; und McGhee, P.E. und Goldstein, J.H., *Handbook of Humor Research: Applied Studies*, Bd.2, New York 1991.

31 MacKenzie, G., *Orbiting the Giant Hairball: A Coporate Fool's Guide to Surviving With Grace*, New York 1996.

32 Ebenda, S.122.

KAPITEL 12

1 Sitkin, S., Sutcliffe, K.M. und Schroeder, D.G., »Distinguishing Control from Learning in Total Quality Management: A Learning Perspective«, *Academy of Management Review* 19, 1993, S.537–564.

2 Aus einer Rede von William E. Coyne an der Motorola-Universität in Schaumburg, 11.Juli 2000.

3 Asakura, R., *Revolutionaries at Sony*, New York 2000, S.42.

4 Zajonc, R., »Social Facilitation«, *Science* 149, Juli 1965, S.269–274.

5 Mullen, B., Johnson, C. und Salas, E., »Productivity Loss in Brainstorming Groups: A Meta-Analytic Integration«, *Basic and Applied Psychology* 12, 1991, S.2–23. Vgl. zum Beispiel McLaughlin, J.B.

und Reisman, D., »The Shady Side of Sunshine«, *Teachers College Record* 87, 1986, S. 472–494; Sutton, R. I. und Galunic, D. C., »Consequences of Public Scrutiny for Leaders and Their Organizations«, in: *Research in Organizational Behavior*, Bd. 18, Greenwich 1996, S. 201–250.

6 Kidder, T., *The Soul of a New Machine*, New York 1981.

7 Nonaka, I., »Toward Middle-Up-Down Management: Accelerating Information Creation«, *Sloan Management Review*, Frühjahr 1988, S. 9–18.

8 Kawasaki, G., *The Macintosh Way*, New York 1989, S. 16.

9 Rhodes, R., *The Making of the Atomic Bomb*, New York 1987, und Gleick, J., *Richard Feynman*, a. a. O., S. 212 ff.

10 Hill, R. C., »When The Going Gets Tough: A Baldridge Award Winner on the Line«, *Academy of Management Executive* 7, 1993, S. 75–79.

11 Ebenda, S. 79.

12 McCracken, G., *Plenitude: Culture by Commotion*, Toronto 1997.

13 Ebenda, S. 69.

14 Wetlaufer, S., »Common Sense and Conflict: An Interview with Disney's Michael Eisner«, *Harvard Business Review*, Januar/Februar 2000, S. 119.

15 Metcalfe, B., »Invention Is a Flower, Innovation Is a Weed«, *MIT Technology Review*, 13. November 2000, A23, A26.

16 Ebenda, S. 57.

17 Balu, R., »Listen (No, Listen Carefully)«, *Fast Company*, Mai 2000, S. 307.

18 *@Issue Magazine*, Bd. 6, Nr. 2, Herbst 2000, S. 16–23.

19 Druckerman, P., »How to Project Power Around the World«, *Wall Street Journal*, 13. November 2000, A23, A26.

20 Amabile, T. M., »Unleashing Creativity«, Vortrag auf der Strategos Institute Revolutionaries' Konferenz in San Jose, Kalifornien, 13. Juni 2000.

21 Amabile, T. M., »How to Kill Creativity«, *Harvard Business Review*, September/Oktober 1998, S. 77–87.

22 Thuraisingham, C. und O'Reilly, C., »Homestead.com«, Fallbeispiel, Graduate School of Business, Stanford-Universität, 2000.

23 Aus einer Rede von Tom Koogle, die er am 30. Juli 2000 in Woodside, Kalifornien, vor den Mayfield Fellows von Stanford hielt.

24 Herrigel, E., *Zen in der Kunst des Bogenschießens*, München 1951.

25 Schrage, M., »What's That Bad Odor at the Innovation Skunk Works?«, *Fortune*, 6. Dezember 1999.

26 Mintzberg, H., »The Manager's Job: Folklore and Fact«, *Harvard Business Review*, Juli/August 1990, S. 49–61.

27 Gleick, J., *Richard Feynman*, a. a. O., S. 556.

28 Lazarus, R. S., »The Costs and Benefits of Denial«, in: *Stress and Coping: An Anthology*, hg. von A. Monat und R. S. Lazarus, New York 1985, S. 154–173.

29 Persönliche Mitteilung von Herbert Simon an Mark Fichman, 12. Dezember 2000. Auf diesen Punkt weist Simon auch hin in dem Beitrag »Information Can Be Managed«, *Think* 33 (3), 1967, S. 8–12.

30 Kidder, T., a. a. O., S. 60.

31 Schrage, M., *Serious Play*, Boston 1999, S. 88.

32 Hertsgaard, M., *On Bended Knee: The Press and the Reagan Presidency*, New York 1989.

33 Galunic, C. D., »The Evolution of Intracorporate Domains: Divisional Charter Losses in High Technology, Multidivisional Corporations«, Dissertation, School of Engineering, Stanford-Universität, 1994.

34 Eisenberg, E. M., »Ambiguity as a Strategy in Organizational Communication«, *Communication Monographs* 51, 1984, S. 227–242.

35 Reid, R., *Architects of the Web: 1000 Days that Built the Future of Business*, New York 1997, S. 125.

KAPITEL 13

1 Polanyi, M., »The Potential of Adsorption: Authority in Science hat Ist Uses and Ist Dangers«, *Science* 141, 1963, S. 1012.

2 Watson, J. L., »China's Big Mac Attack«, *Foreign Affairs*, Mai/Juni 2000.

3 Tilin, A., »Supreme O«, *Wired*, Dezember 1999, S. 178.

4 Gleick, J., *Richard Feynman*, a. a. O., S. 468.

5 Ebenda, S. 563.

6 Van Lawick-Goodall, J., *Wilde Schimpansen – 10 Jahre Verhaltensforschung am Gombe-Strom*, Hamburg 1971, S. 11.

7 Dyson, J., *Against the Odds*, London 1997, S. 264 f.

8 Asakura, R., *Revolutionaries at Sony*, New York 2000, S. 229.

9 Gundling, E., *The 3M Way to Innovation: Balancing People and Profit*, New York 2000.

10 Koppell, T., *Powering the Future*, New York 1999, S. 15.

11 Salter, C., »Life in the Fast Lane«, *Fast Company*, Oktober 1998, S. 78.

12 Millard, A., *Edison and the Business of Innovation*, Baltimore 1990, S. 9.

KAPITEL 14

1 Anton, T., *Bold Science*, New York 2000, S. 12.

2 Grove, A., *Only the Paranoid Survive*, New York 1996, S. 89.

3 Coutu, D. L., »Creating the Most Frightening Company on Earth: An Interview with Andy Law of St. Luke's«, *Harvard Business Review*, September/Oktober 2000, S. 146.

4 Langer, E. J., »Minding Matters: The Consequences of Mindlessness-Mindfulness«, in: *Advances in Experimental Social Psychology*, hg. von L. Berkowitz, New York 1989, S. 137–173.

5 Asakura, R., *Revolutionaries at Sony*, New York 2000, S. 17.

6 March, J. G., »Three Lectures on Efficiency and Adaptiveness in Organizations«, *School of Economics*, Helsinki 1994, S. 53.

7 Tushman, M. L. und O'Reilly III, C., *Winning Through Innovation*, Boston 1997; und Christensen, C., *The Innovator's Dilemma*, Boston 1998.

8 Tushman, M. L., Andersen, P. C. und O'Reilly III, C., »Technology Cycles, Innovation Streams, and Ambidextrous Organizations: Organizational Renewal Through Innovation Streams and Strategic Change«, in: *Managing Strategic Innovation and Change*, hg. von M. L. Tushman und P. C. Andersen, New York 1996.

9 Pfeffer, J. und Sutton, R. I., *The Knowing-Doing Gap: How Smart Companies Turn Knowledge into Action*, Boston 2000.

10 Interview mit Gary High, Direktor für Personalentwicklung, People Systems, Saturn Corporation, Detroit, Michigan, 25. März 1998.

11 Burrows, P. und Elstrom, P., »HP's Carly Fiorina: The Boss«, *Business Week*, 2. August 1999.

12 Hamel, G., *Leading the Revolution*, Boston 2000.

13 Alinsky, S., *Rules for Radicals*, New York 1989.

14 Hamel, G., »Waking Up IBM«, *Harvard Business Review*, Juli/August 2000, S. 5–11.

15 Ebenda, S. 6.

16 Diese Informationen stammen aus einem Interview, das ich am 17. September 1998 mit Annette Kyle führte. Eine ausführliche Beschreibung der von Kyle angestoßenen Revolution findet sich in Pfeffer und Sutton, *The Knowing-Doing Gap*, a. a. O.

17 MacFarquhar, L., »The Gilder Effect«, *The New Yorker*, 29. Mai 2000, S. 103–111.

18 LaBerre, P., »The Company Without Limits«, *Fast Company*, September 1999, S. 160–170.

19 Vgl. »Human Resources at the AES Corporation: The Case of the

Missing Department«, Fallstudie SHR-3, Graduate School of Business, Stanford-Universität, Palo Alto 1997, und O'Reilly III, C.A. und Pfeffer, J., *Hidden Value*, Boston 2000.

20 »Human Resources at AES«, S. 15.

21 Katz, R., »The Effects of Group Longevity on Project Communication and Performance«, *Administrative Science Quarterly* 27, 1982, S. 81–104; und Katz, R. und Allen, T. J., »Investigating the Not-Invented-Here Syndrome: A Look at Performance, Tenure, and Communication Patterns of 50 R&D Project Groups«, *R&D Management* 12, 1982, S. 7–19.

22 Gersick, C., Hackman, J.G. und Hackman, J.R., »Habitual Routines in Task-Performing Groups«, *Organizational Behavior and Human Decision Processes* 47, 1990, S. 65–97.

23 LaBarre, P., »This Organization Is Disorganization«, *Fast Company*, Juni 1996, S. 77–80.

24 Ebenda, S. 80.

25 Ebenda.

26 Wilson, T. D. und Schooler, J. W., »Thinking Too Much: Introspection Can Reduce the Quality of Preferences and Decisions«, *Journal of Personality and Social Psychology* 60, 1991, S. 181.

27 Slowiczek, H. und Peters, P. M., *Discovery, Chance, and the Scientific Method*, www.accessexcellence.com, 1. Oktober 2000.

28 Chang, K., »Chemistry Nobel Recognizes Work in Plastics«, *The New York Times*, 11. November 2000, A23.

29 Weick, K., »The Collapse of Sensemaking in Organizations: The Mann Gulch Disaster«, *Administrative Science Quarterly* 38, 1993, S. 628–652.

30 Ebenda, S. 641 f.

31 Ebenda, S. 642.

32 Haslam, S.A. u.a., »Inspecting the Emperor's Clothes: Evidence that Randomly Selected Leaders Can Enhance Group Performance«, *Group Dynamics: Theory, Process and Research* 2, 1998, S. 168–184.

33 Malkiel, B.G., *A Random Walk Down Wall Street*, 7. Aufl., New York 2000.

34 Ebenda, S. 1.

35 Weick, K.E. und Daft, R.L., »The Effectiveness of Interpretation Systems«, in: *Organizational Effectiveness: A Comparison of Multiple Models*, hg. von K.S. Cameron und D.A. Whetten, New York 1983, S. 74.

36 Bennis, W.G., *Why Leaders Can't Lead*, San Francisco 1989, S. 21.

37 Matlin, M. und Stang, D., *The Pollyanna Principle*, Cambridge 1978.
38 Ohne Autornennung, »Business: Rebuilding the Garage«, *The Economist*, 15. Juli 2000, S. 59 f.
39 www.hp.com/ghp/features/invent/gene.pdf.
40 Surowiecki, J., »The Billion-Dollar Blade«, *The New Yorker*, 15. Juni 1998, S. 43–49.
41 Ebenda, S. 46.

KAPITEL 15

1 Freada Klein beschrieb mir dieses Experiment in einem telefonischen Interview, das ich am 12. Oktober 2000 mit ihr führte.
2 Fishman, C., »Creative Tension«, *Fast Company*, November 2000, S. 358–388.
3 Aus einer Rede, die William E. Coyne am 11. Juli 2000 an der Motorola-Universität in Schaumburg, Illinois, hielt.
4 MacKenzie, G., *Orbiting the Giant Hairball*, New York 1998, S. 63.
5 Ebenda, S. 64.
6 Pfeffer, J., Cialdini, R. B., Hanna, B. und Knopoff, K., »Faith in Supervision and Self-Enhancement Bias: Two Psychological Reasons why Managers Don't Empower Workers«, *Basic and Applied Psychology* 20, 1998, S. 313–321.
7 Sheilds, D., »The Good Father«, *The New York Times Magazine*, 23. April 2000, S. 58–61.
8 Ebenda, S. 60.
9 Ebenda.
10 Hargadon, A. und Douglas, Y., »When Innovations Meet Institutions: Edison and the Design of the Electric Light«, Arbeitspapier, Warrington College of Business Administration, September 2000, University of Florida, Gairsville.
11 Ebenda, S. 19.
12 Metcalfe, B., »Invention Is a Flower, Innovation Is a Weed«, *MIT Technology Review*, November/Dezember 1999, S. 56.
13 Vgl. zum Beispiel Burgelman, R. A., »A Process Model of Internal Corporate Venturing in the Diversified Firm«, *Administrative Science Quarterly* 28, 1983, S. 223–244.
14 Ngueyen, P. D., »A Faster Plan«, *Red Herring*, Mai 2000, S. 138–146.
15 Cialdini, R. B., *Die Psychologie des Überzeugens. Ein Lehrbuch für alle, die ihren Mitmenschen und sich selbst auf die Schliche kommen wollen*, Bern 1997.

16 Rock, A., »Strategy vs. Tactics from a Venture Capitalist«, *Harvard Business Review*, November/Dezember 1987.

17 Elsbach, K. D. und Kramer, R. M., »Assessing Images of Others' Creativity: Impression Formation in the Hollywood Pitch«, Arbeitspapier, Graduate School of Business, Stanford-Universität, 1999.

18 Ngueyen, »A Faster Plan«, a. a. O., S. 144.

19 Sobel, D., *Längengrad. Die wahre Geschichte eines einsamen Genies, welches das größte wissenschaftliche Problem seiner Zeit löste*, Berlin 1996, S. 17 f.

20 www.rog.nmm.ac.uk/museum/harrison/longprob.html, das Royal Observatory, Greenwich, England, heruntergeladen am 21. Dezember 2000.

21 Surowiecki, J., »The Billion-Dollar Blade«, *The New Yorker*, 15. Juni 1998, S. 43–49.

22 Dahle, C., »The Agenda – Social Justice«, *Fast Company*, April 1999, S. 166–182.

23 Platt, L., »Magic Johnson Builds an Empire«, *The New York Times Magazine*, 10. Dezember 2000, S. 118–121.

24 Chapman, C., »Designed to Work«, *Fast Company* April 2000, S. 259–268.

25 Ebenda, S. 256.

26 Ebenda, S. 268.

27 MacFarquhar, L., »Looking for Trouble«, *The New Yorker*, 6. Dezember 1999.

28 Ebenda, S. 80.

29 Ebenda, S. 78.

30 *Dow Jones Online News*, Montag, 26. Juni 2000.

31 Einige kennzeichnende Merkmale dieses Unternehmens und des Innovationsprozesses wurden geändert, um die Anonymität des Unternehmens zu wahren, doch die wesentlichen Angaben, daß der Prozeß aus mehreren Phasen bestand, zu komplex war und daß kein Produkt diesen Spießrutenlauf durchstand, treffen zu.

32 Slater, R., *Jack Welch and the GE Way*, New York 1999, S. 135.

33 Aus einem Interview, das Jeffrey Pfeffer und Robert Sutton am 9. Dezember 1999 mit Peter McInnes und Vidya Nayak in Santa Clara, Kalifornien, führten, sowie aus einer E-Mail-Nachricht von Ginger Graham vom 29. Dezember 2000.

34 Steve Jobs, aus einer Rede, die er am 6. Mai 1998 am DeAnza College's Flint Center im kalifornischen Rupertino hielt.

35 Aus einem Interview, das Robert Sutton am 2. August 2000 mit Jeff Hawkins führte.

36 Fishman, C., »Creative Tension«, *Fast Company*, November 2000, S. 358–388.

37 March, J. G., »The Future, Disposable Organizations, and the Rigidities of Imagination«, Vortrag auf der Jahrestagung der Academy of Management in Vancouver, August 1995, S. 4 f.

38 Ybarra, M. J., »Medicine Woman: It's a Jungle Out there«, *SV: The San Jose Mercury Sunday Magazine*, 25. Juli 1999, S. 11.

39 Ross, J. und Staw, B. M., »Organizational Escalation and Exit: Lessons from the Shoreham Nuclear Power Plant«, *Academy of Management Journal* 36, 1993, S. 701–732.

40 Bunnell, D., *Making the Cisco Connection*, New York 2000, S. 75.

41 Saxenian, A., *Regional Advantage: Culture and Competition in Silicon Valley and Route 128*, Cambridge, Mass., 1996.

42 Rivette, K. und Kline, D., *Rembrandt's in the Attic*, Boston 1999.

43 Heilman, J., »The Next Big Idea«, *The New Yorker*, 23. Februar und 2. März 1998.

44 O'Brien, T., »The Think Tank that Tanked«, *Silicon Valley Magazine*, September 2000, S. 3.

45 Ebenda.

46 Ebenda.

47 Raymond, E. S., *The Cathedral & the Bazaar, Musing on Linux and Open Source by an Accidental Revolutionary*, Sebastopol, Kalifornien, 1999, S. 27.

48 www.gnu.org/copyleft/copyleft.html.

49 Ebenda.

PERSONEN- UND FIRMENREGISTER

ABC 135, 236
Accel Partners 253
Accenture 121
Adams, James 313
Adams, Mark 57
Adams, Scott 218
Adaptive 43, 318
Aereoflot 18, 125
AES 218 f., 223, 265 f., 268, 307, 320
Alessi 27
Alinsky, Saul 257
Allen, Paul 322
Amabile, Teresa 220
Amazon.com 254
American Express 119
American Home Depot 308 f.
American Lawyer, The 262
Andreessen, Marc 160
Anton, Ted 57
Apple Computers 32, 49, 82 f., 104,
   120, 178, 190, 200, 202, 210, 226,
   299, 312
Armstrong, Neil 66
Ash, Mary Kay 155
AT&T 119
Atari Corporation 61, 67, 103, 126 f.

Bakke, Dennis 218 f., 223, 265
Ballard, Geoffrey 171, 178 f., 244, 296,
   300
Ballard Power Systems (BPS) 171,
   178–180, 244
Barnum, P.T. 45
Bayport Terminal 258–260, 268
Beatles, The 69, 296
Bechtolsheim, Andy 104
Belluzo, Richard 159
Bennis, Warren 112, 159, 280
Bierce, Ambrose 139
Billington, Corey 54 f., 168
Blumberg, Bruce 196
Boeing 30
Bohr, Niels 162
Bookbinder, Dana 314
Borislow, Andrew 197

Boyle, Brendan 22 f., 165 f., 216
BP →British Petroleum
BPS →Ballard Power Systems
BrainStore 23, 97
Branson, Richard 187
BrightHouse 28 f., 325
British Petroleum (BP) 221
Burdick, Paul 266
Bush, George 232
Bushnell, Nolan 61, 67, 103, 126
Business Week 157
Butler, Timothy 72 f.

Campbell, Bill 104
Capital One 21 f.
Carryer, Babs 298, 300
Carryer, Tim 298
Carryer Consulting 298
Celera Genomics 57 f.
Chambers, John 306, 321
Chatman, Jennifer 66, 110
Chicago Bulls 295
Christensen, Clayton 252 f.
Cialdini, Robert 84, 298
Cisco Systems 68, 104, 306, 321
Citigroup (Citibank) 121, 227
Clark, Jim 316
Clinton, Bill 57
Cobb, Sandy 243
Coca-Cola 28, 97, 291, 325
Cohen, David 93
Cohen, Eric 97
Consumer Reports 196
Conte, Lisa 316
Conti, Walt 46 f.
Coppola, Francis Ford 178
Corning 293, 295, 314
Coty 29
Coyne, William 38, 109, 131, 207, 217,
   293
Cranston, Mary 261
Crawford, Chris 126 f.
Creative Artists Agency 308
Crick, Francis 69, 225, 240 f.
Cringely, Robert X. 102

Crowe, Cameron 214
Cummings, Anne 125

Daimler-Benz 256 f.
DaimlerChrysler 179, 256
Darwin, Charles 19 f., 72
Data General 210, 228, 321
Davila, Joe 93
Davis, Miles 304
DEC 321
Delligatti, Jim 16
Design Continuum 49, 93, 97
Disney 14 f., 18, 196, 214, 297, 302, 326
Disneyland 110
Disney World 121
Douglas, Yellowless 296 f.
3M 37 f., 46, 97, 109, 127, 131, 173, 207, 213, 217, 243, 293, 297, 302 f., 308, 326
Drew, Richard G. 128
Dryer, Rick 243
Dubinsky, Donna 200
Dutton, Jane 148
Dyson, James 242
Dyson Appliances 242

eBay 190
Economist, The 282
Edge Innovations 46 f.
Edison, Thomas Alva 11, 21, 44 f., 49, 72, 155, 162, 246, 296 f.
Edra 165
Einstein, Albert 20, 73, 162
Eisner, Michael 214
Eli Lilly 316
Elsbach, Kimberly 299 f.
Emerson, Ralph Waldo 296
Environmental Business Cluster 13
Ephlin, Donald 254
Epic Sony 207
Epstein, Brian 74
Evernham, Ray 245

Fermat, Pierre de 56 f.
Fessenden, Reginald 246
Feynman, Gweneth 65
Feynman, Richard 64–66, 69, 73, 240 f.

Filo, Jeff 223
Finalthoughts.com 196
Fiorina, Carly 119 f., 282 f.
Fisher-Price 22
Fleming, Alexander 270
Forbes 196, 318
Ford 179, 216, 297
Ford Aerospace 245
Ford, Henry 159, 175
Fortune 116, 133, 224, 233, 290
Fox 135
Franklin, Benjamin 269
Freeplay Group 303
Fry, Art 173
Fulton, Robert 53

Gage, John 136
Galilei, Galileo 172
Galunic, Charles 230 f.
Galvin, Bob 181 f., 309
General Dynamics 245
General Electric 18, 38, 110, 311
General Motors (GM) 111, 250, 254, 256, 307
Georgia Pacific 28, 325
Gerstner, Lou 119 f.
Gilder, George 264
Gillette 284, 302
GM →General Motors
Go 32
Goldman Sachs 80
Goldwyn, Samuel 139
Goodall, Jane 241, 247
Goodman, Paul 105
Goodnight, Jim 165 f.
Gordon, Jeff 245
Gosling, James 54
Gould, Jay 19
Graham, Ginger 244, 311
Graney, Joseph 93
Granite Systems 104
Grant, Andrew 216
Greenfield, Susan 21
Gross, Bill 187, 200
Grossman, David 258
Grove, Andrew 249, 306, 320
Guidant 244 f., 311

Hackborn, Richard 255
Hallmark Cards 203, 294
Hamel, Gary 50, 257 f.
Han, Amy 216
Handspring 77, 81, 141, 191, 325 f.
Hardee's 28, 325
Hargadon, Andrew 296 f.
Harrison, John 302
Harvard Business Review 161
Haslam, S. Alexander 276 f.
Hastings, Don 161
Hawkins, Jeff 11, 32, 200, 312, 325
HBO 135
Heeger, Alan 271
Henrickson, Jeremy 272, 274
Herrigel, Eugen 223
Heskett, James 109
Hewlett, Bill 128, 282 f.
Hewlett-Packard (HP) 38, 46, 54–56,
    119 f., 128, 159, 168, 218, 255, 280,
    282 f., 308, 320 f.
High, Gary 254
Hirshberg, Jerry 139
Hitler, Adolf 178
Hoechst-Celanese 258
Homestead 89, 92 f., 188, 222
Honda, Soichiro 157
Honda Motor Company 157, 210
Horney, Stuart 265
House, Chuck 128, 282
HP →Hewlett-Packard
Hresko, Jamie 111 f.
Hughes 245

IBM 38, 46, 119, 155, 159, 173, 213,
    258, 260, 290, 322
idealab! 187
IDEO 22, 47–49, 81 f., 90–93, 97,
    134, 156, 165 f., 216, 236 f., 295,
    326
Incentive 197
Industrial Light and Magic 47
InfoWorld 102
Intel 18, 68, 82, 221, 299, 306, 313,
    320 f.
Interval Research 322 f.
Intuit 104
Iridium 182

Jackson, Phil 295
Janis, Irving 199
Jannard, Jim 240
Jehl, Francis 45
Jobs, Steve 82 f., 95, 120, 178, 210, 226,
    311 f.
Johnson, Kelly 229
Johnson, Magic 304
Johnson & Johnson 311
Jordan, Michael 295
Joy, Bill 27, 73 f., 136

Kanter, Rosabeth Moss 78
Kapor, Mitchell 290–292
Katz, Ralph 267–269
Kawashima, Kiyoshi 210
Kay, Alan 94
Kelley, David 81 f., 90–92, 134, 136,
    156, 295
Kelley, Tom 92
Kennedy, Robert F. 140
Kibu 316
Kidder, Tracy 209
Kirton, Michael 125
Kitch, Justin 89, 92 f., 188 f., 191 f.,
    195 f., 222
Klein, Freada 291 f.
Kline, David 322
Kodak 252
Kolind, Lars 268 f., 275
Koogle, Tim 223
Kotter, John 109
Kramer, Roderick 299 f.
Krantz, Carmela 274
Kriegel, Robert 261
Kutaragi, Ken 207, 251 f.
Kyle, Annette 258–260, 268

Langer, Ellen 197, 250
Law, Andy 250
Lazarus, Richard 227
Leakey, Louis 241, 247
Lend Lease 265, 268, 307
Lennon, John 69, 74
Lennon, Sean 69
Leonardo da Vinci 162
Levy, David 305 f.
Liddle, David 323
Lilly, John 160

Lincoln Electric 161
Lockheed 229, 245
Long, Jim 305
Long-Island-Elektrizitätswerke 319
Los Angeles Lakers 295 f.
Lotus Development 290 f.
LoudCloud 160
Lucas, George 47
Lucent Technologies 38, 119
Lyons, Mike 298
Lyons Tetley 31

MacDiarmid, Alan 271
MacKenzie, Gordon 203 f., 294 f.
MacLean, Audrey 43, 45, 298, 318
Malkiel, Burton 278
Manzi, James 290
March, James 15, 62 f., 171
Marcy, Geoffrey 187, 201 f.
Markkula, Mike 82 f.
Marks & Spencer 50
Maruyama, Shigeo 242 f.
Mary Kay Cosmetics 110, 155
Mass Observation 31
Matsushita 309
Mattel 22
Mazzei, Monica 165 f.
McCann, Allan 180 f.
McCann-Ericson 190, 325
McCartney, Paul 74
McDonald, Susan 265
McDonald's 15 f., 30, 239, 297, 302
McFerrin, Bobby 148
McGrath, Judy 135 f.
McKinsey 119, 121, 290
McKnight, William 109, 128
McLeod, David 179
McNealy, Scott 74
McVicker, Joe 51
Media Lab 196
Memphis Design Group 27
Men's Wearhouse 110
Mendel, Gregor 161
Merton, Robert 171
Metcalfe, Bob 214 f., 297
Mettler, Markus 23
MGM 307
Microsoft 120, 159 f., 188 f., 195 f.,
    200, 221, 322 f.

Milius, John 178
Miller, Graham 272–274
Miller, Henry 43
Miller, Herman 304 f.
Miller, Jeff 25 f.
Mintzberg, Henry 225
MIT 196
Moeller, Paul 183
Momsen, Charles 129 f., 180 f., 189
Moore, Gordon 249, 320
More, Rey 77, 81
Morris, William 308
Motorola 77, 81, 121, 181 f., 308 f.
Mozart, Wolfgang Amadeus 20
MTV 51, 135, 155
Mullis, Cary 43, 240, 264
Murphy, Eddie 80
Myers, Gene 57

Napster 272, 274
NASA 151, 202, 245, 297
NBC 135
Nestlé 24, 97
Netscape 83, 160, 316
Network Appliances 255
New United Motors Plant (NUMMI)
    111–113
New Yorker, The 322
New York Times, The 159 f., 175
Newton, Isaac 162
Ng, Daniel 239
Niebaum-Coppola-Weinkellerei 178
Niest, Trae 216
Nissan Design International 139
Nokia 172, 306
Novartis 37, 97
NUMMI →New United Motors
    Plant

Oakley 240
Ohga, Norio 207, 226
Oldham, Greg 125
Olivetti 27 f.
Ollila, Jorma 172, 306
O'Mahony, Siobhan 133
O'Reilly, Charles 252
Osborn, Alex 190
Oticon 268, 275

Packard, David 128, 282 f.
Palm Computing 11, 32, 191, 200 f.,
    216 f., 312
Panasonic Internet Incubator 13
Paramount 307
Parents 196
Park, Marina 261
Patrick, John 258
Peptide Therapeutics 175
Peters, Tom 155, 259
Pfeffer, Jeffrey 136, 163, 195
Pfizer 52 f.
PG Tips 31
Picasso, Pablo 20, 69, 162
Pillsbury, Madison & Sutro LLP 261
Pillsbury Winthrop LLP 190, 261
Pixar 95
Polyani, Michael 239
Prater, Keith 244
Procter & Gamble 256, 291

Quasar 309

Raychem 245
Reactivity 160, 190, 271 f., 274 f.
Reagan, Ronald 148, 230
Red Herring 318
Reed, John 227
Reflect.com 256
Reid, Robert 54
Reiman, Joey 28 f., 325
Resolve 304 f.
Revenge Unlimited 187, 196
Rivette, Kevin 322
RJR Nabisco 119
Robbins, James 13
Robert, David 54
Roberts, William 270
Rock, Arthur 298
Rogers, William 65 f.
Roizen, Heidi 173
Ross, Jerry 319
Ross, Steve 155, 158
Russo, David 165
Rutan, Burt 175
Ruth, Babe 156

Sachs, Jonathan 290
Saffo, Paul 323

San Jose Mercury 236
Santayana, George 250
SAP 116–118
Sartre, Jean-Paul 66
SAS Institute 165, 320
Savoy, Bill 323
Saxenian, Anna-Lee 321
Schiffer, Claudia 217
Schnetzler, Nadja 23
Schrage, Michael 224, 229
Schulz, Howard 304
Schweizerische Bundesbahn 24, 97
Scott, Mike 83
Scott, Peter 265
Seib, Jackie 51
Seligman, Martin 149
Sempra Energy Information Solutions
    305
Shakespeare, William 20, 207
Shaman Pharmaceuticals 316 f.
Sharp 32
Shirakawa, Hideki 271
Short Stack 44 f.
Shoup, Dick 94–96
Siemens 38, 109, 297
Silicon Graphics 159 f., 316
Simon, Herbert 228
Simonton, Dean Keith 20, 61, 72, 155,
    166, 161
Skillman, Peter 77, 81, 141, 191, 325
Skyline 22, 165
Slate 32
Smith, Alvy Ray 94, 96, 148
Smith, Hamilton O. 57
Smith, Roger 254
Smith-Corona 252
Snyder, Mark 63
Sobel, Dava 301
Software Business Cluster 13
Sony Computer Entertainment 97,
    226, 228, 242 f., 251 f.
Sony Music 207
Sottsass, Ettore 27 f.
Sottsass Associates 27 f., 326
Southwest Airlines 110, 200
SSIH 253
Stachowski, Barbara 44 f.
Stachowski, Richard 44
Stachowski, Richie 44 f.

Starbucks 110, 304
Starkweather, Gary 70 f.
StarTac 312
Staw, Barry 313, 319
Stear, Rory 303
St. Luke's Communications 250
Stone, Oliver 300
Sun Microsystems 27, 54, 73 f., 104, 114, 136, 237, 300, 321
Supertrapp 183
Sutton, Granger 57
Symons, John 284
Syverson, Craig 91
Szent-Györgyi, Albert 26

Taylor, Bob 94–96, 143 f.
Thoreau, Henry David 11
3Com 214 f., 297
Toyota 110 f., 113, 262
Toys 'R' Us 45
Trentham, Rebecca 242
Turpin, Tom 80 f.
Tushman, Michael 252
20th Century Fox Studios 172

Umedaly, Mossadiq 179
Upjohn 53

Vacular Intervention Group 311
Valentine, Don 82
Venter, Craig 57 f., 72, 249
Vermeer van Delft, Jan 20
Vinton, Will 80, 131
Virgin Atlantic Airways 187, 297, 309

Wald, Abraham 26
Waldroop, James 72 f.
Walker, Bill 272–275
Wallace Pipe 211, 226

Wall Street Journal 219
Wal-Mart 56, 253 f.
Wal-mart.com 253, 256
Wang 321
Warmenhoven, Dan 255
Warner Brothers 307
Warner Communications 126, 155, 158
Watson, James (Biochemiker) 240 f.
Watson, James (Sinologe) 69, 239
Watson, Thomas 155, 159
Weick, Karl 25, 271, 280
Welch, Jack 18, 311
Wherry, Rob 197
Whirlpool 51 f.
Wild Planet 45
Wiles, Andrew 56 f.
Will Vinton Film Studios 80, 131
Women's Technology Cluster 13
Wonder, Stevie 304
Wozniak, Steve 82
Wright, Orville 172
Wright, Wilbur 172
Wrigley, William 140

Xerox 38 f., 70 f., 95, 172
Xerox Parc 38, 70 f., 94–97, 143 f., 190, 207, 214, 323

Yahoo! 83, 223
Yang, Jerry 223

Zajonc, Robert 146, 148
Zander, Benjamin 156
Zanuck, Darryl F. 172
Zaplet 54, 83
Zilog 68
Zufall, Bob 51
Zufall, Kay 50 f., 325 f.
Zwanenberg, Martin van 50

SERIE PIPER

Lothar J. Seiwert

Balance Your Life

*Die Kunst, sich selbst zu führen.
Mit Cartoons von
Werner Tiki Küstenmacher.
244 Seiten. Serie Piper*

Deutschlands führender Zeitmanagement-Experte zeigt Ihnen, wie Sie Ihr Leben in Balance halten können. Wer möglichst viel in möglichst kurzer Zeit bewältigen möchte, gerät rasch in eine Falle. In einer Zeit, in der wir den widersprüchlichsten Anforderungen gerecht werden müssen, gilt es, zum Manager des eigenen Selbst zu werden und sinnvoll zwischen den verschiedenen Dimensionen des Lebens zu balancieren. Lothar J. Seiwert entwickelte das überzeugende Konzept der Kunst, sich selbst zu führen: Life-Leadership.

Jürgen Lürssen

Die heimlichen Spielregeln der Karriere

*Wie Sie die ungeschriebenen Gesetze am Arbeitsplatz für Ihren Erfolg nutzen. 224 Seiten.
Serie Piper*

Erfolg und Karriere resultieren nur zu 10 Prozent aus fachlicher Kompetenz – zu 90 Prozent werden sie von anderen Faktoren bestimmt. Dieser erfolgreiche Ratgeber zeigt, über welche Fähigkeiten und Kenntnisse man verfügen sollte, um die heimlichen Spielregeln im Betrieb zu durchschauen und Einfluß zu gewinnen. Vom kleinen Einmaleins der Büropolitik über das Verhältnis zu Chef und Kollegen, den Umgang mit Informationen bis hin zur Kunst, andere zu überzeugen und Macht zu gewinnen – diese zentralen Punkte für die Karriereleiter erläutert Jürgen Lürssen umfassend, anschaulich und amüsant.

05/1924/01/L   05/1218/01/R